工程预决算快学快用系列手册

园林绿化工程预决算快学快用
（第2版）

本书编写组　编

中国建材工业出版社

图书在版编目(CIP)数据

园林绿化工程预决算快学快用/《园林绿化工程预决算快学快用》编写组编. —2版. —北京:中国建材工业出版社,2014.10

(工程预决算快学快用系列手册)

ISBN 978-7-5160-0916-1

Ⅰ.①园… Ⅱ.①园… Ⅲ.①园林—绿化—建筑经济定额—技术手册 Ⅳ.①TU986.3-62

中国版本图书馆CIP数据核字(2014)第165048号

园林绿化工程预决算快学快用(第2版)

本书编写组 编

出版发行：中国建材工业出版社

地　　址：北京市海淀区三里河路1号

邮　　编：100044

经　　销：全国各地新华书店

印　　刷：北京紫瑞利印刷有限公司

开　　本：850mm×1168mm 1/32

印　　张：13.5

字　　数：442千字

版　　次：2014年10月第1版

印　　次：2014年10月第1次

定　　价：38.00元

本社网址：www.jccbs.com.cn　　微信公众号：zgjcgycbs

本书如出现印装质量问题,由我社营销部负责调换。电话:(010)88386906

对本书内容有任何疑问及建议,请与本书责编联系。邮箱:dayi51@sina.com

内 容 提 要

本书第 2 版根据《建设工程工程量清单计价规范》(GB 50500—2013)、《园林绿化工程工程量计算规范》(GB 50858—2013)和建标〔2013〕44 号文件进行编写,详细介绍了园林绿化工程预决算编制的基础理论和方法。全书主要内容包括园林绿化工程造价基础知识,工程定额体系,园林绿化工程定额计价,园林绿化工程工程量清单计价,绿化工程工程量计算,园路、园桥工程工程量计算,园林景观工程工程量计算,措施项目工程量计算,园林绿化工程招标投标,园林绿化工程工程量清单与计价编制实例等。

本书具有内容翔实、紧扣实际、易学易懂等特点,可供园林绿化工程预决算编制与管理人员使用,也可供高等院校相关专业师生学习时参考。

园林绿化工程预决算快学快用
编写组

主　编：崔奉卫
副主编：宋金英　王秋艳
编　委：郭钰辉　蒋林君　畅艳惠　宋延涛
　　　　王　燕　张小珍　卢晓雪　王翠玲
　　　　洪　波　王晓丽　陈有杰　王　冰

第 2 版前言

建设工程预决算是决定和控制工程项目投资的重要措施和手段,是进行招标投标、考核工程建设施工企业经营管理水平的依据。建设工程预决算应有高度的科学性、准确性及权威性。本书第一版自出版发行以来,深受广大读者的喜爱,对提升广大读者的预决算编制与审核能力,从而更好地开展工作提供了力所能及的帮助,对此编者倍感荣幸。

随着我国工程建设市场的快速发展,招标投标制、合同制的逐步推行,工程造价计价依据的改革正不断深化,工程造价管理改革正日渐加深,工程造价管理制度日益完善,市场竞争也日趋激烈,特别是《建设工程工程量清单计价规范》(GB 50500—2013),《通用安装工程工程量计算规范》(GB 50856—2013)等 9 本工程量计算规范由住房和城乡建设部颁布实施,这对广大建设工程预决算工作者提出了更高的要求。对于《水暖工程预决算快学快用》一书来说,其中部分内容已不能满足当前水暖工程预决算编制与管理工作的需要。

为使《园林绿化工程预决算快学快用》一书的内容更好地满足水暖工程预决算工作的需要,符合水暖工程预决算工作实际,帮助广大水暖工程预决算工作者更好地理解 2013 版清单计价规范和通用安装工程工程量计算规范的内容,掌握建标[2013]44 号文件的精神,我们组织水暖工程预决算方面的专家学者,在保持第 1 版编写风格及体例的基础上,对本书进行了修订。

(1)此次修订严格按照《建设工程工程量清单计价规范》(GB 50500—2013)和《通用安装工程工程量计算规范》(GB 50856—2013)的内容,及建标[2013]44 号文件进行,修订后的图书将能更好地满足当前水暖工程预决算编制与管理工作需要，对宣传贯彻 2013 版清单计价规范，使广大读者进一步了解定额计价与工程量清单计价的区别与联系提供很好的帮助。

(2) 修订时进一步强化了"快学快用"的编写理念，集预决算编制理论与编制技能于一体，对部分内容进一步进行了丰富与完善，对知识体系进行除旧布新，使图书的可读性得到了增强，便于读者更形象、直观地掌握水暖工程预决算编制的方法与技巧。

(3) 根据《建设工程工程量清单计价规范》(GB 50500—2013)对工程量清单与工程量清单计价表格的样式进行了修订。为强化图书的实用性，本次修订时还依据《通用安装工程工程量计算规范》(GB 50856—2013)，对已发生了变动的水暖工程工程量清单项目，重新组织相关内容进行了介绍，并对照新版规范修改了其计量单位、工程量计算规则、工作内容等。

本书修订过程中参阅了大量水暖工程预决算编制与管理方面的书籍与资料，并得到了有关单位与专家学者的大力支持与指导，在此表示衷心的感谢。书中错误与不当之处，敬请广大读者批评指正。

第 1 版前言

工程造价管理是工程建设的重要组成部分,其目标是利用科学的方法合理确定和控制工程造价,从而提高工程施工企业的经营效果。工程造价管理贯穿于建设项目的全过程,从工程施工方案的编制、优化、技术安全措施的选用、处理,施工程序的统筹、规划,劳动组织的部署、调配,工程材料的选购、贮存,生产经营的预测、判断,技术问题的研究、处理,工程质量的检测、控制,以及招投标活动的准备、实施,工程造价管理工作无处不在。

工程预算编制是做好工程造价管理工作的关键,也是一项艰苦细致的工作。所谓工程预算,是指计算工程从开工到竣工验收所需全部费用的文件,是根据工程建设不同阶段的施工图纸、各种定额和取费标准,预先计算拟建工程所需全部费用的文件。工程预算造价有两个方面的含义,一个是工程投资费用,即业主为建造一项工程所需的固定资产投资、无形资产投资;另一方面是指工程建造的价格,即施工企业为建造一项工程形成的工程建设总价。

工程预算造价有一套科学的、完整的计价理论与计算方法,不仅需要工程预算编制人员具有过硬的基本功,充分掌握工程定额的内涵、工作程序、子目包括的内容、工程量计算规则及尺度,同时也需要工程预算人员具备良好的职业道德和实事求是的工作作风,需要工程预算人员勤勤恳恳、任劳任怨,深入工程建设第一线收集资料、积累知识。

为帮助广大工程预算编制人员更好地进行工程预算造价的编制与管理,以及快速培养一批既懂理论,又懂实际操作的工程预算工作者,我们特组织有着丰富工程预算编制经验的专家学者,编写了这套

《工程预决算快学快用系列手册》。

　　本系列丛书是编者多年实践工作经验的积累。丛书从最基础的工程预算造价理论入手，重点介绍了工程预算的组成及编制方法，既可作为工程预算工作者的自学教材，也可作为工程预算人员快速编制预算的实用参考资料。

　　本系列丛书作为学习工程预算的快速入门读物，在阐述工程预算基础理论的同时，尽量辅以必要的实例，并深入浅出、循序渐进地进行讲解说明。丛书集基础理论与应用技能于一体，收集整理了工程预算编制的技巧、经验和相关数据资料，使读者在了解工程造价主要知识点的同时，还可快速掌握工程预算编制的方法与技巧，从而达到"快学快用"的目的。

　　本系列丛书在编写过程中得到了有关领导和专家的大力支持和帮助，并参阅和引用了有关部门、单位和个人的资料，在此一并表示感谢。由于编者水平有限，书中错误及疏漏之处在所难免，敬请广大读者和专家批评指正。

目 录

第一章 园林绿化工程造价基础知识 (1)
  第一节 园林绿化工程造价概述 (1)
    一、工程造价的概念 (1)
    二、工程造价的特点 (2)
    三、工程造价的职能 (4)
    四、工程造价的作用 (4)
  第二节 园林绿化工程造价计价管理 (6)
    一、工程造价的计价特征 (6)
    二、工程投资费用及造价管理 (8)
    三、园林绿化工程建设管理 (12)
    四、园林绿化工程技术经济评价 (16)
  第三节 工程造价的构成 (18)
    一、建设工程造价的理论构成 (18)
    二、我国现行工程造价的构成 (19)
  第四节 园林绿化施工图识读 (45)
    一、园林绿化施工图概述 (45)
    二、园林绿化施工总平面图识读 (46)
    三、园林绿化施工放线图识读 (48)
    四、竖向设计施工图识读 (48)
    五、植物配置图识读 (50)
    六、园路、广场施工图识读 (51)
    七、其他园林绿化施工图识读 (51)

第二章 工程定额体系 (53)
  第一节 工程定额概述 (53)

一、工程定额的概念 …………………………………………(53)
　二、工程定额的性质 …………………………………………(53)
　三、工程定额的分类 …………………………………………(54)
　四、工程定额的作用 …………………………………………(58)
第二节　概算定额与概算指标……………………………………(59)
　一、概算定额 …………………………………………………(59)
　二、概算指标 …………………………………………………(61)
　三、概算定额与概算指标的区别 ……………………………(63)
第三节　预算定额…………………………………………………(63)
　一、预算定额概述 ……………………………………………(63)
　二、人、材、机消耗量的确定 ………………………………(66)
　三、综合预算定额 ……………………………………………(69)
　四、预算定额的编制 …………………………………………(70)
第四节　施工定额…………………………………………………(71)
　一、施工定额概述 ……………………………………………(71)
　二、劳动定额 …………………………………………………(73)
　三、机械台班使用定额 ………………………………………(77)
　四、材料消耗定额 ……………………………………………(80)
第五节　企业定额…………………………………………………(83)
　一、企业定额的概念 …………………………………………(83)
　二、企业定额的表现形式 ……………………………………(83)
　三、企业定额的特点与性质 …………………………………(83)
　四、企业定额的作用 …………………………………………(84)
　五、企业定额的编制原则 ……………………………………(86)
　六、企业定额的编制依据 ……………………………………(88)
　七、企业定额的组成 …………………………………………(88)
第三章　园林绿化工程定额计价……………………………………(89)
第一节　园林绿化工程定额计价概述……………………………(89)
　一、园林绿化工程定额计价的概念 …………………………(89)
　二、园林绿化工程定额计价的程序 …………………………(89)
第二节　园林绿化工程设计概算…………………………………(90)

一、园林绿化设计概算的内容 …………………………………… (90)
　　二、园林绿化设计概算的作用 …………………………………… (91)
　　三、园林绿化设计概算的编制 …………………………………… (92)
　　四、园林绿化设计概算的审查 …………………………………… (100)
　第三节　园林绿化工程施工图预算 ………………………………… (104)
　　一、园林绿化施工图预算概述 …………………………………… (104)
　　二、园林绿化施工图预算的编制 ………………………………… (104)
　　三、园林绿化施工图预算的审查 ………………………………… (106)
　第四节　园林绿化工程竣工结算与决算 …………………………… (109)
　　一、园林绿化竣工结算 …………………………………………… (109)
　　二、园林绿化工程决算 …………………………………………… (117)

第四章　园林绿化工程工程量清单计价 …………………………… (122)
　第一节　园林绿化工程工程量清单计价概述 ……………………… (122)
　　一、工程量清单计价的概念 ……………………………………… (122)
　　二、工程量清单计价的特点 ……………………………………… (122)
　　三、实行工程量清单计价的目的和意义 ………………………… (123)
　　四、工程量清单计价的影响因素 ………………………………… (126)
　　五、2013版清单计价规范简介 …………………………………… (129)
　第二节　工程量清单计价相关规定 ………………………………… (130)
　　一、计价方式 ……………………………………………………… (130)
　　二、发包人提供材料和机械设备 ………………………………… (132)
　　三、承包人提供材料和工程设备 ………………………………… (133)
　　四、计价风险 ……………………………………………………… (133)
　第三节　园林绿化工程工程量清单编制 …………………………… (135)
　　一、一般规定 ……………………………………………………… (135)
　　二、工程量清单编制依据 ………………………………………… (135)
　　三、工程量清单编制原则 ………………………………………… (136)
　　四、工程量清单编制内容 ………………………………………… (136)
　第四节　园林绿化工程工程量清单计价编制 ……………………… (143)
　　一、园林绿化工程招标控制价编制 ……………………………… (143)
　　二、园林绿化工程投标报价编制 ………………………………… (150)

三、园林绿化工程竣工结算编制 ……………………………… (153)
四、园林绿化工程造价鉴定 …………………………………… (155)
第五节　工程量清单及计价编制相关表格 ……………………… (158)
一、计价表格的种类及其适用范围 …………………………… (158)
二、工程计价表格的形式及填写要求 ………………………… (161)

第五章　绿化工程工程量计算 ……………………………………… (199)
第一节　绿化工程定额工程量计算 ……………………………… (199)
一、绿地整理定额工程量计算 ………………………………… (199)
二、园林植树工程定额工程量计算 …………………………… (200)
三、花卉与草坪种植工程定额工程量计算 …………………… (204)
四、大树移植工程定额工程量计算 …………………………… (204)
五、绿化养护工程定额工程量计算 …………………………… (205)
第二节　绿化工程清单工程量计算 ……………………………… (206)
一、绿地整理清单工程量计算 ………………………………… (206)
二、栽植花木清单工程量计算 ………………………………… (216)
三、绿地喷灌清单工程量计算 ………………………………… (235)
第三节　绿化工程工程量计算示例 ……………………………… (236)
一、土(石)方工程量计算 ……………………………………… (236)
二、喷灌系统计算 ……………………………………………… (246)

第六章　园路、园桥工程工程量计算 ……………………………… (250)
第一节　园路、园桥工程定额工程量计算 ……………………… (250)
一、园路工程定额工程量计算 ………………………………… (250)
二、园桥工程定额工程量计算 ………………………………… (251)
第二节　园路、园桥工程清单工程量计算 ……………………… (252)
一、园路、园桥清单工程量计算 ……………………………… (252)
二、驳岸、护岸清单工程量计算 ……………………………… (270)

第七章　园林景观工程工程量计算 ………………………………… (275)
第一节　园林景观工程定额工程量计算 ………………………… (275)
一、堆塑假山工程定额工程量计算 …………………………… (275)
二、土方定额工程量计算 ……………………………………… (276)
三、砖石定额工程量计算 ……………………………………… (278)

目 录

　　四、混凝土及钢筋混凝土定额工程量计算 …………………… (280)
　　五、木结构定额工程量计算 ………………………………… (283)
　　六、地面定额工程量计算 …………………………………… (284)
　　七、屋面定额工程量计算 …………………………………… (285)
　　八、装饰定额工程量计算 …………………………………… (286)
　　九、金属结构定额工程量计算 ……………………………… (289)
　　十、园林小品定额工程量计算 ……………………………… (289)
　第二节　园林景观工程清单工程量计算 ……………………… (290)
　　一、堆塑假山清单工程量计算 ……………………………… (290)
　　二、原木、竹构件清单工程量计算 ………………………… (300)
　　三、亭廊屋面清单工程量计算 ……………………………… (306)
　　四、花架清单工程量计算 …………………………………… (312)
　　五、园林桌椅清单工程量计算 ……………………………… (318)
　　六、喷泉安装清单工程量计算 ……………………………… (327)
　　七、杂项清单工程量计算 …………………………………… (339)
　第三节　园林景观工程工程量计算示例 ……………………… (348)
　　一、园林砌筑工程工程量计算示例 ………………………… (348)
　　二、园林木结构工程工程量计算示例 ……………………… (349)
　　三、园林屋面及防水工程工程量计算示例 ………………… (352)

第八章　措施项目工程量计算 …………………………………… (355)
　第一节　脚手架工程 …………………………………………… (355)
　第二节　模板工程 ……………………………………………… (356)
　第三节　树木支撑架、草绳绕树干、搭设遮阴（防寒）
　　　　　棚工程 ……………………………………………… (357)
　第四节　围堰、排水工程 ……………………………………… (358)
　第五节　安全文明施工及其他措施项目 ……………………… (359)

第九章　园林绿化工程招标投标 ………………………………… (362)
　第一节　园林绿化工程招标 …………………………………… (362)
　　一、园林绿化工程招标的条件 ……………………………… (362)
　　二、园林绿化工程招标的方式 ……………………………… (363)
　　三、园林绿化工程招标的程序 ……………………………… (364)

四、园林绿化工程招标文件的编制……………………………(370)
　第二节　园林绿化工程投标………………………………………(371)
　　一、园林绿化工程投标的组织机构………………………………(371)
　　二、园林绿化工程投标的程序……………………………………(372)
　　三、园林绿化工程投标的技巧……………………………………(377)
　　四、园林绿化工程投标文件的编制………………………………(381)
　第三节　园林绿化工程开标、评标与中标………………………(382)
　　一、园林绿化工程开标……………………………………………(382)
　　二、园林绿化工程评标……………………………………………(384)
　　三、园林绿化工程中标……………………………………………(387)
　　四、园林绿化工程合同签订………………………………………(388)
第十章　园林绿化工程工程量清单与计价编制实例…(389)
　第一节　某园区园林绿化工程工程量清单编制实例……………(389)
　第二节　某园区园林绿化工程投标报价编制实例………………(401)
参考文献……………………………………………………………(417)

第一章 园林绿化工程造价基础知识

第一节 园林绿化工程造价概述

一、工程造价的概念

工程造价是指进行一个工程项目的建造所需要花费的全部费用,即从工程项目确定建设意向直至建成、竣工验收为止的整个建设期间所支出的总费用,这是保证工程项目建造正常进行的必要资金,是建设项目投资中最主要的部分。根据所处的立场不同,工程造价有以下两种含义。

(1)建设工程投资费用,是指建设一项工程预期开支或实际开支的全部固定资产投资费用。显然,这一含义是从投资者——业主的角度来定义的。投资者选定一个投资项目,为了获得预期的效益,就要通过项目评估进行决策,然后进行设计招标、工程招标,直至竣工验收等一系列投资管理活动。在投资活动中所支付的全部费用形成了固定资产和无形资产。所有这些开支就构成了工程造价。从这个意义上说,工程造价就是工程投资费用,建设项目工程造价就是建设项目固定资产投资。

(2)工程价格,是针对承包方、发包方而言的工程计价,即为建成一项园林绿化工程,预计或实际在土地市场、设备材料市场、技术劳务市场以及承包市场等交易活动中所形成的园林绿化工程的造价。这种工程造价方式,是以社会主义商品经济和市场经济为前提的,是以工程发包与承包的价格为基础的。发包与承包价格是工程造价中一种重要的,也是最典型的价格形式。从这个意义上说,工程造价就是工程价格。

通常,人们将工程价格认定为工程承发包价格。不过,工程承发包价格的确是工程造价中一种最重要、最典型、最直接的价格形式。园林绿化工程承发包价格是在园林市场通过招标投标,由需求主体(投资者)和供给主体(承包商)共同认可的价格。鉴于园林绿化工程价格在项目固定资产中占有60%~70%的份额,又是工程建设中最活跃的部分,而施工企业是工程项目的实施者,是园林市场的主体,所以将工程承发包价格界定为工程造价就很有现实意义。当然,如上所述,这样界定对工程造价的含义理解就相对狭窄。

工程造价的这两种含义,是从不同角度把握同一事物的本质。对建设工程的投资者来说,面对市场经济条件下的工程造价就是项目投资,是"购买"项目要付出的价格;同时也是投资者在作为市场供给主体时"出售"项目时定价的基础。对于承包商、供应商和规划、设计等机构来说,工程造价是其作为市场供给主体出售商品和劳务的价格总和,或是特指范围的工程造价,如建筑安装工程造价。

二、工程造价的特点

1. 大额性

园林绿化工程建设本身就是一个建筑与艺术相结合的行业,能够发挥一定生态和社会投资效用的一项工程,不仅占地面积和实物形体较大,而且造价高昂,动辄数百、数千万,特大型综合风景园林绿化工程项目的造价可达几十亿元人民币。工程造价的大额性使其关系到有关各方面的重大经济利益,同时也会对宏观经济产生重大的影响。这就决定了园林绿化工程造价的特殊地位,也充分说明了造价管理的重要意义。

2. 个别性、差异性

任何一项园林绿化工程都有其特定的功能、用途、规模。因此,对每一项工程的结构、造型、空间分割、设备配置都有具体的要求,从而使每项工程的实物形态具有个别性,也就是项目具有一次性特点。园林产品的个别性与园林施工的一次性决定了园林绿化工程造价的个别性与差异性。同时,园林每项工程所处地区、地段都不相同,也使这一特点得到了强化。

3. 动态性

任何一项园林绿化工程从决策到竣工交付使用,都有一个较长的建设时间,而且由于不可控因素的影响,在预计工期内,许多影响工程造价的动态因素,如工程变更,设备材料价格,工资标准以及费率、利率、汇率会发生变化。这种变化必然会影响到造价的变动,所以工程造价在整个建设期中处于不确定状态,直至竣工决算后才能最终确定工程的实际造价。

4. 层次性

工程造价的层次性取决于园林绿化工程的层次性。一个园林建设项目往往含有多个能够独立发挥设计效能的单项工程,如绿化工程、园路工程、园桥工程和假山工程等。一个单项工程又是由若干个能够发挥专业效能的单位工程,如土建工程、安装工程等组成。与工程的层次性相适应,工程造价也有三个层次,即建设项目总造价、单项工程造价和单位工程造价。如果专业分工更细,单位工程(如土建工程)的组成部分——分部分项工程也可以成为交换对象,如土方工程、基础工程、装饰工程等,这样工程造价的层次就增加分部工程和分项工程而成为五个层次,如图1-1所示。

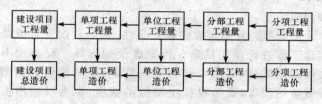

图 1-1 工程计量计价的层次顺序

5. 复杂性

构成工程造价的因素十分复杂,涉及人工、材料、施工机械等多个方面,需要社会的各个方面协同配合。在园林绿化工程造价中,成本因素非常复杂,其中为获得建设工程用地支出的费用、项目可行性研究和规划设计费用、与政府一定时期政策(特别是产业政策和税收政策)相关的费用占有相当的份额。另外,盈利的构成也较为复杂,资金成本较大。

6. 阶段性

根据建设阶段的不同,对同一园林绿化工程的造价,在不同的建设阶段,有不同的名称、内容,如图1-2所示。可以看出,工程造价的阶段性十分明确,在不同的建设阶段,工程造价的名称、内容、作用是不同的,这是长期大量工程实践的总结,也是工程造价管理的规定。

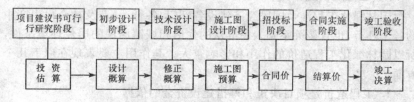

图 1-2 园林绿化工程建设阶段性计价示意图

注:连线表示对应关系,箭头表示多次计价流程及逐步深化过程。

三、工程造价的职能

1. 控制职能

园林绿化工程造价的控制职能表现在两个方面：一方面，对投资的控制，即在投资的各个阶段，根据对造价的多次性估算，对造价进行全过程、多层次的控制；另一方面，对以承包商为代表的商品和劳务供应企业的成本控制。

2. 预测职能

园林绿化工程造价的大额性和多变性，无论是投资者或是承包商都要对拟建工程进行预先估测。投资者预先测算工程造价不仅是作为项目决策的依据，同时也是作为筹集资金、控制造价的依据。承包商对工程造价的预算，既为投标决策提供依据，也为投标报价和成本管理提供依据。

3. 调节职能

工程建设直接关系到经济增长，也直接关系到国家重要资源分配和资金流向，对国计民生影响重大。因此，国家对建设规模、结构进行宏观调节是在任何条件下都不可缺少的，对政府投资项目进行直接调控和管理也是必须执行的。这些都要通过工程造价来对工程建设中的物质消耗水平、建设规模、投资方向等进行调节。

4. 评价职能

园林绿化工程造价是评价总投资和分项投资合理性和投资效益的主要依据之一。评价土地价格、园林绿化工程和设备价格的合理性时，就必须利用园林绿化工程造价资料；在评价建设项目偿贷能力、获利能力和宏观效益时，也要依据工程造价。

四、工程造价的作用

园林绿化工程涉及国民经济建设各部门、各行业，涉及社会再生产中的各个环节，也直接关系到人民群众的生活和城镇居民的居住环境条件，所以园林绿化工程造价的作用和影响重大。其作用主要表现在以下几个方面。

1. 工程造价是项目决策和筹措建设资金的依据

（1）项目决策的依据。园林绿化工程具有投资较大，生产和使用周期长等特点，使得项目决策显得非常重要。工程造价决定着项目的一次性投资费用。投资者是否有足够的财务能力支付这笔费用，是否认为值得支付这项费用,是项目决策中要考虑的主要问题,也是投资者必须首先解决的问题。因此,在项目决策阶段,园林绿化工程造价就成为项目财务分析和经济评价的重要依据。

(2)筹措建设资金的依据。投资体制的改革和市场经济的建立,要求项目的投资者必须有很强的筹资能力,以保证工程建设有充足的资金供应。工程造价基本决定了建设资金的需要量,从而为筹措资金提供了比较准确的依据。当建设资金来源于金融机构的贷款时,金融机构在对项目的偿贷能力进行评估的基础上,也需要依据工程造价来确定给予投资者的贷款数额。

2. 工程造价是制定投资计划和控制投资的依据

(1)制定投资计划的。投资计划是按照建设工期、工程进度和建设工程价格等逐年分月加以制定的。正确的投资计划有助于有效、合理地使用资金。

(2)控制投资的依据。工程造价是通过多次性估算,最终通过竣工决算确定下来的。每一次估算的过程都是对造价的控制过程;而每一次估算又都是对下一次估算和造价严格的控制,总之,每一次估算都不能超过前一次估算的一定幅度。这种控制是在投资者财务能力限度内为取得既定的投资效益所必需的。建设工程造价对投资的控制也表现在利用制定各类定额、标准和参数,对建设工程造价的计算依据进行控制。

3. 工程造价是合理进行利益分配和调节产业结构的手段

(1)合理进行利益分配的手段。工程造价的高低,涉及国民经济各部门和企业间的利益分配。在计划经济体制下,政府为了利用有限的财政资金建成更多的工程项目,总是趋向于压低建设工程造价,使建设中的劳动消耗得不到完全补偿,价值不能得到完全实现。而未被实现的部分价值则被重新分配到各个投资部门,为项目投资者所占有。

(2)调节产业结构的手段。这种部门之间利益的再分配有利于各产业部门按照政府的投资导向迅速发展,也有利于按宏观经济的要求调整产业结构,但是也会严重损害园林企业的利益,从而使园林业的发展长期处于缓慢发展状态,与整个国民经济的发展不相适应。在市场经济中,工程造价也无例外地受供求状况的影响,并在围绕价值的波动中实现对建设规模、产业结构和利益分配的调节。加上政府正确的宏观调控和价格政策导向,工程造价在这方面的作用才能充分发挥出来。

4. 工程造价是评价投资效果的重要指标

建设工程造价是一个包含着多层次造价的指标体系。就一个工程项目来说，工程造价既是建设项目的总计价，又包含着单项工程造价和单位工程造价，同时也包含单位平方米绿地面积的造价等。工程造价能够为评价投资效果提供多种评价指标，并能够形成新的价格信息，为今后类似项目的投资提供参考。

第二节　园林绿化工程造价计价管理

一、工程造价的计价特征

1. 多次性计价

园林绿化工程的建造过程是一个周期长、数量大的生产消费过程，包括可行性研究在内的设计过程一般较长，而且要分阶段进行，逐步加深。为了适应园林绿化工程建设过程中各方经济关系的建立，适应项目管理、工程造价控制和管理的要求，需要按照设计和建设阶段多次进行计价。

从投资估算、设计概算、施工图预算，到投标承包合同价，再到各项工程的结算和最后在结算价基础上编制的竣工决策，整个计价过程是一个由粗到细、由浅到深，最后确定工程实际造价的过程。计价过程各环节环环相扣，前者制约后者，后者补充前者。

(1)投资估算。投资估算是对整个园林绿化工程项目投资总额的估算。在项目建议书和可行性研究阶段，根据投资估算指标、类似工程的造价资料、现行的设备材料价格，并结合工程的实际情况，对拟建项目的投资进行预测和初估。投资估算是项目筹资和控制造价的主要依据。

(2)概算造价。概算造价是在初步设计阶段，根据设计意图，通过编制工程概算文件，预先测算和确定的工程造价。概算造价较投资估算造价准确性有所提高，但它受估算造价的控制。概算造价可分为建设项目概算总造价、各个单项工程概算综合造价、各单位工程概算造价。

(3)修正概算造价。在采用三阶段设计时，在技术设计阶段随着对初步设计的深化，建设规模、结构性质、设备选型等方面可能要进行必要的修改和变动，因此，初步设计概算也需要做必要的修正和调整。通常，修正概算造价不能超过概算造价。

(4)预算造价。预算造价是在施工图设计阶段，根据施工图纸通过编制预算文件,预先测算和确定的工程造价。预算造价比概算造价或修正概算造价更为详尽和准确。同样受前一阶段所确定的工程造价的控制。

(5)合同价。这是指在工程招标投标阶段,在签订总承包合同时,由发包方和承包方共同协商一致作为双方结算基础的工程合同价格。合同价属于市场价格的性质。合同价是由承发包双方根据市场行情共同议定和认可的成交价格,但并不等同于最终决算的实际工程造价。

(6)结算价。结算价是在合同实施阶段,工程结算时按合同调价范围和调价方法,对实际发生的工程量增减、设备和材料价差等进行调整后计算和确定的价格。结算价是该结算工程的实际价格。

(7)实际造价。在竣工验收阶段,根据工程建设过程中实际发生的全部费用,编制竣工决算,最终确定建设工程的实际造价。

2. 单件性计价

每一项园林建设项目,不仅具有独特的地域性,更有不同的地区经济实力和人们的不同审美习惯。因此,同一个园林设计方案不可能在两个地方同时实现,这就是园林建设项目和一般工民建建设项目的最大不同之处。园林产品的这种个别差异性,就决定了每一项园林绿化工程必须单独计算造价。

3. 组合性计价

工程建设项目有大、中、小型之分,由建设项目、单项工程、单位工程、分部工程、分项工程组成。其中,分项工程是能用较为简单的施工过程生产出来的,是可以用适量的计量单位测算出其消耗的工程基本构造要素,也是工程结算中假定的园林产品。一个建设项目是一个工程综合体,这个综合体可以分解为许多有内在联系的独立和不能独立的工程。从计价和工程管理的角度来看,分部分项工程还可以进一步分解。由此可以看出,建设项目的这种组合性决定了计价的过程是一个逐步组合的过程。这一特征在计算概算造价和预算造价时尤为明显,同时也表现在合同价和结算价中。

4. 多样性计价

适应多次性计价有各不相同的计价依据,以及对造价的不同精度要求,从而使计价方法有多样性特征。计算和确定概、预算造价有单价法和实物法两种。计算和确定投资估算的方法有生产规模指标估算法和分项比例估算法两种。

5. 复杂性计价

由于影响造价的因素较多,因此计价依据的种类也多,其可分为:计算设备和工程量的依据;计算人工、材料、机械等实物消耗量的依据;计算工程单价的价格依据;计算设备单价的依据;计算其他费用的依据;政府规定的税、费;物价指数和工程造价指数。依据的复杂性不仅使计算过程复杂,而且要求计价人员熟悉各类依据,并且加以正确应用。

二、工程投资费用及造价管理

1. 工程投资费用管理

工程建设投资管理范围。工程投资费用管理属于投资管理范畴,是为了实现一定的预期目标,在拟定规划、设计方案的条件下,预测、计算、确定和监控工程造价及其变动的系统活动。它包括合理确定工程造价和有效控制工程造价的一系列工作。

(1)合理确定工程造价,即在建设程序的各个阶段,采用科学的、切合实际的计价依据,合理确定投资估算、设计概算、施工图预算、承包合同价、竣工结算价和竣工决算价。

(2)有效控制工程造价,即在投资决策阶段、设计阶段、建设项目发包阶段和实施阶段,把建设工程的造价控制在批准的造价限额以内,随时纠正发生的偏差,以保证项目投资控制目标的实现。

投资管理是指为了实现投资的预期目标,在拟定规划、设计方案的条件下,预测、计算、确定的监控工程造价及其变动的系统活动。投资管理既包括宏观方面,又兼顾微观方面。

2. 工程造价管理目标

(1)健全价格调控机制,市场操作行为规范。在具体实施过程中要遵循商品经济价值的客观规律,健全价格调控机制,培育和规范建筑市场中劳动力、技术、信息等市场要素,企业依据政府和社会咨询机构提供的市场价格信息和造价指数自主报价,建立以市场竞争形势为主的价格机制。

(2)形成健全的市场体系,实施动态管理。实行市场价格机制,从而优化配置资源、合理使用投资、有效控制工程造价,从而取得最佳的经济效益,形成统一、开放、协调、有序的市场体系,将政府在工程造价管理中的职能从行政管理、直接管理转换为法规管理及协调监督,制定和完善市场中经济管理规则,规范招标投标及承发包行为,制止不正当竞争,严格中介机构人员的资格认定,培育社会咨询机构并使其成为独立的行业,对

第一章 园林绿化工程造价基础知识

工程造价实施全过程、全方位的动态管理,建立符合我国国情的工程造价管理体系。

3. 工程造价管理的特点和任务

(1)工程造价管理的特点,见表 1-1。

表 1-1 工程造价管理的特点

特 点	内 容
规范性	由于工程项目千差万别,构成造价的基本要素可分解为便于可比与便于计量的假定产品,因而要求标准客观、工作程序规范
公正性	既要维护业主(投资人)的合法权益,也要维护承包商的利益,站在公正的立场上工作
准确性	运用科学、技术原理及法律手段进行科学管理,从而使计量、计价、计费有理有据,有法可依
时效性	在某一时期内的价格特性,即随时间的变化而不断变化的性质

(2)工程造价管理的任务。加强工程造价的全过程动态管理,强化工程造价的约束机制,维护有关各方的经济利益,规范价格行为,促进微观效益和宏观效益的统一。也就是按照经济规律的要求,根据市场经济的发展形势,用科学管理方法和先进管理手段来合理、有效地控制工程造价,以提高经济效益和园林企业经营效益。

4. 工程造价管理的内容

(1)工程造价管理的基本内容。工程造价管理的重要内容是合理确定工程造价和有效地控制工程造价。其范围涉及工程项目建设的项目建议书和可行性研究、初步设计、技术设计、施工图设计、招标投标、合同实施、竣工验收等阶段全过程的工程造价管理。

1)工程造价的合理确定。在建设程序的各个阶段,合理确定投资估算、概算造价、预算造价、承包合同价、结算价、竣工决算价。

2)工程造价的有效控制。工程造价的有效控制,是在优化建设方案、设计方案和施工方案的基础上,在建设程序的各个阶段,采用一定的科学有效的方法和措施,把工程造价的费用控制在合理范围以内,随时纠正发生的偏差,以保证工程造价管理目标的实现。具体来说,要用投资估算价选择设计方案和控制初步设计概算造价;用初步设计概算造价控制技术设计和修正概算造价；用概算造价或修正概算造价控制施工图设计和施工图预算造价，力求合理使用人力、物力和财力，取得较好的投资效益。

工程造价的有效控制有以下原则：

①以设计阶段为重点的建设全过程造价控制。

②变被动控制为主动控制，提高工程造价控制效果。

③技术与经济相结合是控制工程造价最有效的手段。

(2)工程造价管理的工作要素。工程造价管理围绕合理确定工程造价和有效地控制工程造价这个基本内容，采取全过程、全方位管理，其具体的工作要素大致归纳为：

1)加强可行性研究，可行性研究阶段对建设方案认真优选，在编制投资估算时，应考虑风险，打足投资。通过招标，从优选择建设项目的承建单位、咨询(监理)单位、设计单位。对设备、主材进行择优采购，抓好相应的招标工作。

2)坚持合理标准，推行限额设计。合理选定工程的建设标准、设计标准，贯彻国家的建设方针。按估算对初步设计(含应有的施工组织设计)推行量财设计，积极、合理地采用新技术、新工艺、新材料，优化设计方案，编好、定好概算。

3)严格合同管理，作好工程索赔价款结算。强化项目法人责任制，落实项目法人对工程造价管理的主体地位，在法人组织内建立与造价紧密结合的经济责任制。

4)协调各方关系，加强动态管理。协调好与各有关方面的关系，合理处理配套工作(包括征地、拆迁、城建等)中的经济关系。严格按概算对造价实行静态控制、动态管理。用好、管好建设资金，保证资金合理、有效地使用，减少资金利息支出和损失。

5)强化服务意识，确保服务质量。社会咨询(监理)机构要为项目法人开展工程造价管理提供全过程、全方位的咨询服务，遵守职业道德，确保服务质量。各单位、各部门要组织好造价工程师的考核、培养和培训工作，促进人员素质和工作水平的提高。

5. 工程造价管理的作用

(1)工程造价有双重的职能。工程建设关系着国计民生，同时政府投资公共、公益性项目在今后仍然会有相当份额，国家对工程造价的管理，不仅承担着控制一般商品价格职能，而且在政府投资项目上也承担着微观主体的管理职能。区分这两种管理职能,从而制定不同的管理目标,采用不同的管理方法是工程造价管理发展的必然趋势。

(2)工程造价是项目建设的重心。工程造价管理是园林市场管理的重要组成部分和核心内容,是园林市场经济的价格体现。工程造价管理与工程招标投标、质量、施工安全有着密切关系,是保证工程质量和安全生产的前提和保障。在整顿和规范建设市场经济秩序中,切实加强工程造价管理尤为关键,而合理确定工程造价对工程项目建设至关重要。

(3)工程造价的关键是加强经济核算。工程造价管理主要是从货币形态来研究完成一定园林产品的费用构成,以及如何运用各种经济规律和科学方法,对建设项目的立项、筹建、设计、施工、竣工交付使用的全过程的工程造价进行合理确定和有效控制。同时,通过加强经济核算和工程造价管理,寻求技术和经济的最佳结合点,合理利用人力、物力和财力,争取取得最大的投资效益。

6. 工程造价管理的组织

工程造价管理的组织是为了实现工程造价管理目标而进行的有效组织活动,以及与造价管理功能相关的有机群体。具体来说,主要是指国家、地方、部门和企业之间管理权限和职责范围的划分。工程造价管理组织有以下三个系统。

(1)政府行政管理系统。政府是宏观管理主体,也是政府投资项目的微观管理主体。从宏观管理的角度,政府对工程造价管理有一个行之有效的管理系统,设置了管理机构,规定了管理权限和职责范围。

政府在工程造价管理中的主要职责:组织制定工程造价管理的有关法律、法规,组织贯彻实施方案,组织制定全国统一经济定额和监督部管行业经济定额的实施,管理全国工程造价咨询单位资质工作,负责全国甲级工程造价咨询单位的资质审定。省、自治区、直辖市和行业主管部门的造价管理机构在其管辖范围内行使管理职能;省辖市和地区的造价管理部门在所辖地区内行使管理职能。其职责大体与住房和城乡建设部的工程造价管理机构相对应。

(2)企业机构微观管理系统。

1)设计机构和工程造价咨询机构,按照业主或委托方的意图,在可行性研究和规划设计阶段合理确定和有效控制建设项目的工程造价,通过限额设计等手段实现设定的造价管理目标;在招投标工作中编制招标控制价,参加评标、议标;在项目实施阶段,通过对设计变更、工期索赔和结算等项管理进行造价控制。设计机构和造价咨询机构,通过在全过程造价管理中的业绩,赢得社会的信誉,提高市场竞争力。

2) 承包企业的工程造价管理是企业管理中的重要组成,设有专门的职能机构参与企业的投标决策,并通过对市场的调查研究,利用过去积累的经验,研究报价策略,提出报价;在施工过程中,进行工程造价的动态管理,注意各种调价因素的发生和工程价款的结算,避免收益的流失,以促进企业赢利目标的实现。承包企业在加强工程造价管理的同时,还要加强企业内部的各项管理,特别要加强成本控制,才能切实保证企业有较高的利润水平。

(3) 行业协会管理系统。中国建设工程造价管理协会是由从事工程造价管理与工程造价咨询服务的单位及具有注册造价工程师资格和资深的专家、学者自愿组成的具有社会团体法人资格的全国性社会团体,是对外代表造价工程师和工程造价咨询服务机构的行业性组织。经住房和城乡建设部同意,民政部核准登记,协会属非营利性社会组织。协会的宗旨是坚持党的基本路线,遵守国家宪法、法律、法规和国家政策,遵守社会道德风尚,遵循国际惯例,按照社会主义市场经济的要求,组织研究工程造价行业发展和管理体制改革的理论和实际问题,不断提高工程造价专业人员的素质和工程造价的业务水平,为维护各方的合法权益,遵守职业道德,合理确定工程造价,提高投资效益,以及促进国际工程造价机构的交流与合作服务。协会成立后,在工程造价理论探索、信息交流、国际往来、咨询服务、人才培养等方面做了大量工作,在组织建设方面也做出了显著的成绩,得到了广大造价工作者的支持与信任。协会作为与政府沟通的桥梁,贯彻政策意图,反馈造价管理的信息和存在的问题,对工程造价进行行业管理,使自己真正担当起行业管理的任务,以适应市场经济和改革开放形势的要求。

三、园林绿化工程建设管理

园林建设是以为人类提供健康、积极向上的生态环境为基础。园林绿化工程是利用原地形,将其改造成为以人为本的环境,以便每时每刻有益于人,提供理想的环境空间及空间氛围的基本建筑工程。

1. 园林绿化工程的建设程序

园林绿化工程的建设程序包括园林建设项目从构思、策划、选择、评估、决策、设计、施工到竣工验收、投入使用、发挥效益的全过程。园林建设项目的实施一般包括：立项(编制项目建议书、可行性研究、审批)；规划设计(初步设计、技术设计、施工图设计)；施工准备(申报施工许可、建设施工招标投标或施工委托、签订施工项目承包合同)；施工(建筑、设备安装、种植植物)；养护管理；后期评价等环节。

(1)园林建设前期阶段。

1)项目建议书。根据国民经济和社会发展长远规划，结合园林行业和地区发展需要，提出项目建议书。项目建议书是建设某一具体园林项目的建议文件。项目建议书是工程建设程序最初阶段的工作，主要是提出拟建项目的轮廓设想，并论述项目建设的必要性、主要建设条件和建设的可能性等，以判定项目是否需要开展下一步的可行性研究工作。其作用是通过论述拟建项目的建设必要性、可行性以及获利、获益的可能性，向国家或业主推荐建设项目，供国家或业主选择并确定是否有必要进行下一步工作。

2)可行性研究。项目建议书一经批准，即可着手进行可行性研究，在现场调研的基础上，提出可行性研究报告。可行性研究是运用多种科研成果，在建设项目投资决策前进行技术经济论证，以保证取得最佳经济效益的一门综合学科，是园林基本建设程序的关键环节。

3)立项审批。大型园林建设项目，特别是由国家或地方政府投资的园林项目，一般均需要有关部门进行项目立项审批。

4)规划设计。设计阶段主要对拟建工程的实施在技术和经济两个方面提出详尽和具体的方案，是把先进技术和科研成果引入建设的渠道，是整个工程的决定性环节，是组织工程实施的依据。

园林规划设计是对拟建项目在技术上、艺术上、经济上所进行的全程安排。园林设计是进行园林绿化工程建设的前提和基础，是一切园林绿化工程建设的指导性文件。

(2)园林建设施工阶段。园林建设施工一般有自行施工、委托承包单位施工、群众性义务植树绿化施工等。项目开工前，要切实做好施工组织设计等各项准备工作。

1)施工前期准备。包括施工许可证办理、征地、拆迁、清理场地、临时供电、临时供水、临时用施工道路、工地排水等；精心选定施工单位，签订施工承包合同；参加施工企业与甲方合作，依据计划进行各方面的准备，包括人员、材料、苗木、设施设备、机械、工具、现场(临建、临设等)、资金等的准备。

2)施工阶段。认真做好设计图纸会审工作,积极参加设计交底,了解设计意图,明确设计要求;选择合适的材料供应商,保证材料的价格合理、质量符合要求、供应及时;合理组织施工,争取实现项目利益的最大化;建立并落实技术管理、质量管理体系和质量保证体系,保证项目的质量;按照国家和社会的各项建设法规、规范、标准要求,严格做好中间质量验收和竣工验收工作。

3)技术维护、养护管理阶段。现行园林建设工程,通常在竣工后需要对施工项目实施技术维护、养护一年至数年。项目维护、养护期间的费用执行园林养护管理预算。

4)竣工验收阶段。园林绿化工程按设计文件规定的内容、业主要求和有关规范标准全部完成,竣工清理完成后,达到了竣工验收条件,建设单位便可以组织勘察、设计、施工、监理等有关单位参加竣工验收。竣工验收阶段是园林绿化工程建设的最后一环,是全面考核建设成果、检验设计和工程质量的重要步骤,也是基本建设转入生产和使用的标志。目前,园林绿化工程实行"养护期满"后,才算园林绿化工程总竣工。

5)项目后评价阶段。建设项目的后评价是工程项目竣工并使用一段时间后,对立项决策、设计施工、竣工等进行系统评价的一种技术经济活动,是固定资产投资管理的一项重要内容。通过项目评价总结经验、研究问题、肯定成绩、改进工作,不断提高决策水平。

2. 园林绿化工程建设的特点

园林绿化工程建设包括风景区、城市公园、庭院绿化、街道绿化、机关厂矿绿化等。与其他建设工程比较,园林绿化工程建设有如下特点:

(1)目标的多样性。园林设施的性质、功能作用等很复杂,每个设计一般都具有多重目的。园林建设的目的有以下几个方面:

1)园林绿化工程需占用一定的自然生态资源,又以改善自然环境,提高生态环境,并使之可持续发展为建设目标。

2)提供适合的游憩、休闲的活动场所,创造优美景观,形成绿色、健康的、有当地特色的地域文化。

3)城市建设的社会性。园林建设的主要目的,是建立"每时每刻都对人身心有益的环境"。一般不能简单地以获取资金回报为目的。这是园林建设的独特之处。

4)园林建设产品受技术发展水平、经济条件影响较大,还受当地的社会、政治、文化、风俗、传统、自然条件等因素的综合影响。所有这些因素决定着园林空间布局、景物造型、设施布置、园林建筑及构筑物结构形式和设计技巧。

(2)协调统一。园林绿化工程的作用涉及内容较广。物尽其用、一物多用、互相兼顾、统一协调,是园林设施布置的主要原则。

1)综合性。园林的组成有园林建筑、小品、给水、排水、水景、照明、文化艺术、体育运动、卫生等,在各种设计能够发挥各自功能的前提下,还要求不同设施组合,发挥总体作用来满足人们的需要。园林设施的多样性及其布置与人们的生活息息相关。另外,施工作业技艺也需要科学交叉、综合进行。

2)协调性。传统中国园林建设讲究"巧于因借,精在本宜",而现代园林绿地建设强调表现各方面的协调性,如环境的协调、景观的协调、空间的协调、美的空间形式与健康游憩内容的协调;园林建设是一个整体,每一步骤、每一工艺都需要多种性质完全不同的工种经过计划、协作配合才能正常完成。

(3)季节性。园林种植工程有很强的季节性。不同季节栽植植物,直接影响种植成活率、施工投入、植物生长好坏及后期养护管理难易等。

(4)地方特色。园林绿地的建设要考虑地域的差别。利用地方植被、景观、文化风俗、经济技术等条件,创造出独具特色的产品。

1)每一园林建设项目由于所涉及的因素不同,一般只能单独地设计与生产,不像其他工业产品可批量生产。

2)就园林艺术创作而言,不同于其他基建工程,园林建设中的有些产品,如雕塑、书法、诗词、楹联等,追求"不能归类"的独特艺术形式或内容,不能规范化、标准化生产。

3. 园林景观的属性及其特点

(1)园林景观的属性。园林景观属于商品,园林绿化工程设计公司进行的施工就是商品生产。

1)园林产品的特性是满足建设单位或使用单位的需要。因园林产品建设地点的不固定性、园林产品的单件性和生产的露天性,使得园林企业(承包者)必须按使用者(发包者)的要求(设计)进行施工,建成后再移交给使用者。因此,园林产品是一种特殊的商品,有着特殊的交换关系。

2)园林产品不仅具有商品价值而且具有使用价值。园林产品的使用价值表现在其能满足用户的需要,这是由它的自然属性决定的。在市场经济条件下,园林产品的使用价值是它价值的物质承担者。园林产品的价值是指它凝结了物化劳动和活劳动成果,是物化了的人类劳动,正因为它具有价值,才使得园林产品可以进行交换,在交换中体现了价值量,并以货币形式表现为价格。

(2)园林景观的价格特点。园林产品的价格主要有以下两个方面的特点:

1)园林产品的价格不能像工业产品那样有统一的价格,一般都需要通过逐个编制概预算进行估价,园林产品的价格是一次性的。

2)园林产品的价格具有地区差异性,园林产品坐落的地区不同,特别是园林绿化工程所在的区间和地段不同(如市区和郊外),其建造的复杂程度也不同,这样所需的人工、材料和机械的价格就不同,最终决定园林产品的价格具有多样性。

四、园林绿化工程技术经济评价

1. 园林绿化工程技术经济评价的概念

园林绿化工程技术经济评价是对园林绿化工程中所采用的种植技术方案、技术措施、技术政策的经济效益进行计算、比较、分析和评价,为选用最佳方案提供科学依据。

2. 园林技术经济评价应遵循的基本原则

(1)当前利益与长远利益兼顾。在设计评价时,既要评价建设阶段一次性投入的经济效益,又要考虑后期经常养护经营的方便及其所需资金的不断投入情况。

(2)先进技术与经济效益相结合。技术与经济是辩证统一的关系。从理论上讲,技术先进与经济适用应是统一的关系,即所谓先进的技术必然同时有好的经济效益。然而现实之中技术本身先进,但因当时当地的某些环境条件限制,经济效益可能比不上不太先进的技术经济效益好。当然,随着条件的变化,这种情况也会发生改变。在进行技术经济评价时,既要求技术上的先进性,又要分析经济上的合理性,力求做到两者统一。

(3)经济、社会与生态效益相统一。园林建设工程技术的评价是以经济效益为主体依据的。但是在很多情况下,园林建设工程技术的评价,受园林技术方案的影响,表现在除经济效益方面以外,还涉及生态效益、社会效益等方面。经济效益在园林建设工程技术评价中不是唯一的依据。园林绿化工程技术的评价,要根据具体的情况,在考虑经济效益的同时,还要对社会效益、生态效益等进行综合评价。

(4)统筹全局考虑经济效益。园林绿化工程技术经济评价,不但要计算建设施工直接的经济效益,还要考虑相关投资的经济效益以及生态效益、社会效益;不但要对各园林建设专业部门带来的经济效益加以详细计算,还要考虑给相关行业部门和整个国民经济带来的整体效益和影响。

3. 园林绿化工程技术经济评价的意义

(1)提供科学的依据。通过对园林绿化工程技术经济的评价,能够对该项技术方案的采用、推广或限制提出意见,更好地贯彻执行经济的原则,为园林行业各级主管部门制定合理的技术路线、技术政策提供科学的依据。

(2)选择最佳方案。通过对园林绿化工程技术经济的评价,能够对该项技术方案的应用,事先计算出它的经济效益。通过分析计算,找出各种不同技术方案的经济价值,据以选用技术上可行、经济上合理的最佳方案。

(3)提高园林企业的管理水平。通过对园林绿化工程技术经济的评价,可以为进一步提高经济效益提出建议、指明途径,更有力地促进园林技术的发展,提高园林企业的技术水平,提高园林建设的投资效益。

开展园林绿化工程技术经济评价工作,是使各项技术更好地服务于生产建设,也是加速我国园林建设发展的重要措施。

4. 园林设计方案与施工方案的评价

园林绿化工程设计和施工方案的技术经济评价,就是为了比较、分析和评价设计和施工方案中的经济效益。

(1)园林设计方案的评价原则。

1)人与自然的和谐统一原则。

2)景观艺术特色鲜明,因地制宜的原则。

3)先进技术规范与实际操作相结合的原则。

4)安全文明、卫生整洁的原则。

5)绿色健康与方便实用性相结合的原则。

6)根据建设目的、要求、现状的实际情况,依据园林设计规范中的相关条款规定为评价原则。

(2)园林设计方案评价的特点。

1)主次分明,每一个方案各具特色,并尽可能突出主题指标,使设计方案有主有从,结构鲜明。

2)可比性强。多方案比较,要有可比性。若使用功能不同,建设目标不同,它们之间就不存在可替代的可能,不具备可比条件。

3)全面评价。现实应用与可持续利用;人与自然关系:强调以人为本,应对自然环境给予可持续发展的关照;强调自然,同时应注重人文关怀;经济、技术、环境、文化艺术、社会等的全面评价立场、出发点和原则。

(3)园林施工方案评价的内容。园林绿化施工方案首先要考虑工期、质量和成本三因素,其评价只考虑施工的决策问题,而一般不考虑宏观评价。

施工方案的内容包括:确定合理的施工工序(工艺流程)、确定施工组织方案以及重要分部(项)工程的施工方法。

施工方案技术经济评价的主要内容有以下两个方面:

1)施工工艺方案的评价,是指分部分项工程的施工、措施项目等的方案评价。包括施工技术方法,如不同工种的人力施工,施工机械配套、选择等。

2)施工组织方案的评价,是指施工组织方案,主要是园林施工组织方法,如流水施工、平行施工、交叉施工、施工衔接等组织方法。

第三节　工程造价的构成

一、建设工程造价的理论构成

理论价格,是指按照马克思主义的价格形成理论计算出来的价格。理论价格不是马上可以付诸实践的,但是却能为调整现行的不合理价格体系指明方向,揭示可供选择的方案。产品的社会成本,加上按平均资金盈利率或平均成本(工资)盈利率确定的利润,即为产品的理论价格。

第一章 园林绿化工程造价基础知识

按照马克思主义的价格理论,工程造价的构成要素包括活劳动价值、物化劳动价值和剩余价值三者相对应的价格。用公式表示即 $W=C+V+M$。其中,W 为工程造价;C 为物化劳动价值;V 为活劳动价值;$C+V$ 即为成本;M 为剩余劳动价值。

1. 活劳动价值的价格

活劳动是指在物质资料生产过程中,劳动者支出的体力劳动和脑力劳动的总和。活劳动是生产过程中的决定性因素。在生产过程中,只有加进了人的活劳动,才能使过去劳动所创造的使用价值(生产资料)改变成为符合人们需要的、另一种形式的使用价值(产品)。随着生产技术的发展,单位产品中包含的活劳动数量愈来愈少。活劳动不仅创造再生产劳动力的价值,而且创造剩余价值。

在工程造价中,这部分价值的价格是由从事施工的工人和施工管理人员创造的。前者表现为工程造价中的人工费;后者表现为施工管理人员的基本工资、工资性补贴、职工福利费、劳动保护费等。

2. 物化劳动价值的价格

"物化劳动"亦称"对象化劳动",体现为劳动产品的人类劳动。作为劳动过程的物质条件,是指物化在生产资料上的劳动,有时就是指生产资料;作为劳动过程的结果,是指凝结在产品中的人类劳动。在商品生产条件下,物化劳动不仅是形成新的使用价值的劳动,而且是形成价值的劳动。

在工程造价中,物化劳动价值的价格由材料费、机械使用费、临时设施费、管理费中的办公费、固定资产使用费、工具用具使用费等构成。

3. 剩余价值的价格

剩余价值是指在生产过程中劳动者创造的总价值中,除了分配给劳动者用以进行生产能力的再生产外,余下的劳动价值。

在工程造价中,剩余价值的价格就是利润。利润进行两方面的分配:一是以税金的形式上缴国家和地方财政,作为社会积累;二是一部分留在企业,作为企业的发展基金和福利基金。

二、我国现行工程造价的构成

建设项目投资含固定资产投资和流动资产投资两部分(图1-3),其是保证项目建设和生产经营活动正常进行的必要资金。

固定投资中形成固定资产的支出叫固定资产投资。固定资产是指使用期限超过一年的房屋、建筑物、机器、机械、运输工具以及与生产经营有关的设备、器具、工具等。这些资产的建造或购置过程中发生的全部费用都构成固定资产投资。建设项目总投资中的固定资产与建设项目的工程造价在量上相等。

流动资金是指为维持生产而占用的全部周转资金,是流动资产与流动负债的差额。流动资产包括各种必要的现金、存款、应收及预付款项和存货;流动负债主要是指应付账款。值得指出的是,这里所指的流动资产是指为维持一定规模生产所需要的最低的周转资金和存货;流动负债只含正常生产情况下平均的应付账款,不包括短期借款。

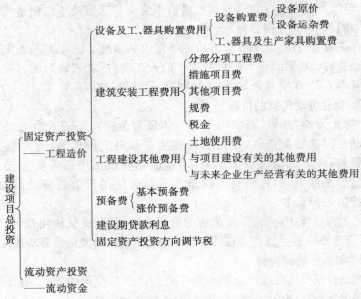

图 1-3 我国现行工程造价的构成

注:图中列示的项目总投资主要是指在项目可行性研究阶段用于财务分析时的总投资构成,在"项目报批总投资"或"项目概算总投资"中只包括铺底流动资金,其金额通常为流动资金总额的 30%。

(一)设备及工、器具购置费用

设备及工、器具购置费用由设备购置费和工具、器具及生产家具购置费组成,是固定资产投资中的重要部分。在生产性工程建设中,设备及工、器具购置费用占工程造价比重的增大,意味着生产技术的进步和资本有机构成的提高。

1. 设备购置费

设备购置费是指为建设项目购置或自制的达到固定资产标准的各种国产或进口设备、工具、器具的购置费用。设备购置费由设备原价和设备运杂费构成。

$$设备购置费 = 设备原价 + 设备运杂费 \tag{1-1}$$

其中,设备原价是指国产标准设备、非标准设备的原价。设备运杂费是指设备原价中未包括的包装和包装材料费、运输费、装卸费、采购费及仓库保管费、供销部门手续费等。

(1)产设备原价的构成及计算。国产设备原价一般指的是设备制造厂的交货价或订货合同价。国产设备原价一般根据生产厂或供应商的询价、报价、合同价确定,或采用一定的方法计算确定。通常,国产设备原价分为国产标准设备原价和国产非标准设备原价。

1)国产标准设备原价。国产标准设备是指按照主管部门颁布的标准图纸和技术要求,由我国设备生产厂批量生产的,符合国家质量检验标准的设备。国产标准设备原价一般指的是设备制造厂的交货价,即出厂价。国产标准设备原价有两种,即带有备件的原价和不带备件的原价,在计算时,一般采用带有备件的原价。

2)国产非标准设备原价。国产非标准设备是指国家尚无定型标准,各设备生产厂不可能在工艺过程中采用批量生产,只能按一次订货,并根据具体的设计图纸制造的设备。非标准设备原价有多种不同的计算方法,如成本计算估价法、系列设备插入估价法、分部组合估价法、定额估价法等。但无论采用哪种方法,都应该使非标准设备计价接近实际出厂价,并且计算方法要简便。成本计算估价法是一种常用的估算非标准设备原价的方法。按成本计算估价法,非标准设备的原价由以下各项组成:

①材料费。其计算公式如下:

$$材料费 = 材料净重 \times (1 + 加工损耗系数) \times 每吨材料综合价 \tag{1-2}$$

②加工费。包括生产工人工资和工资附加费、燃料动力费、设备折旧费、车间经费等。其计算公式如下:

$$加工费 = 设备总质量(吨) \times 设备每吨加工费 \tag{1-3}$$

③辅助材料费(简称辅材费)。包括焊条、焊丝、氧气、氩气、氮气、油

漆、电石等费用。其计算公式如下:
$$辅助材料费 = 设备总质量 \times 辅助材料费指标 \qquad (1-4)$$

④专用工具费。按①~③项之和乘以一定百分比计算。

⑤废品损失费。按①~④项之和乘以一定百分比计算。

⑥外购配套件费。按设备设计图纸所列的外购配套件的名称、型号、规格、数量、重量,根据相应的价格加运杂费计算。

⑦包装费。按上述①~⑥项之和乘以一定百分比计算。

⑧利润。可按上述①~⑤项加第⑦项之和乘以一定利润率计算。

⑨税金。主要是指增值税。其计算公式如下:
$$增值税 = 当期销项税额 - 进项税额 \qquad (1-5)$$
$$当期销项税额 = 销售额 \times 适用增值税率$$

其中,销售额为上述①~⑧项之和。

⑩非标准设备设计费:按国家规定的设计费收费标准计算。

综上所述,单台非标准设备原价计算公式为:

单台非标准设备原价 = {[(材料费 + 加工费 + 辅助材料费) ×

(1 + 专用工具费率) × (1 + 废品损失费率) +

外购配套件费] × (1 + 包装费率) −

外购配套件费} × (1 + 利润率) +

销项税金 + 非标准设备设计费 +

外购配套件费 $\qquad (1-6)$

(2)进口设备原价的构成及其计算。进口设备的原价是指进口设备的抵岸价,即抵达买方边境港口或边境车站,且交完关税等税费后形成的价格。进口设备抵岸价的构成与进口设备的交货方式有关。

1)进口设备的交货方式。进口设备的交货方式可分为内陆交货类、目的地交货类、装运港交货类,见表1-2。

表1-2　　　　　　　　进口设备的交货方式

序号	交货类别	说明
1	内陆交货类	内陆交货类即卖方在出口国内陆的某个地点交货。在交货地点,卖方及时提交合同规定的货物和有关凭证,并负担交货前的一切费用和风险;买方按时接收货物,交付货款,负担接货后的一切费用和风险,并自行办理出口手续和装运出口。货物的所有权也在交货后由卖方转移给买方

序号	交货类别	说　　明
2	目的地交货类	目的地交货类即卖方在进口国的港口或内地交货,有目的港船上交货价、目的港船边交货价(FOS)和目的港码头交货价(关税已付)及完税后交货价(进口国的指定地点)等几种交货价。其特点是:买卖双方承担的责任、费用和风险是以目的地约定交货点为分界线,只有当卖方在交货地将货物置于买方控制下才算交货,才能向买方收取货款。这种交货类别对卖方来说承担的风险较大,在国际贸易中卖方一般不愿采用
3	装运港交货类	装运港交货类即卖方在出口国装运港交货,主要有装运港船上交货价(FOB),习惯称离岸价格,运费在内价(CIF)和运费、保险费在内价(CIF),习惯称到岸价格。其特点是:卖方按照约定的时间在装运港交货,只要卖方把合同规定的货物装船后提供货运单据便完成交货任务,可凭单据收回货款。装运港船上交货价(FOB)是我国进口设备采用最多的一种货价。采用船上交货价时卖方的责任是:在规定的期限内,负责在合同规定的装运港口将货物装上买方指定的船只,并及时通知买方;负担货物装船前的一切费用和风险,负责办理出口手续;提供出口国政府或有关方面签发的证件;负责提供有关装运单据。买方的责任是:负责租船或订舱,支付运费,并将船期、船名通知卖方;负担货物装船后的一切费用和风险;负责办理保险及支付保险费,办理在目的港的进口和收货手续;接受卖方提供的有关装运单据,并按合同规定支付货款

2)进口设备原价的构成及计算。进口设备采用最多的是装运港船上交货价(FOB),其抵岸价的构成可概括为:

进口设备原价=货价+国际运费+运输保险费+银行财务费+
外贸手续费+关税+增值税+消费税+
海关监管手续费+车辆购置附加费　　　　　(1-7)

①货价。一般指装运港船上交货价(FOB)。设备货价分为原币货价和人民币交货价,原币货价一律折算为美元表示,人民币货价按原币货价乘以外汇市场美元兑换人民币中间价确定。进口设备货价按有关生产厂

商询价、报价、订货合同价计算。

②国际运费。即从装运港(站)到达我国抵达港(站)的运费。我国进口设备大部分采用海洋运输,小部分采用铁路运输,个别采用航空运输。进口设备国际运费的计算公式如下:

$$国际运费(海、陆、空)=原币货价(FOB)×运费率 \quad (1-8)$$

$$国际运费(海、陆、空)=运量×单位运价 \quad (1-9)$$

其中,运费率或单位运价参照有关部门或进出口公司的规定执行。

③运输保险费。对外贸易货物运输保险是由保险人(保险公司)与被保险人(出口人或进口人)订立保险契约,在被保险人交付议定的保险费后,保险人根据保险契约的规定对货物在运输过程中发生的承保责任范围内的损失给予经济上的补偿。这是一种财产保险。其计算公式为:

$$运输保险费=\frac{原币货价(FOB)+国外运费}{1-保险费率(\%)}×保险费率(\%) \quad (1-10)$$

其中,保险费率按保险公司规定的进口货物保险费率计算。

④银行财务费。一般是指中国银行手续费,可按下式简化计算:

$$银行财务费=人民币交货价(FOB)×银行财务费率 \quad (1-11)$$

⑤外贸手续费。指按对外经济贸易部规定的外贸手续费率计取的费用,外贸手续费率一般取 1.5%。其计算公式为:

$$外贸手续费=[装运港船上交货价(FOB)+国际运费$$
$$+运输保险费]×外贸手续费率 \quad (1-12)$$

⑥关税。由海关对进出国境或关境的货物和物品征收的一种税。其计算公式如下:

$$关税=到岸价格(CIF)×进口关税税率 \quad (1-13)$$

其中,到岸价格(CIF)包括离岸价格(FOB)、国际运费、运输保险费等费用,作为关税完税价格。进口关税税率分为优惠和普通两种。优惠税率适用于与我国签订有关税互惠条款的贸易条约或协议的国家的进口设备;普通税率适用于与我国未订有关税互惠条款的贸易条约或协议的国家的进口设备。进口关税税率按我国海关总署发布的进口关税税率计算。

⑦增值税。对从事进口贸易的单位和个人,在进口商品报关进口后征收的税种。我国增值税条例规定,进口应税产品均按组成计税价格和增值税税率直接计算应纳税额。即:

$$进口产品增值税额=组成计税价格×增值税税率 \quad (1-14)$$

第一章　园林绿化工程造价基础知识

$$组成计税价格=关税完税价格+关税+消费税 \quad (1\text{-}15)$$

增值税税率根据规定的税率计算。

⑧消费税。对部分进口设备(如轿车、摩托车等)征收的一种税,一般计算公式如下:

$$应纳消费税额=\frac{到岸价格(CIF)+关税}{1-消费税税率}\times 消费税税率$$

$$(1\text{-}16)$$

其中,消费税税率根据规定的税率计算。

⑨海关监管手续费。海关对进口减税、免税、保税货物实施监督、管理、提供服务的手续费。对于全额征收进口关税的货物不计本项费用。其计算公式如下:

$$海关监管手续费=到岸价格\times 海关监管手续费率 \quad (1\text{-}17)$$

⑩车辆购置附加费。进口车辆需缴进口车辆购置附加费。其计算公式如下:

$$车辆购置附加费=(到岸价格+关税+消费税)\times 车辆购置附加费率$$

$$(1\text{-}18)$$

(3)设备运杂费的构成和计算。

1)设备运杂费的构成。

①运费和装卸费。国产标准设备由设备制造厂交货地点起至工地仓库(或施工组织设计指定的需要安装设备的堆放地点)止所发生的运费和装卸费。进口设备则由我国到岸港口、边境车站起至工地仓库(或施工组织设计指定的需要安装设备的堆放地点)止所发生的运费和装卸费。

②包装费。在设备出厂价格中没有包含的设备包装和包装材料器具费;在设备出厂价或进口设备价格中如已包括了此项费用,则不应重复计算。

③供销部门的手续费,按有关部门规定的统一费率计算。

④建设单位(或工程承包公司)的采购与仓库保管费,是指采购、验收、保管和收发设备所发生的各种费用,包括设备采购、保管和管理人员工资,工资附加费,办公费,差旅交通费,设备供应部门办公和仓库所占固定资产使用费,工具用具使用费,劳动保护费,检验试验费等。这些费用可按主管部门规定的采购保管费率计算。一般来讲,沿海和交通便利的地区,设备运杂费率相对低一些;内地和交通不很便利的地区就要相对高

一些,边远省份则要更高一些。对于非标准设备来讲,应尽量就近委托设备制造厂生产,以大幅度降低设备运杂费。进口设备由于原价较高,国内运距较短,因而运杂费比率应适当降低。

2)设备运杂费的计算。设备运杂费按设备原价乘以设备运杂费率计算,其计算公式如下:

$$设备运杂费=设备原价×设备运杂费率 \qquad (1-19)$$

其中,设备运杂费率按各部门及省、市等的规定计取。

2. 工、器具及生产家具购置费

工、器具及生产家具购置费,是指新建或扩建项目初步设计规定的,保证初期正常生产必须购置的没有达到固定资产标准的设备、仪器、工卡模具、器具、生产家具和备品备件等的购置费用。一般以设备购置费为计算基数,按照部门或行业规定的工具、器具及生产家具费率计算。其计算公式如下:

$$工、器具及生产家具购置费=设备购置费×定额费率 \qquad (1-20)$$

(二)建筑安装工程费

1. 建筑安装工程费用组成

(1)建筑安装工程费用项目组成(按费用构成要素划分)。

建筑安装工程费按照费用构成要素划分,由人工费、材料(包含工程设备,下同)费、施工机具使用费、企业管理费、利润、规费和税金组成。其中,人工费、材料费、施工机具使用费、企业管理费和利润包含在分部分项工程费、措施项目费、其他项目费中,如图1-4所示。

1)人工费。人工费是指按工资总额构成规定,支付给从事建筑安装工程施工的生产工人和附属生产单位工人的各项费用。内容包括:

①计时工资或计件工资。指按计时工资标准和工作时间或对已做工作按计件单价支付给个人的劳动报酬。

②奖金。指对超额劳动和增收节支支付给个人的劳动报酬。如节约奖、劳动竞赛奖等。

③津贴补贴。指为了补偿职工特殊或额外的劳动消耗和因其他特殊原因支付给个人的津贴,以及为了保证职工工资水平不受物价影响支付给个人的物价补贴。如流动施工津贴、特殊地区施工津贴、高温(寒)作业临时津贴、高空津贴等。

第一章 园林绿化工程造价基础知识

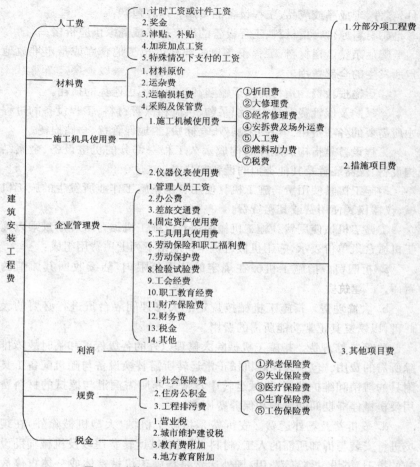

图1-4 建筑安装工程费用组成（按费用构成要素划分）

④加班加点工资。指按规定支付的在法定节假日工作的加班工资和在法定日工作时间外延时工作的加点工资。

⑤特殊情况下支付的工资。指根据国家法律、法规和政策规定，因病、工伤、产假、计划生育假、婚丧假、事假、探亲假、定期休假、停工学习、执行国家或社会义务等原因按计时工资标准或计时工资标准的一定比例支付的工资。

2)材料费。材料费是指施工过程中耗费的原材料、辅助材料、构配件、零件、半成品或成品、工程设备的费用。内容包括：

①材料原价。指材料、工程设备的出厂价格或商家供应价格。

②运杂费。指材料、工程设备自来源地运至工地仓库或指定堆放地点所发生的全部费用。

③运输损耗费。指材料在运输装卸过程中不可避免的损耗。

④采购及保管费。指为组织采购、供应和保管材料、工程设备的过程中所需要的各项费用。包括采购费、仓储费、工地保管费、仓储损耗。

工程设备是指构成或计划构成永久工程一部分的机电设备、金属结构设备、仪器装置及其他类似的设备和装置。

3）施工机具使用费。施工机具使用费是指施工作业所发生的施工机械、仪器仪表使用费或其租赁费。

①施工机械使用费。施工机械使用费以施工机械台班耗用量乘以施工机械台班单价表示，施工机械台班单价应由下列七项费用组成：

a. 折旧费。指施工机械在规定的使用年限内，陆续收回其原值的费用。

b. 大修理费。指施工机械按规定的大修理间隔台班进行必要的大修理，以恢复其正常功能所需的费用。

c. 经常修理费。指施工机械除大修理以外的各级保养和临时故障排除所需的费用。包括为保障机械正常运转所需替换设备与随机配备工具附具的摊销和维护费用，机械运转中日常保养所需润滑与擦拭的材料费用及机械停滞期间的维护和保养费用等。

d. 安拆费及场外运费。安拆费是指施工机械（大型机械除外）在现场进行安装与拆卸所需的人工、材料、机械和试运转费用以及机械辅助设施的折旧、搭设、拆除等费用；场外运费是指施工机械整体或分体自停放地点运至施工现场或由一施工地点运至另一施工地点的运输、装卸、辅助材料及架线等费用。

e. 人工费。指机上司机（司炉）和其他操作人员的人工费。

f. 燃料动力费。指施工机械在运转作业中所消耗的各种燃料及水、电等。

g. 税费。指施工机械按照国家规定应缴纳的车船使用税、保险费及年检费等。

②仪器仪表使用费。仪器仪表使用费是指工程施工所需使用的仪器

仪表的摊销及维修费用。

4)企业管理费。企业管理费是指建筑安装企业组织施工生产和经营管理所需的费用。内容包括：

①管理人员工资。指按规定支付给管理人员的计时工资、奖金、津贴补贴、加班加点工资及特殊情况下支付的工资等。

②办公费。指企业管理办公用的文具、纸张、账表、印刷、邮电、书报、办公软件、现场监控、会议、水电、烧水和集体取暖降温（包括现场临时宿舍取暖降温）等费用。

③差旅交通费。指职工因公出差、调动工作的差旅费、住勤补助费，市内交通费和误餐补助费，职工探亲路费，劳动力招募费，职工退休、退职一次性路费，工伤人员就医路费，工地转移费以及管理部门使用的交通工具的油料、燃料等费用。

④固定资产使用费。指管理和试验部门及附属生产单位使用的属于固定资产的房屋、设备、仪器等的折旧、大修、维修或租赁费。

⑤工具用具使用费。指企业施工生产和管理使用的不属于固定资产的工具、器具、家具、交通工具和检验、试验、测绘、消防用具等的购置、维修和摊销费。

⑥劳动保险和职工福利费。指由企业支付的职工退职金、按规定支付给离休干部的经费，集体福利费、夏季防暑降温、冬季取暖补贴、上下班交通补贴等。

⑦劳动保护费。企业按规定发放的劳动保护用品的支出。如工作服、手套、防暑降温饮料以及在有碍身体健康的环境中施工的保健费用等。

⑧检验试验费。指施工企业按照有关标准规定，对建筑以及材料、构件和建筑安装物进行一般鉴定、检查所发生的费用，包括自设试验室进行试验所耗用的材料等费用。不包括新结构、新材料的试验费，对构件做破坏性试验及其他特殊要求检验试验的费用和建设单位委托检测机构进行检测的费用，对此类检测发生的费用，由建设单位在工程建设其他费用中列支。但对施工企业提供的具有合格证明的材料进行检测不合格的，该检测费用由施工企业支付。

⑨工会经费。指企业按《工会法》规定的全部职工工资总额比例计提的工会经费。

⑩职工教育经费。指按职工工资总额的规定比例计提,企业为职工进行专业技术和职业技能培训,专业技术人员继续教育、职工职业技能鉴定、职业资格认定以及根据需要对职工进行各类文化教育所发生的费用。

⑪财产保险费。指施工管理用财产、车辆等的保险费用。

⑫财务费。指企业为施工生产筹集资金或提供预付款担保、履约担保、职工工资支付担保等所发生的各种费用。

⑬税金。指企业按规定缴纳的房产税、车船使用税、土地使用税、印花税等。

⑭其他。包括技术转让费、技术开发费、投标费、业务招待费、绿化费、广告费、公证费、法律顾问费、审计费、咨询费、保险费等。

5)利润。利润是指施工企业完成所承包工程获得的盈利。

6)规费。规费是指按国家法律、法规规定,由省级政府和省级有关权力部门规定必须缴纳或计取的费用。包括:

①社会保险费。

a. 养老保险费。指企业按照规定标准为职工缴纳的基本养老保险费。

b. 失业保险费。指企业按照规定标准为职工缴纳的失业保险费。

c. 医疗保险费。指企业按照规定标准为职工缴纳的基本医疗保险费。

d. 生育保险费。指企业按照规定标准为职工缴纳的生育保险费。

e. 工伤保险费。指企业按照规定标准为职工缴纳的工伤保险费。

②住房公积金。指企业按规定标准为职工缴纳的住房公积金。

③工程排污费。指按规定缴纳的施工现场工程排污费。

其他应列而未列入的规费,按实际发生计取。

7)税金。税金是指国家税法规定的应计入建筑安装工程造价内的营业税、城市维护建设税、教育费附加以及地方教育附加。

(2)建筑安装工程费用项目组成(按工程造价形成划分)。

建筑安装工程费按照工程造价形成划分,由分部分项工程费、措施项目费、其他项目费、规费、税金组成。其中,分部分项工程费、措施项目费、其他项目费包含人工费、材料费、施工机具使用费、企业管理费和利润,如图1-5所示。

第一章 园林绿化工程造价基础知识

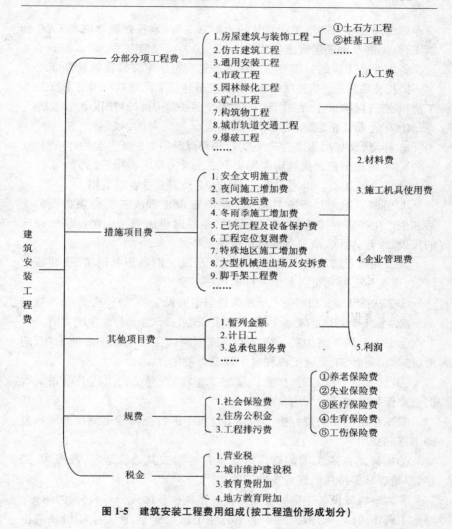

图 1-5 建筑安装工程费用组成(按工程造价形成划分)

1)分部分项工程费。分部分项工程费是指各专业工程的分部分项工程应予列支的各项费用。

①专业工程。指按现行国家计量规范划分的房屋建筑与装饰工程、仿古建筑工程、通用安装工程、市政工程、园林绿化工程、矿山工程、构筑物工程、城市轨道交通工程、爆破工程等各类工程。

②分部分项工程。指按现行国家计量规范对各专业工程划分的项

目。如房屋建筑与装饰工程划分的土石方工程、地基处理与桩基工程、砌筑工程、钢筋及钢筋混凝土工程等。

各类专业工程的分部分项工程划分见现行国家或行业计量规范。

2）措施项目费。措施项目费是指为完成建设工程施工，发生于该工程施工前和施工过程中的技术、生活、安全、环境保护等方面的费用。内容包括：

①安全文明施工费。

a. 环境保护费。指施工现场为达到环保部门要求所需要的各项费用。

b. 文明施工费。指施工现场文明施工所需要的各项费用。

c. 安全施工费。指施工现场安全施工所需要的各项费用。

d. 临时设施费。指施工企业为进行建设工程施工所必须搭设的生活和生产用的临时建筑物、构筑物和其他临时设施费用。包括临时设施的搭设、维修、拆除、清理费或摊销费等。

②夜间施工增加费。指因夜间施工所发生的夜班补助费、夜间施工降效、夜间施工照明设备摊销及照明用电等费用。

③二次搬运费。指因施工场地条件限制而发生的材料、构配件、半成品等一次运输不能到达堆放地点，必须进行二次或多次搬运所发生的费用。

④冬雨期施工增加费。指在冬季或雨期施工需增加的临时设施、防滑、排除雨雪，人工及施工机械效率降低等费用。

⑤已完工程及设备保护费。指竣工验收前，对已完工程及设备采取的必要保护措施所发生的费用。

⑥工程定位复测费。指工程施工过程中进行全部施工测量放线和复测工作的费用。

⑦特殊地区施工增加费。指工程在沙漠或其边缘地区、高海拔、高寒、原始森林等特殊地区施工增加的费用。

⑧大型机械设备进出场及安拆费。指机械整体或分体自停放场地运至施工现场或由一个施工地点运至另一个施工地点，所发生的机械进出场运输及转移费用及机械在施工现场进行安装、拆卸所需的人工费、材料费、机械费、试运转费和安装所需的辅助设施的费用。

⑨脚手架工程费。指施工需要的各种脚手架搭、拆、运输费用以及脚手架购置费的摊销（或租赁）费用。

措施项目及其包含的内容详见各类专业工程的现行国家或行业计量规范。

3) 其他项目费。

①暂列金额。指建设单位在工程量清单中暂定并包括在工程合同价款中的一笔款项。用于施工合同签订时尚未确定或者不可预见的所需材料、工程设备、服务的采购，施工中可能发生的工程变更、合同约定调整因素出现时的工程价款调整以及发生的索赔、现场签证确认等的费用。

②计日工。指在施工过程中，施工企业完成建设单位提出的施工图纸以外的零星项目或工作所需的费用。

③总承包服务费。指总承包人为配合、协调建设单位进行的专业工程发包，对建设单位自行采购的材料、工程设备等进行保管以及施工现场管理、竣工资料汇总整理等服务所需的费用。

4) 规费。定义同前所述 1.(1)、6)。

5) 税金。定义同前所述 1.(1)、7)。

2. 建筑安装工程费用计算方法

(1) 费用构成计算方法

1) 人工费

$$人工费 = \sum (工日消耗量 \times 日工资单价) \qquad (1\text{-}21)$$

$$日工资单价 = \frac{生产工人平均月工资(计时计件)}{年平均每月法定工作日} +$$

$$\frac{平均月(奖金+津贴补贴+特殊情况下支付的工资)}{年平均每月法定工作日}$$

$$(1\text{-}22)$$

注：式(1-21)主要适用于施工企业投标报价时自主确定人工费，也是工程造价管理机构编制计价定额确定定额人工单价或发布人工成本信息的参考依据。

$$人工费 = \sum (工程工日消耗量 \times 日工资单价) \qquad (1\text{-}23)$$

注：式(1-23)适用于工程造价管理机构编制计价定额时确定定额人工费，是施工企业投标报价的参考依据。

式(1-23)中日工资单价是指施工企业平均技术熟练程度的生产工人在每工作日(国家法定工作时间内)按规定从事施工作业应得的日工资总额。

工程造价管理机构确定日工资单价应通过市场调查，根据工程项目的技术要求，参考实物工程量人工单价综合分析确定，最低日工资单价不得低于工程所在地人力资源和社会保障部门所发布的最低工资标准的：普工的 1.3 倍、一般技工的 2 倍、高级技工的 3 倍。

工程计价定额不可只列一个综合工日单价，应根据工程项目技术要求和工种差别适当划分多种日人工单价,确保各分部工程人工费的合理构成。

2)材料费。

①材料费。

$$材料费 = \sum(材料消耗量 \times 材料单价) \quad (1-24)$$

$$材料单价 = [(材料原价 + 运杂费) \times [1 + 运输损耗率(\%)]] \\ \times [1 + 采购保管费率(\%)] \quad (1-25)$$

②工程设备费。

$$工程设备费 = \sum(工程设备量 \times 工程设备单价) \quad (1-26)$$

$$工程设备单价 = (设备原价 + 运杂费) \times [1 + 采购保管费率(\%)] \\ (1-27)$$

3)施工机具使用费。

①施工机械使用费。

$$施工机械使用费 = \sum(施工机械台班消耗量 \times 机械台班单价) \\ (1-28)$$

$$机械台班单价 = 台班折旧费 + 台班大修费 + 台班经常修理费 + \\ 台班安拆费及场外运费 + 台班人工费 + \\ 台班燃料动力费 + 台班车船税费 \quad (1-29)$$

注:工程造价管理机构在确定计价定额中的施工机械使用费时,应根据《建筑施工机械台班费用计算规则》结合市场调查编制施工机械台班单价。施工企业可以参考工程造价管理机构发布的台班单价,自主确定施工机械使用费的报价,如租赁施工机械,公式为:施工机械使用费=∑(施工机械台班消耗量×机械台班租赁单价)

②仪器仪表使用费。

$$仪器仪表使用费 = 工程使用的仪器仪表摊销费 + 维修费 \quad (1-30)$$

4)企业管理费费率。

①以分部分项工程费为计算基础。

$$企业管理费费率(\%) = \frac{生产工人年平均管理费}{年有效施工天数 \times 人工单价} \\ \times 人工费占分部分项工程费比例(\%) \quad (1-31)$$

②以人工费和机械费合计为计算基础。

$$企业管理费费率(\%) = \frac{生产工人年平均管理费}{年有效施工天数 \times (人工单价 + 每一工日机械使用费)} \\ \times 100\% \quad (1-32)$$

③以人工费为计算基础。

$$\text{企业管理费费率}(\%) = \frac{\text{生产工人年平均管理费}}{\text{年有效施工天数}\times\text{人工单价}} \times 100\% \quad (1\text{-}33)$$

注:上述公式适用于施工企业投标报价时自主确定管理费,是工程造价管理机构编制计价定额确定企业管理费的参考依据。

工程造价管理机构在确定计价定额中企业管理费时,应以定额人工费或(定额人工费+定额机械费)作为计算基数,其费率根据历年工程造价积累的资料,辅以调查数据确定,列入分部分项工程和措施项目中。

5)利润。施工企业根据企业自身需求并结合建筑市场实际自主确定,列入报价中。

工程造价管理机构在确定计价定额中利润时,应以定额人工费或(定额人工费+定额机械费)作为计算基数,其费率根据历年工程造价积累的资料,并结合建筑市场实际确定,以单位(单项)工程测算,利润在税前建筑安装工程费的比重可按不低于5%且不高于7%的费率计算。利润应列入分部分项工程和措施项目中。

6)规费。

①社会保险费和住房公积金。社会保险费和住房公积金应以定额人工费为计算基础,根据工程所在地省、自治区、直辖市或行业建设主管部门规定费率计算。

$$\text{社会保险费和住房公积金} = \sum(\text{工程定额人工费} \times \text{社会保险费和住房公积金费率}) \quad (1\text{-}34)$$

式(1-34)中,社会保险费和住房公积金费率可以每万元发承包价的生产工人人工费和管理人员工资含量与工程所在地规定的缴纳标准综合分析取定。

②工程排污费。工程排污费等其他应列而未列入的规费应按工程所在地环境保护等部门规定的标准缴纳,按实计取列入。

7)税金。

$$\text{税金} = \text{税前造价} \times \text{综合税率}(\%) \quad (1\text{-}35)$$

其中,综合税率的计算方法如下:

①纳税地点在市区的企业

$$\text{综合税率}(\%) = \frac{1}{1-3\%-3\%\times 7\%-3\%\times 3\%-3\%\times 2\%} - 1 \quad (1\text{-}36)$$

②纳税地点在县城、镇的企业

$$综合税率(\%) = \frac{1}{1-3\%-3\%\times5\%-3\%\times3\%-3\%\times2\%} - 1 \quad (1-37)$$

③纳税地点不在市区、县城、镇的企业

$$综合税率(\%) = \frac{1}{1-3\%-3\%\times1\%-3\%\times3\%-3\%\times2\%} - 1 \quad (1-38)$$

④实行营业税改增值税的,按纳税地点现行税率计算。

(2)建筑安装工程计价参考公式。

1)分部分项工程费。

$$分部分项工程费 = \sum(分部分项工程量 \times 综合单价) \quad (1-39)$$

式(1-39)中综合单价包括人工费、材料费、施工机具使用费、企业管理费和利润以及一定范围的风险费用(下同)。

2)措施项目费。

①国家计量规范规定应予计量的措施项目,其计算公式为:

$$措施项目费 = \sum(措施项目工程量 \times 综合单价) \quad (1-40)$$

②国家计量规范规定不宜计量的措施项目计算方法如下:

a. 安全文明施工费。

$$安全文明施工费 = 计算基数 \times 安全文明施工费费率(\%) \quad (1-41)$$

计算基数应为定额基价(定额分部分项工程费+定额中可以计量的措施项目费)、定额人工费或(定额人工费+定额机械费),其费率由工程造价管理机构根据各专业工程的特点综合确定。

b. 夜间施工增加费。

$$夜间施工增加费 = 计算基数 \times 夜间施工增加费费率(\%) \quad (1-42)$$

c. 二次搬运费。

$$二次搬运费 = 计算基数 \times 二次搬运费费率(\%) \quad (1-43)$$

d. 冬雨期施工增加费。

$$冬雨期施工增加费 = 计算基数 \times 冬雨期施工增加费费率(\%) \quad (1-44)$$

e. 已完工程及设备保护费。

$$已完工程及设备保护费 = 计算基数 \times 已完工程及设备保护费费率(\%) \quad (1-45)$$

上述 b～e 项措施项目的计费基数应为定额人工费或(定额人工费+定额机械费),其费率由工程造价管理机构根据各专业工程特点和调查资料综合分析后确定。

3)其他项目费。暂列金额由建设单位根据工程特点,按有关计价规定估算,施工过程中由建设单位掌握使用、扣除合同价款调整后如有余额,归建设单位。

计日工由建设单位和施工企业按施工过程中的签证计价。

总承包服务费由建设单位在招标控制价中根据总包服务范围和有关计价规定编制,施工企业投标时自主报价,施工过程中按签约合同价执行。

4)规费和税金。建设单位和施工企业均应按照省、自治区、直辖市或行业建设主管部门发布标准计算规费和税金,不得作为竞争性费用。

(三)工程建设其他费用

工程建设其他费用是指从工程筹建到工程竣工验收交付使用止的整个建设期间,除建筑安装工程费用和设备、工器具购置费以外的,为保证工程建设顺利完成和交付使用后能够正常发挥效用而发生的各项费用。工程建设其他费用,按其内容可分为三类:土地使用费;与项目建设有关的费用;与未来企业生产和经营活动有关的费用。

(1)土地使用费。任何一个建设项目都固定于一定地点与地面相连接,必须占用一定量的土地,也就必然要发生为获得建设用地而支付的费用,这就是土地使用费。土地使用费是指通过划拨方式取得土地使用权而支付的土地征用及迁移补偿费,或者通过土地使用权出让方式取得土地使用权而支付的土地使用权出让金。

1)土地征用及迁移补偿费。土地征用及迁移补偿费,是指建设项目通过划拨方式取得无限期的土地使用权,依照《中华人民共和国土地管理法》等规定所支付的费用。其总和一般不得超过被征土地年产值的 20 倍,土地年产值则按该地被征用前 3 年的平均产量和国家规定的价格计算。内容包括:

①土地补偿费。征用耕地(包括菜地)的补偿标准,按国家规定,为该耕地年产值的若干倍,具体补偿标准由省、自治区、直辖市人民政府在此范围内制定。征用园地、鱼塘、藕塘、苇塘、宅基地、林地、牧场、草原等的补偿标准,由省、自治区、直辖市人民政府制定。征收无收益的土地,不予补偿。

②青苗补偿费和被征用土地上的房屋、水井、树木等附着物补偿费。

这些补偿费的标准由省、自治区、直辖市人民政府制定。征用城市郊区的菜地时,还应按照有关规定向国家缴纳新菜地开发建设基金。地上附着物及青苗补偿费归地上附着物及青苗所有者所有。

③安置补助费。征用耕地、菜地的,每个农业人口的安置补助费为该地被征用3年平均年产值的4~6倍,每亩耕地的安置补助费最高不得超过其年产值的15倍。

④缴纳的耕地占用税或城镇土地使用税、土地登记费及征地管理费等。县市土地管理机关从征地费中提取土地管理费的比率,要按征地工作量大小,视不同情况,在1%~4%幅度内提取。

⑤征地动迁费。包括征用土地上的房屋及附属构筑物、城市公共设施等拆除、迁建补偿费及搬迁运输费,企业单位因搬迁造成的减产、停工损失补贴费及拆迁管理费等。

⑥水利水电工程水库淹没处理补偿费。包括农村移民安置迁建费,城市迁建补偿费,库区工矿企业、交通、电力、通信、广播、管网、水利等的恢复、迁建补偿费,库底清理费,防护工程费,环境影响补偿费用等。

2)土地使用权出让金。指建设工程通过土地使用权出让方式,取得有限期的土地使用权,依照《中华人民共和国城镇国有土地使用权出让和转让暂行条例》规定,支付的土地使用权出让金。

①明确国家是城市土地的唯一所有者,并分层次、有偿、有限期地出让、转让城市土地。第一层次是城市政府将国有土地使用权出让给用地者,该层次由城市政府垄断经营。出让对象可以是有法人资格的企事业单位,也可以是外商。第二层次及以下层次的转让则发生在使用者之间。

②城市土地的出让和转让可采用协议、招标、公开拍卖等方式。

a. 协议方式是由用地单位申请,经市政府批准同意后双方洽谈具体地块及地价。该方式适用于市政工程、公益事业用地以及需要减免地价的机关、部队用地和需要重点扶持、优先发展的产业用地。

b. 招标方式是在规定的期限内,由用地单位以书面形式投标,市政府根据投标报价、所提供的规划方案以及企业信誉综合考虑,择优而取。该方式适用于一般工程建设用地。

c. 公开拍卖是指在指定的地点和时间,由申请用地者叫价应价,价高者得。这完全是由市场竞争决定,适用于盈利高的行业用地。

③在有偿出让和转让土地时,政府对地价不作统一规定,但应坚持以

下原则：

a. 地价对目前的投资环境不产生大的影响。

b. 地价与当地的社会经济承受能力相适应。

c. 地价要考虑已投入的土地开发费用、土地市场供求关系、土地用途和使用年限。

④关于政府有偿出让土地使用权的年限，各地可根据时间、区位等各种条件作不同的规定。居住用地70年，工业用地50年，教育、科技、文化、卫生、体育用地50年，商业、旅游、娱乐用地40年，综合或其他用地50年。

⑤土地有偿出让和转让，土地使用者和所有者要签约，明确使用者对土地享有的权利和对土地所有者应承担的义务。

a. 有偿出让和转让使用权，要向土地受让者征收契税。

b. 转让土地如有增值，要向转让者征收土地增值税。

c. 在土地转让期间，国家要区别不同地段、不同用途向土地使用者收取土地占用费。

3)城市建设配套费。指因进行城市公共设施的建设而分摊的费用。

4)拆迁补偿与临时安置补助费，包括：

①拆迁补偿费，是指拆迁人对被拆迁人，按照有关规定予以补偿所需的费用。拆迁补偿的形式可分为产权调换和货币补偿两种形式。产权调换的面积按照所拆迁房屋的建筑面积计算；货币补偿的金额按照被拆迁人或者房屋承租人支付搬迁补助费。

②临时安置补助费或搬迁补助费，是指在过渡期内，被拆迁人或者房屋承租人自行安排住处的，拆迁人应当支付临时安置补助费。

(2)与项目建设有关的其他费用。根据项目的不同，与项目建设有关的其他费用的构成也不尽相同，一般包括以下各项，在进行工程估算及概算时可根据实际情况进行计算。

1)建设单位管理费。建设单位管理费是指建设项目从立项、筹建、建设、联合试运转、竣工验收、交付使用及后评估等全过程管理所需的费用。内容包括：

①建设单位开办费。指新建项目为保证筹建和建设工作正常进行所需办公设备、生活家具、用具、交通工具等购置费用，主要是建设项目管理过程中的费用。

②建设单位经费。包括工作人员的基本工资、工资性补贴、职工福利

费、劳动保护费、劳动保险费、办公费、差旅交通费、工会经费、职工教育经费、固定资产使用费、工具用具使用费、技术图书资料费、生产人员招募费、工程招标费、合同契约公证费、工程质量监督检测费、工程咨询费、法律顾问费、审计费、业务招待费、排污费、竣工交付使用清理及竣工验收费、后评估等费用。不包括应计入设备、材料预算价格的建设单位采购及保管设备材料所需的费用，主要是日常经营管理的费用。建设单位管理费按照单项工程费用之和（包括设备工、器具购置费和建筑安装工程费用）乘以建设单位管理费率计算。建设单位管理费率按照建设项目的不同性质、不同规模确定。有的建设项目按照建设工期和规定的金额计算建设单位管理费。

2）勘察设计费。勘察设计费是指为本建设项目提供项目建议书、可行性研究报告及设计文件等所需费用，内容包括：

①编制项目建议书、可行性研究报告及投资估算、工程咨询、评价以及为编制上述文件所进行勘察、设计、研究试验等所需费用。

②委托勘察、设计单位进行初步设计、施工图设计及概预算编制等所需费用。

③在规定范围内由建设单位自行完成的勘察、设计工作所需费用。勘察设计费中，项目建议书、可行性研究报告按国家颁布的收费标准计算，设计费按国家颁布的工程设计收费标准计算，勘察费一般民用建筑6层以下的按 $3\sim5$ 元$/m^2$ 计算，高层建筑按 $8\sim10$ 元$/m^2$ 计算，工业建筑按 $10\sim12$ 元$/m^2$ 计算。

3）研究试验费。研究试验费是指为建设项目提供和验证设计参数、数据、资料等所进行的必要的试验费用以及设计规定在施工中必须进行试验、验证所需费用。包括自行或委托其他部门研究试验所需人工费、材料费、试验设备及仪器使用费等。这项费用按照设计单位根据本工程项目的需要提出的研究试验内容和要求计算。

4）建设单位临时设施费。建设单位临时设施费是指建设期间建设单位所需临时设施的搭设、维修、摊销费用或租赁费用。临时设施包括临时宿舍、文化福利及公用事业房屋与构筑物、仓库、办公室、加工厂以及规定范围内的道路、水、电、管线等临时设施和小型临时设施。

5）工程监理费。工程监理费是指建设单位委托工程监理单位对工程实施监理工作所需费用。根据原国家物价局、建设部文件规定，选择下列方法之一计算：

①一般情况应按工程建设监理收费标准计算,即按所监理工程概算或预算的百分比计算。

②对于单工种或临时性项目可根据参与监理的年度平均人数计算。

6)工程保险费。工程保险费是指建设项目在建设期间根据需要实施工程保险所需的费用。包括以各种建筑工程及其在施工过程中的物料、机器设备为保险标的的建筑工程一切险,以安装工程中的各种机器、机械设备为保险标的的安装工程一切险,以及机器损坏保险等。根据不同的工程类别,分别以其建筑、安装工程费乘以建筑、安装工程保险费率计算。民用建筑(住宅楼、综合性大楼、商场、旅馆、医院、学校)占建筑工程费的 2‰～4‰;其他建筑(工业厂房、仓库、道路、码头、水坝、隧道、桥梁、管道等)占建筑工程费的 3‰～6‰;安装工程(农业、工业、机械、电子、电器、纺织、矿山、石油、化学及钢铁工业、电气桥梁)占建筑工程费的 3‰～6‰。

7)引进技术和进口设备其他费用。

①出国人员费用。指为引进技术和进口设备派出人员在国外培训和进行设计联络、设备检验等的差旅费、制装费、生活费等。这项费用根据设计规定的出国培训和工作的人数、时间及派往国家,按财政部、外交部规定的临时出国人员费用开支标准及中国民用航空公司现行国际航线票价等进行计算,其中使用外汇部分应计算银行财务费用。

②国外工程技术人员来华费用。指为安装进口设备、引进国外技术等聘用外国工程技术人员进行技术指导工作所发生的费用。包括技术服务费、外国技术人员的在华工资、生活补贴、差旅费、医药费、住宿费、交通费、宴请费、参观游览等招待费用。这项费用按每人每月费用指标计算。

③技术引进费。指为引进国外先进技术而支付的费用。包括专利费、专有技术费(技术保密费)、国外设计及技术资料费、计算机软件费等。这项费用根据合同或协议的价格计算。

④分期或延期付款利息。指利用出口信贷引进技术或进口设备采取分期或延期付款的办法所支付的利息。

⑤担保费。指国内金融机构为买方出具保函的担保费。这项费用按有关金融机构规定的担保费率计算(一般可按承保金额的 5‰计算)。

⑥进口设备检验鉴定费用。指进口设备按规定付给商品检验部门的进口设备检验鉴定费。这项费用按进口设备货价的 3‰～5‰计算。

8)工程承包费。工程承包费是指具有总承包条件的工程公司,对工程建设项目从开始建设至竣工投产全过程的总承包所需的管理费用。具体内容包括组织勘察设计、设备材料采购、非标设备设计制造与销售、施工招标、发包、工程预决算、项目管理、施工质量监督、隐蔽工程检查、验收和试车直至竣工投产的各种管理费用。该费用按国家主管部门或省、自治区、直辖市协调规定的工程总承包费取费标准计算。如无规定时,一般工业建设项目为投资估算的 6%~8%,民用建筑(包括住宅建设)和市政项目为 4%~6%。不实行工程承包的项目不计算本项费用。

(3)与未来企业生产经营有关的其他费用。

1)联合试运转费。联合试运转费是指新建企业或改建、扩建企业在工程竣工验收前,按照设计的生产工艺流程和质量标准对整个企业进行联合试运转所发生的费用支出与联合试运转期间的收入部分的差额部分。联合试运转费用一般根据不同性质的项目按需进行试运转的工艺设备购置费的百分比计算。

2)生产准备费。生产准备费是指新建企业或新增生产能力的企业,为保证竣工交付使用进行必要的生产准备所发生的费用。内容包括:

①生产人员培训费,包括自行培训、委托其他单位培训的人员的工资、工资性补贴、职工福利费、差旅交通费、学习资料费、学习费、劳动保护费等。

②生产单位提前进厂参加施工、设备安装、调试等以及熟悉工艺流程及设备性能等人员的工资、工资性补贴、职工福利费、差旅交通费、劳动保护费等。生产准备费一般根据需要培训和提前进厂人员的人数及培训时间,按生产准备费指标进行估算。应该指出,生产准备费在实际执行中是一笔在时间上、人数上、培训深度上很难划分的、活口很大的支出,尤其要严格掌握。

3)办公和生活家具购置费。办公和生活家具购置费是指为保证新建、改建、扩建项目初期正常生产、使用和管理所必须购置的办公和生活家具、用具的费用。改建、扩建项目所需的办公和生活用具购置费,应低于新建项目。

(四)预备费

按我国现行规定,预备费包括基本预备费和涨价预备费。

1. 基本预备费

基本预备费是指在初步设计及概算内难以预料的工程费用,费用内

容包括:

(1)在批准的初步设计范围内,技术设计、施工图设计及施工过程中所增加的工程费用,设计变更、局部地基处理等增加的费用。

(2)一般自然灾害造成的损失和预防自然灾害所采取的措施费用。实行工程保险的工程项目费用应适当降低。

(3)竣工验收时为鉴定工程质量对隐蔽工程进行必要的挖掘和修复费用。基本预备费是按设备及工、器具购置费,建筑安装工程费用和工程建设其他费用三者之和为计取基础,乘以基本预备费率进行计算。

$$基本预备费=(设备及工、器具购置费+建筑安装工程费用+工程建设其他费用)\times 基本预备费率 \qquad (1\text{-}46)$$

基本预备费率的取值应执行国家及部门的有关规定。

2. 涨价预备费

涨价预备费是指建设项目在建设期间内由于价格等变化引起工程造价变化的预测预留费用。费用内容包括人工、设备、材料、施工机械的价差费,建筑安装工程费及工程建设其他费用调整,利率、汇率调整等增加的费用。涨价预备费的测算方法,一般根据国家规定的投资综合价格指数,以估算年份价格水平的投资额为基数,采用复利方法计算。其计算公式如下:

$$PF = \sum_{t=1}^{n} I_t [(1+f)^m (1+f)^{0.5} (1+f) - 1] \qquad (1\text{-}47)$$

式中　PF——涨价预备费;

　　　n——建设期年份数;

　　　I_t——建设期中第 t 年的投资计划额,包括工程费用、工程建设其他费用及基本预备费即第 t 年的静态投资;

　　　f——年均投资价格上涨率;

　　　m——建设前期年限(从编制估算到开工建设,单位为"年")。

(五)建设期贷款利息

建设期投资贷款利息是指建设项目使用银行或其他金融机构的贷款,在建设期应归还的借款的利息。当总贷款是分年均衡发放时,建设期利息的计算可按当年借款在年中支用考虑,即当年贷款按半年计息,上年贷款按全年计息。其计算公式如下:

$$q_j = \left(P_{j-1} + \frac{1}{2}A_j\right) \cdot i \qquad (1\text{-}48)$$

式中　q_j——建设期第 j 年应计利息;

P_{j-1}——建设期第$(j-1)$年末贷款累计金额与利息累计金额之和;

A_j——建设期第j年贷款金额;

i——年利率。

(六)固定资产投资方向调节税

为了贯彻国家产业政策,控制投资规模,引导投资方向,调整投资结构,加强重点建设,促进国民经济持续稳定协调发展,国家将根据国民经济的运行趋势和全社会固定资产投资的状况,对进行固定资产投资的单位和个人开征或暂缓征收固定资产投资方的调节税(该税征收对象不含中外合资经营企业、中外合作经营企业和外资企业)。

投资方向调节税根据国家产业政策和项目经济规模实行差别税率,税率分为0%、5%、10%、15%、30%五个档次,各固定资产投资项目按其单位工程分别确定适用的税率。计税依据为固定资产投资项目实际完成的投资额,其中更新改造项目为建筑工程实际完成的投资额。投资方向调节税按固定资产投资项目的单位工程年度计划投资额预缴。年度终了后,按年度实际投资结算,多退少补。项目竣工后按全部实际投资进行清算,多退少补。

1. 基本建设项目投资适用的税率

(1)国家急需发展的项目投资,如农业、林业、水利、能源、交通、通信、原材料、科教、地质、勘探、矿山开采等基础产业和薄弱环节的部门项目投资,适用零税率。

(2)对国家鼓励发展但受能源、交通等制约的项目投资,如钢铁、化工、石油、水泥等部分重要原材料项目,以及一些重要机械、电子、轻工工业和新型建材的项目,实行5%的税率。

(3)为配合住房制度改革,对城乡个人修建、购买住宅的投资实行零税率;对单位修建、购买一般性住宅投资,实行5%的低税率;对单位用公款修建、购买高标准独门独院、别墅式住宅投资,实行30%的高税率。

(4)对楼堂馆所以及国家严格限制发展的项目投资,课以重税,税率为30%。

(5)对不属于上述四类的其他项目投资,实行中等税负政策,税率15%。

2. 更新改造项目投资适用的税率

(1)为了鼓励企事业单位进行设备更新和技术改造,促进技术进步,对国家急需发展的项目投资,予以扶持,适用零税率;对单纯工艺改造和设备更新的项目投资,适用零税率。

(2)对不属于上述提到的其他更新改造项目投资,一律适用10%的税率。

3. 注意事项

为贯彻国家宏观调控政策,扩大内需,鼓励投资,根据国务院的决定,对《中华人民共和国固定资产投资方向调节税暂行条例》规定的纳税义务人,其固定资产投资应税项目自2000年1月1日起新发生的投资额,暂停征收固定资产投资方向调节税。但该税种并未取消。

第四节 园林绿化施工图识读

园林绿化工程施工图是指导园林工程现场施工的技术性图纸,类型较多,如总平面图、施工放线图、竖向设计施工图、植物配置图等。

一、园林绿化施工图概述

1. 施工图的分类

园林绿化工程施工图按不同的专业可分为以下几类:

(1)施工放线:施工总平面图,各分区施工放线图,局部放线详图等。

(2)土方工程:竖向施工图,土方调配图。

(3)建筑工程:建筑平面图、立面图、剖面图、建筑施工详图等。

(4)结构工程:基础图、基础详图、梁、柱详图,结构构件详图等。

(5)电气工程:电气施工平面图、施工详图、系统图、控制线路图等。大型工程应按强电、弱电、火灾报警及其智能系统分别设置目录。

(6)给排水工程:给排水系统总平面图、详图、给水、消防、排水、雨水系统图、喷灌系统施工图。

(7)绿化工程:种植施工图、局部施工放线图、剖面图等。如果采用乔、灌、草多层组合,分层种植设计较为复杂,应该绘制分层种植施工图。

2. 施工图的设计深度

园林绿化工程施工图的设计深度应符合下列要求:

(1)能够根据施工图编制施工图预算。

(2)能够根据施工图安排材料、设备订货及非标准材料的加工。

(3)能够根据施工图进行施工和安装。

(4) 能够根据施工图进行工程验收。

3. 图纸编号

园林绿化工程施工图图纸编号以专业为单位，各专业编排各专业的图号。

(1) 对于大、中型项目，应按照以下专业进行图纸编号：园林、建筑、结构、给排水、电气、材料附图等。

(2) 对于小型项目，可以按照以下专业进行图纸编号：园林、建筑及结构、给排水、电气等。

(3) 每一专业图纸应该对图号加以统一标示，以方便查找，如：建筑结构施工可以缩写为"建施(JS)"，给排水施工可以缩写为"水施(SS)"，种植施工图可以缩写为"绿施(LS)"。

二、园林绿化施工总平面图识读

园林绿化施工总平面图主要反映的是园林绿化工程的形状、所在位置、朝向及拟建建筑周围道路、地形、绿化等情况，以及该工程与周围环境的关系和相对位置等。

1. 包括的内容

(1) 指北针（或风玫瑰图），绘图比例（比例尺），文字说明，景点、建筑物或者构筑物的名称标注，图例表等。

(2) 道路、铺装的位置、尺度，主要点的坐标、标高以及定位尺寸。

(3) 小品主要控制点坐标及小品的定位、定形尺寸。

(4) 地形、水体的主要控制点坐标、标高及控制尺寸。

(5) 植物种植区域轮廓。

(6) 对无法用标注尺寸准确定位的自由曲线园路、广场、水体等，应给出该部分局部放线详图，用放线网表示，并标注控制点坐标。

2. 绘制要求

(1) 布局与比例。图纸应按上北下南方向绘制，根据场地形状或布局，可向左或向右偏转，但不宜超过45°。施工总平面图一般采用1:500、1:1000、1:2000的比例绘制。

(2) 图例。《总图制图标准》(GB/T 50103—2010)中列出了建筑物、构筑物、道路、铁路以及植物等的图例，具体内容参见相应的制图标准。如果由于某些原因必须另行设定图例时，应该在总图上绘制专门的图例表进行说明。

(3) 图线。在绘制总图时应该根据具体内容采用不同的图线,具体可参照相关标准使用。

(4) 单位。施工总平面图中的坐标、标高、距离宜以"m"为单位,并应至少取至小数点后两位,不足时以"0"补齐。详图宜以"mm"为单位,如不以 mm 为单位,应另加说明。建筑物、构筑物、铁路、道路方位角(或方向角)和铁路、道路转向角的度数,宜注写到"秒",特殊情况,应另加说明。道路纵坡度、场地平整坡度、排水沟沟底纵坡度宜以百分计,并应取至小数点后一位,不足时以"0"补齐。

(5) 坐标网络。坐标分为测量坐标和施工坐标。测量坐标为绝对坐标,测量坐标网应画成交叉十字线,坐标代号宜用"X、Y"表示。施工坐标为相对坐标,相对零点宜通常选用已有建筑物的交叉点或道路的交叉点,为区别于绝对坐标,施工坐标用大写英文字母 A、B 表示。

施工坐标网格应以细实线绘制,一般画成 100m×100m 或者 50m×50m 的方格网,当然也可以根据需要调整。

(6) 坐标标注。坐标宜直接标注在图上,如图面无足够位置,也可列表标注,如坐标数字的位数太多时,可将前面相同的位数省略,其省略位数应在附注中加以说明。

建筑物、构筑物、铁路、道路等应标注下列部位的坐标:建筑物、构筑物的定位轴线(或外墙线)或其交点;圆形建筑物、构筑物的中心;挡土墙墙顶外边缘线或转折点。表示建筑物、构筑物位置的坐标,宜注其三个角的坐标,如果建筑物、构筑物与坐标轴线平行,可注对角坐标。平面图上有测量和施工两种坐标系统时,应在附注中注明两种坐标系统的换算公式。

(7) 标高标注。施工图中标注的标高应为绝对标高,如标注相对标高,则应注明相对标高与绝对标高的关系。

建筑物、构筑物、铁路、道路等应按以下规定标注标高:建筑物室内地坪,标注图中±0.000 处的标高,对不同高度的地坪,分别标注其标高;建筑物室外散水,标注建筑物四周转角或两对角的散水坡脚处的标高;构筑物标注其有代表性的标高,并用文字注明标高所指的位置;道路标注路面中心交点及变坡点的标高;挡土墙标注墙顶和墙脚标高,路堤、边坡标注坡顶和坡脚标高,排水沟标注沟顶和沟底标高;场地平整标注其控制位置标高;铺砌场地标注其铺砌面标高。

3. 识读

(1) 看图名、比例、设计说明、风玫瑰图、指北针。根据图名、设计说明、指北针、比例和风玫瑰,可了解到施工总平面图设计的意图和工程性质、设计范围、工程的面积和朝向等基本概况,为进一步地了解图纸做好准备。

(2)看等高线和水位线。了解园林的地形和水体布置情况,从而对全园的地形骨架有一个基本的印象。

(3)看图例和文字说明。明确新建景物的平面位置,了解总体布局情况。

(4)看坐标或尺寸。根据坐标或尺寸查找施工放线的依据。

三、园林绿化施工放线图识读

1. 包括的内容

(1)道路、广场铺装、园林建筑小品放线网格(间距1m或5m或10m不等)。

(2)坐标原点、坐标轴、主要点的相对坐标。

(3)标高(等高线、铺装等)。

2. 作用

(1)现场施工放线。

(2)确定施工标高。

(3)测算工程量、计算施工图预算。

3. 注意事项

(1)坐标原点的选择:固定的建筑物构筑物角点,或者道路交点,或者水准点等。

(2)网格的间距:根据实际面积的大小及其图形的复杂程度,不仅要对平面尺寸进行标注,同时还要对立面高程进行标注(高程、标高)。写清楚各个小品或铺装所对应的详图标号,对于面积较大的区域给出索引图(对应分区形式)。

四、竖向设计施工图识读

竖向设计指的是指在一块场地中进行垂直于水平方向的布置和处理。

1. 包括的内容

(1)指北针、图例、比例、文字说明、图名。文字说明中应该包括标注单位、绘图比例、高程系统的名称、补充图例等。

(2)现状与原地形标高,地形等高线,设计等高线的等高距一般取0.25~0.5m,当地形较为复杂时,需要绘制地形等高线放样网格。

(3)最高点或者某些特殊点的坐标及该点的标高。如：道路的起点、变坡点、转折点和终点等的设计标高(道路在路面中、阴沟在沟顶和沟底)、纵坡度、纵坡距、纵坡向、平曲线要素、竖曲线半径、关键点坐标；建筑物、构筑物室内外设计标高；挡土墙、护坡或土坡等构筑物的坡顶和坡脚的设计标高；水体驳岸、岸顶、岸底标高，池底标高，水面最低、最高及常水位。

(4)地形的汇水线和分水线，或用坡向箭头标明设计地面坡向，指明地表排水的方向、排水的坡度等。

(5)绘制重点地区、坡度变化复杂的地段的地形断面图，并标注标高、比例尺等。

当工程比较简单时，竖向设计施工平面图可与施工放线图合并。

2. 具体要求

(1)计量单位。通常标高的标注单位为"m"，如果有特殊要求的话应该在设计说明中注明。

(2)线型。竖向设计图中比较重要的线型就是地形等高线。设计等高线用细实线绘制，原有地形等高线用细虚线绘制，汇水线和分水线用细单点长画线绘制。

(3)坐标网格及其标注。坐标网格采用细实线绘制，网格间距取决于施工的需要以及图形的复杂程度，一般采用与施工放线图相同的坐标网体系。对于局部的不规则等高线，或者单独做出施工放线图，或者在竖向设计图纸中局部缩小网格间距，提高放线精度。竖向设计图的标注方法同施工放线图，针对地形中最高点、建筑物角点或者特殊点进行标注。

(4)地表排水方向和排水坡度。利用箭头表示排水方向，并在箭头上标注排水坡度。

3. 识读

(1)看图名、比例、指北针、文字说明，了解工程名称、设计内容、工程所处方位和设计范围。

(2)看等高线及其高程标注。看等高线的分布情况及高程标注，了解新设计地形的特点和原地形标高，了解地形高低变化及土方工程情况，并结合景观总体规划设计，分析竖向设计的合理性。并且根据新、旧地形高程变化，了解地形改造施工的基本要求和做法。

(3)看建筑、山石和道路标高情况。

(4)看排水方向。

(5)看坐标,确定施工放线依据。

五、植物配置图识读

1. 内容与作用

(1)内容。植物种类、规格、配置形式、其他特殊要求。

(2)作用。可以作为苗木购买、苗木栽植、工程量计算等的依据。

2. 具体要求

(1)现状植物的表示。

(2)图例及尺寸标注。

1)行列式栽植。对于行列式的种植形式(如行道树,树阵等)可用尺寸标注出株行距,始末树种植点与参照物的距离。

2)自然式栽植。对于自然式的种植形式(如孤植树),可用坐标标注种植点的位置或采用三角形标注法进行标注。孤植树往往对植物的造型、规格的要求较严格,应在施工图中表达清楚,除利用立面图、剖面图表示以外,可与苗木表相结合,用文字来加以标注。

3)片植、丛植。植物配植图应绘出清晰的种植范围边界线,标明植物名称、规格、密度等。对于边缘线呈规则的几何形状的片状种植,可用尺寸标注方法标注,为施工放线提供依据,而对边缘线呈不规则的自由线的片状种植,应绘坐标网格,并结合文字标注。

4)草皮种植。草皮是用打点的方法表示,标注应标明其草坪名、规格及种植面积。

(3)应注意的问题:

1)植物的规格:图中冠幅,根据说明确定。

2)借助网格定出种植点位置。

3)图中应写清植物数量。

4)对于景观要求细致的种植局部,施工图应有表达植物高低关系、植物造型形式的立面图、剖面图、参考图或通过文字说明与标注。

5)对于种植层次较为复杂的区域应该绘制分层种植图,即分别绘制上层乔木的种植施工图和中下层灌木地被等的种植施工图。

3. 识读

(1)看标题栏、比例、指北针(或风玫瑰图)及设计说明。了解工程名称、性质、所处方位(及主导风向),明确工程的目的、设计范围、设计意图,了解绿化施工后应达到的效果。

(2)看植物图例、编号、苗木统计表及文字说明。根据图纸中各植物的编号,对照苗木统计表及技术说明,了解植物的种类、名称、规格、数量等,验核或编制种植工程预算。

(3)看图纸中植物种植位置及配置方式。根据植物种植位置及配置方式,分析种植设计方案是否合理。植物栽植位置与建筑及构筑物和市政管线之间的距离是否符合有关设计规范的规定等技术要求。

(4)看植物的种植规格和定位尺寸,明确定点放线的基准。

(5)看植物种植详图,明确具体种植要求,从而合理地组织种植施工。

六、园路、广场施工图识读

(1)园路、广场施工图是指导园林道路施工的技术性图纸,能够清楚地反映园林路网和广场布局,一份完整的园路、广场施工图纸主要包括以下内容:

1)图案、尺寸、材料、规格、拼接方式。

2)铺装剖切段面。

3)铺装材料特殊说明。

(2)园路、广场施工图主要具有下列作用:

1)购买材料。

2)施工工艺、工期确定、工程施工进度。

3)计算工程量。

4)如何绘制施工图。

5)了解本设计所使用的材料、尺寸、规格、工艺技术、特殊要求等。

七、其他园林绿化施工图识读

1. 假山施工图

为了清楚地反映假山设计,便于指导施工,通常要作假山施工图,假山施工图是指导假山施工的技术性文件,通常一幅完整的假山施工图包括以下几个部分:

(1)平面图。

(2)剖面图。

(3)立面图或透视图。

(4)做法说明。

(5)预算。

2. 水池施工图

为了清楚地反映水池的设计、便于指导施工,通常要作水池施工图,水池施工图是指导水池施工的技术性文件,通常一幅完整的水池施工图包括以下几个部分:

(1)平面图。

(2)剖面图。

(3)各单项土建工程详图。

3. 照明电气施工图

(1)内容。

1)灯具形式、类型、规格、布置位置。

2)配电图(电缆电线型号规格,联结方式;配电箱数量、形式规格等)。

(2)作用。

1)配电,选取、购买材料等。

2)取电(与电业部门沟通)。

3)计算工程量(电缆沟)。

(3)注意事项。

1)网格控制。

2)严格按照电力设计规格进行。

3)照明用电和动力电分别设施配电。

4)灯具的型号标注清楚。

4. 喷灌、给排水施工图

喷灌、给排水施工图的主要内容包括:

(1)给水、排水管的布设、管径、材料等。

(2)喷头、检查井、阀门井、排水井、泵房等。

(3)与供电设施相结合。

5. 园林小品详图

园林小品详图的主要内容包括:

(1)建筑小品平、立、剖面图(材料、尺寸)、结构、配筋等。

(2)园林小品材料规格等。

第二章 工程定额体系

第一节 工程定额概述

一、工程定额的概念

定额是在一定的社会制度、生产技术和组织条件下规定完成单位合格产品所需人工、材料、机械台班的消耗标准。

工程定额就是工程施工中的费用标准或尺度。具体来讲,工程定额是指在正常的施工条件下,完成单个合格单位产品或完成一定量的工作所需消耗的人力、材料、机械台班和财力的数量标准(或额度)。

按照传统意义上的定义,园林绿化工程定额,是指在正常的施工条件下,完成园林绿化工程中各分项工程单位合格产品或完成一定量的工作所必需的,并且是额定的人工、材料、机械设备的数量及其资金消耗(或额度)。

二、工程定额的性质

1. 科学性

工程定额的科学性有两种含义。一种含义是指工程建设定额和生产力发展水平相适应,反映出工程建设中生产消费的客观规律;另一种含义是指工程建设定额管理在理论、方法和手段上适应现代科学技术和信息社会发展的需要。

2. 权威性

工程建设定额具有很大权威性,这种权威性在一些情况下具有经济法规性质。权威性反映统一的意志和统一的要求,也反映信誉和信赖程度以及定额的严肃性。

工程建设定额的权威性的客观基础是定额的科学性。只有科学的定额才具有权威。但是在社会主义市场经济条件下,它必然涉及各有关方面的经济关系和利益关系。赋予工程建设定额以一定的权威性,就意味着在规定的范围内,对于定额的使用者和执行者来说,不论主观上愿意不愿意，都必须按定额的规定执行。在当前市场不规范的情况下，赋予工程建设定额以权威性是十分重要的。但是在竞争机制引入工程建设的情况下，定额的水平必然会受市场供求状况的影响，从而在执行中可能产生定额水平的浮动。

3. 统一性

建设工程定额的统一性，主要是由国家对经济发展的宏观调控职能决定的。为了使国民经济按照既定的目标发展，就需要借助于某些标准、定额、参数等，对工程建设进行规划、组织、调节、控制。而这些标准、定额、参数在一定范围内必须是一种统一的尺度，才能实现上述职能，才能利用它对项目的决策、设计方案、投标报价、成本控制进行比选和评价。

工程建设定额的统一性按照其影响力和执行范围来看，有全国统一定额、地区统一定额和行业统一定额等；按照定额的制定、颁布和贯彻使用来看，有统一的程序、统一的原则、统一的要求和统一的用途。

4. 系统性

建设工程定额是由多种定额结合而构成的有机的整体，其结构复杂，层次鲜明，目标明确。建设工程定额的系统性是由建设工程的特点决定的。按照系统论的观点，建设工程就是庞大的实体系统。建设工程定额是为了这个实体系统服务的。因而建设工程本身的多种类、多层次就决定了以其为服务对象的建设工程定额的多种类、多层次。

5. 稳定性与时效性

工程建设定额中的任何一种都是一定时期技术发展和管理水平的反映，因而在一段时间内都表现出稳定的状态。稳定的时间有长有短，一般在5~10年。保持定额的稳定性是维护定额的权威性所必需的，更是有效地贯彻定额所必要的。如果某种定额处于经常修改变动之中，那么必然造成执行中的困难和混乱，使人们感到没有必要去认真对待，很容易导致定额权威性的丧失。工程建设定额的不稳定也会给定额的编制工作带来极大的困难。

但是工程建设定额的稳定性是相对的。当生产力向前发展了，定额就会与已经发展了的生产力不相适应。这样，工程建设定额原有的作用就会逐步减弱以至消失，需要重新编制或修订。

三、工程定额的分类

工程建设定额是工程建设中各类定额的总称。它包括许多类别的定额。一般分类方法如图 2-1 所示。

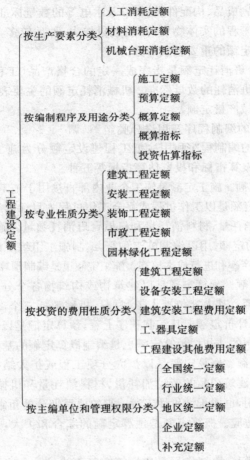

图 2-1 工程建设定额分类(一般分类)

1. 按定额构成的生产要素分类

生产要素包括劳动者、劳动手段和劳动对象,反映其消耗的定额就分为人工消耗定额、材料消耗定额和机械台班消耗定额三种。

(1)人工消耗定额。人工消耗定额即劳动定额,是指完成一定的合格产品(工程实体或劳物)规定活劳动消耗的数量标准。劳动定额的主要表现形式是时间定额和产量定额。

(2)材料消耗定额。材料消耗定额是指完成一定合格产品所需消耗原材料、半成品、成品、构配件、燃料以及水电等的数量标准。材料作为劳动对象是构成工程的实体物资,需用数量较大,种类较多,所以材料消耗定额亦是各类定额的重要组成部分。

(3)机械台班消耗定额是指完成一定的合格产品(工程实体或劳物)所规定机械台班消耗的数量标准。机械消耗定额的主要表现形式是机械时间定额和机械产量定额。

2. 按定额的编制程序及用途分类

根据定额的编制程序和用途把工程建设定额分为施工定额、预算定额、概算定额、概算指标和投资估算指标等五种。

(1)施工定额。施工定额是施工企业内部直接用于施工管理的一种技术定额。施工定额是以工作过程或复合工作过程为目标对象,规定某种建筑产品的劳动消耗量、材料消耗量和机械台班消耗数量。施工定额是建筑企业中最基本的定额,用以编制施工预算,编制施工组织设计、施工作业计划,考核劳动生产率和进行成本核算。施工定额也是编制预算定额的基础。

(2)预算定额。预算定额是以建筑物或构筑物各个分部分项工程为对象编制的定额。其内容包括人工、材料、机械消耗三个部分,并列有工程费用,是一种计价定额。从编制程序上看,预算定额是以施工定额为基础综合扩大编制的,同时,预算定额也是编制概算定额的基础。

(3)概算定额。概算定额是以扩大分项工程或扩大结构构件为编制对象,规定某种建筑产品的劳动消耗量、材料消耗量和机械台班消耗量,并列有工程费用,也属于计价性定额。它的项目划分的粗细,与扩大初步设计的深度相适应。概算定额是预算定额的综合和扩大,是控制项目投资的重要依据。

(4)概算指标。概算指标是比概算定额更为综合的指标。概算指标是以整座房屋或构筑物为单位来编制的,包括劳动力、材料和机械台班定额三个组成部分,还列出了各结构部分的工作量和以每 $100m^2$ 建筑面积或每座构筑物体积为计量单位而规定的造价指标。概算指标是初步设计阶段编制概算的依据,是进行技术经济分析,考核建设成本的标准,是国家控制基本建设投资的主要依据。

(5)投资估算指标。投资估算指标是以独立单项工程或完整的工程项目为计算对象,在项目投资需要量时使用的定额。投资估算指标的综合性与概括性极强,其综合概略程度与可行性研究阶段相适应。投资估算指标是以预算定额、概算定额、概算指标为基础编制的。

3. 按专业性质分类

工程建设定额可分为建筑工程消耗量定额、安装工程消耗量定额、装饰工程消耗量定额、市政工程消耗量定额、园林绿化工程消耗量定额等。

(1)建筑工程消耗量定额。建筑工程消耗量定额是指建筑工程人工、材料及机械的消耗量标准。

(2)安装工程消耗量定额。安装工程是指各种管线、设备等的安装工程。安装工程消耗量定额是指安装工程人工、材料及机械的消耗量标准。

(3)装饰工程消耗量定额。装饰工程是指房屋建筑的装饰装修工程。装饰工程消耗量定额是指建筑装饰装修工程人工、材料及机械的消耗量标准。

(4)市政工程消耗量定额。市政工程是指城市的道路、桥梁等公共设施及公用设施的建设工程。市政工程消耗量定额是指市政工程人工、材料及机械的消耗量标准。

(5)园林绿化工程消耗量定额。园林绿化工程消耗量定额是指仿古园林绿化工程人工、材料及机械的消耗量标准。

4. 按投资的费用性质分类

按投资费用分类,可分为建筑工程定额,设备安装工程定额,建筑安装工程费用定额,工、器具定额,工程建设其他费用定额等。

(1)建筑工程定额。建筑工程定额是建筑工程的施工定额、预算定额、概算定额、概算指标的总称。

(2)设备安装工程定额。设备安装工程定额是安装工程的施工定额、预算定额、概算定额、概算指标的总称。

(3)建筑安装工程费用定额。建筑安装工程费用定额包括工程直接费用定额和间接费用定额等。

(4)工、器具定额。工、器具定额是为新建或扩建项目投产运转首次配置的工具、器具数量标准。

(5)工程建设其他费用定额。工程建设其他费用定额是独立于建筑安装工程、设备和工器具购置之外的其他费用开支的标准。

5. 按主编单位和管理权限分类

工程建设定额可分为全国统一定额、行业统一定额、地区统一定额、企业定额、补充定额等。

(1) 全国统一定额。全国统一定额是综合全国基本建设的生产技术、施工组织和生产劳动的一般情况编制的,在全国范围内执行。

(2) 行业统一定额。行业统一定额是考虑到各行业部门专业技术特点,以及施工生产和管理水平编制的。一般只在本行业和相同专业性质的范围内使用。

(3) 地区统一定额。地区统一定额是由各省、市、自治区在考虑地区特点和统一定额水平的条件下编制的,只在规定的地区范围内使用的定额。

(4) 企业定额。企业定额是由建筑企业编制,在本企业内部执行的定额。针对现行的定额项目中的缺项和与国家定额规定条件相差较远的项目可编制企业定额,经主管部门批准后执行。

(5) 补充定额。补充定额是随着设计、施工技术的发展,在现行定额不能满足需要的情况下,为补充现行定额中漏项或缺项而制定的。补充定额是只能在指定的范围内使用的指标。

四、工程定额的作用

在工程建设和企业管理中,确定和执行先进合理的定额是技术和经济管理工作中的重要一环。在工程项目的计划、设计和施工中,定额具有以下几个方面的作用。

1. 定额是编制计划的基础

工程建设活动需要编制各种计划来组织与指导生产,而计划编制中又需要各种定额来作为计算人力、物力、财力等资源需要量的依据。定额是编制计划的重要基础。

2. 定额是组织和管理施工的工具

建筑企业要计算、平衡资源需要量、组织材料供应、调配劳动力、签发任务单、组织劳动竞赛、调动人的积极因素、考核工程消耗和劳动生产率、贯彻按劳分配工资制度、计算工人报酬等,都要利用定额。因此,从组织施工和管理生产的角度来说,企业定额又是建筑企业组织和管理施工的工具。

3. 定额是总结先进生产方法的手段

定额是在平均先进的条件下,通过对生产流程的观察、分析、综合等过程制定的,它可以最严格地反映出生产技术和劳动组织的先进合理程度。因此,人们就可以用定额方法为手段,对同一产品在同一操作条件下的不同的生产方法进行观察、分析和总结,从而得到一套比较完整的、优良的生产方法,作为生产中推广的范例。

4. 定额是评价设计方案经济合理性的尺度

工程造价是根据由设计规定的工程规模、工程数量及相应需要的劳动力、材料、机械设备消耗量及其他必须消耗的资金确定的。其中,劳动力、材料、机械设备的消耗量又是根据定额计算出来的,定额是确定工程造价的依据。同时,建设项目投资的大小又反映了各种不同设计方案技术经济水平的高低。因此,定额又是比较和评价设计方案经济合理性的尺度。

第二节 概算定额与概算指标

一、概算定额

1. 概算定额的概念

概算定额是编制概算的基础,是设计单位在初步设计阶段或扩大初步设计阶段确定工程造价,编制设计概算的依据,是在预算定额的基础上进行的,将计量单位扩大制定而成的一种定额。也就是确定完成合格的单位扩大分项工程或单位扩大结构构件所需消耗的人工材料和机械台班的数量限额。

概算定额的内容和深度是以预算定额为基础的综合与扩大。在合并中不得遗漏或增加细目,以保证定额数据的严密性和正确性。

概算定额表达的主要内容、表达的主要方式及基本使用方法都与预算定额相近。

$$\begin{aligned}
\text{定额基准价} &= \text{定额单位人工费} + \text{定额单位材料费} + \text{定额单位机械费}\\
&= \text{人工概算定额消耗量} \times \text{人工工资单价} +\\
&\quad \sum(\text{材料概算定额消耗量} \times \text{材料预算价格}) +\\
&\quad \sum(\text{施工机械概算定额消耗量} \times \text{机械台班费用单价})
\end{aligned}$$

(2-1)

2. 概算定额的作用

(1)概算定额是确定基本建设项目投资额,控制基本建设拨款和编制基本建设计划的依据。

(2)概算定额是编制设计概算和概算指标的重要依据。

(3)概算定额是设计人员对所设计项目负责,对设计方案进行技术经济分析与比较的依据。

(4)概算定额是编制固定资产计划、主要材料申请计划的基础。

(5)概算定额是进行施工前准备,控制施工图预算的依据。

(6)概算定额是签订工程承包合同的依据。

(7)概算定额是工程结束后,进行竣工决算的依据。

3. 概算定额编制依据

(1)现行的全国通用的设计标准、规范和施工验收规范。

(2)现行的设计规范和施工文献。

(3)具有代表性的标准设计图纸和其他设计资料。

(4)现行的人工工资标准,材料预算价格,机械台班预算价格。

(5)现行工程预算定额。

(6)有关工程施工图预算和结算资料。

4. 概算定额编制要求

(1)概算定额的编制深度,要适应设计深度的要求。由于概算定额是初步设计阶段使用,受初步设计的设计深度影响,因此,定额项目划分应坚持简化、准确和适用的原则。

(2)使概算定额适应设计、计划、统计和拨款的要求,更好地为工程建设服务。

(3)概算定额水平的确定,应与预算定额、综合预算定额的水平基本一致,反映在正常条件下大多数企业的设计、生产、施工、管理水平。因概算定额是在综合预算定额的基础上编制的,适当地再一次扩大、综合、简化,并且在工程标准、施工方法和工程量取值等方面进行综合测算时,概算定额与综合预算定额之间必将产生并允许留有一定的幅度差,从而根据概算定额编制的概算控制施工图预算。

(4)为了稳定概算定额水平,统一考核尺度和简化计算工程量,编制概算定额时,原则上不留变动幅度,对于设计和施工变化大而影响工程量、价差大的,应根据有关资料进行测算,综合取定常用数值,对于其中还包括不了的个性数值,可适当留些变动幅度。

5. 概算定额编制步骤

概算定额编制一般分为三步进行,即准备阶段、编制初稿阶段和审查定稿阶段。

(1)准备阶段。准备阶段主要是确定编制机构和人员组成,进行调查研究,收集相关资料,了解并熟悉市场变化状况,了解现行概算定额执行情况和存在的问题,明确编制的目的,制定概算定额的编制方案和确定要编制概算定额的项目。

(2)编制初稿阶段。编制初稿阶段是根据已确定的编制方案和概算定额项目,收集和整理各种编制依据资料,对各种资料进行深入细致的研究分析,考虑当时的生产要素指导价格,确定人工、材料和机械台班的消耗量指标,最后编制出概算定额初稿。

(3)审查交稿阶段。审查定稿阶段的主要工作是测算概算定额水平,即测算新编概算定额与原概算定额及现行预算定额之间的水平。概算定额水平与预算定额水平之间应有一定的幅度差,幅度差一般在5%以内。概算定额经测算比较后,可报送国家授权机关审批。

6. 概算定额的内容

概算定额由文字说明和定额项目表两部分组成。

(1)文字说明部分一般包括总说明和各章节的说明。

1)在总说明中,主要对编制的依据、用途、适用范围、工程内容、有关规定、取费标准和概算造价计算方法等进行阐述。

2)在分章说明中,包括分部工程量的计算规则、说明、定额项目的工程内容等。

(2)定额项目表,是分部(章)分项顺序排列的工程子项目表,它是概算定额手册的主要内容,由若干分节定额组成。各节定额由工程内容、定额表及附注说明组成。定额表头注有本节定额的工作内容,定额的计量单位(或在表格内)。表格内有基价、人工、材料和机械费,主要材料消耗量等。

二、概算指标

1. 概算指标的概念

概算指标通常以整个工程项目为对象,以面积、体积或成套设备装置的台或组为计量单位,而规定的人工、材料、机械台班的消耗量标准和造价指标。指标以每 $100m^2$ 面积或各构筑物体积为单位而规定人工及主要材料数量和造价指标。它比概算定额进一步扩大、综合,所以依据概算指标来估算造价就更为简便。

2. 概算指标的作用

(1)概算指标是编制投资估算的参考依据。

(2)概算指标是设计单位进行方案比较,建设单位选址的依据。

(3)概算指标的作用同概算定额,在设计深度不够的情况下,往往用概算指标来编制初步设计概算。

(4)概算指标的主要材料指标,可作为估算单位工程或单项工程主要材料用量的依据。

(5)概算指标是设计单位进行设计方案的技术经济分析,衡量设计水平,考核投资效果的标准。

3. 概算指标的编制依据

(1)现行的标准设计,各类工程典型设计和有代表性的标准设计图纸。

(2)国家颁发的标准、设计规范、施工技术验收规范和有关技术规定。

(3)编制期间地区的工资标准、材料价格、机械台班使用单价等。

(4)现行预算定额、概算定额、补充定额和有关的费用定额。

(5)国家颁发的工程造价指标和地区的造价指标。

(6)典型工程的概算、预算、结算和决算资料。

(7)国家和地区现行的基本建设政策、法令和规章等。

4. 概算指标的编制原则

(1)按平均水平确定概算指标的原则。

(2)概算指标的内容和表现形式,要贯彻简明适用的原则。

(3)概算指标的编制依据,必须具有代表性。

5. 概算指标的编制步骤

(1)成立编制小组,拟订编制方案。包括明确编制原则和方法,确定编制内容和表现形式,明确编制工作规划和时间安排。

(2)收集整理编制概算指标所必需的标准图集、典型设计图纸、已完工程的预(结)算资料等。

(3)编制概算指标,包括按指标内容及表现形式,利用已完工程造价资料结合人工工资单价、材料价格、机械台班使用单价进行具体计算分析。

(4)最后经过审核、平衡分析、水平测算、征求意见、修改初稿、审查定稿。

6. 概算指标的内容

概算指标是比概算定额综合性更强的一种指标,其内容由以下五个部分:

(1)总说明主要包括概算指标编制依据、作用、适用范围、分册情况及共同性问题的说明;分册说明就是对本册中具体问题做出必要的说明。

(2)示意图,说明工程的结构形式。

(3)结构特征是指在概算指标内标明工程的示意图,并对工程的结构形式、高度进行说明,以表示工程的概况。

(4)构造内容及工程量指标,说明该工程项目的构造内容和相应计算单位的工程量指标及其人工、材料消耗指标。

(5)经济指标是概算指标的核心部分,包括该单项工程或单位工程每平方米造价指标、扩大分项工程量、主要材料消耗及工日消耗指标等。

三、概算定额与概算指标的区别

1. 确定各种消耗量指标的对象不同

概算定额是以单位扩大分项工程或单位扩大结构构件为对象,而概算指标则是以建筑物和构筑物为对象。因此,概算指标比概算定额更加综合与扩大。

2. 确定各种消耗量指标的依据不同

概算定额是以现行预算定额为基础,通过计算之后才能确定各种消耗量指标,而概算指标中各种消耗量指标的确定,则主要来自各种预算资料。

3. 适用于相同阶段的深度要求不同

初步设计或扩大初步设计阶段,当设计达到一定深度,可根据概算定额编制设计概算;当设计深度不够,编制依据不全时,可用概算指标编制概算。

第三节 预算定额

一、预算定额概述

1. 预算定额的概念

预算定额是指在正常的施工技术和组织条件下,规定完成工程一定计量单位的分项工程或结构构件所必需的人工(工日)、材料、机械(台班)以及资金合理消耗的量、价合一的计价标准。

预算定额的基本构造要素,即通常所说的分项工程和结构构件。预算定额按工程基本构造要素规定劳动力、材料和机械的消耗数量,以满足编制施工图预算、规划和控制工程造价的要求。

预算定额是工程建设中的一项重要的技术法规。预算定额规定了施工企业和建设单位在完成施工任务时,允许消耗的人工、材料和机械台班的数量,确定了国家、建设单位和施工企业之间的经济关系,在我国建设工程中占有十分重要的地位和作用。

园林绿化工程预算定额是对园林绿化工程实行科学管理和监督的重

要手段之一,园林绿化工程预算定额的实施将为园林绿化建设工程造价管理提供翔实的技术衡量标准和数量指标,对推动园林绿化工程的市场化、法制化、专业化、系统化建设具有十分重要的意义。

2. 预算定额的作用

(1)预算定额是编制地区单位估价表的依据。

(2)预算定额是编制工程施工图预算和确定工程造价的依据,起着控制劳动消耗、材料消耗和机械台班消耗的作用。

(3)预算定额是工程招标、投标中确定招标控制价(标底)和投标报价的主要依据。

(4)预算定额是建设单位和施工单位按照工程进度对已完成工程进行工程结算的依据。

(5)预算定额是编制概算定额和概算指标的基础资料。

(6)预算定额是对新结构、新材料进行技术分析的依据。

(7)预算定额是控制投资的有效手段,也是有关部门对投资项目进行审核、审计的依据。

3. 预算定额编制原则

(1)按社会平均水平确定的原则。社会平均必要劳动即社会平均水平,是指在社会正常生产条件、合理施工组织和工艺条件下,以社会平均劳动强度、平均劳动熟练程度、平均的技术装备水平下确定完成每一分项工程所需的劳动消耗,作为确定预算定额水平的主要原则。

编制时根据国家的经济政策要求,贯彻各项经济方针,既要结合历年定额水平,又应考虑将来的发展趋势,制定出符合社会发展需要的定额,以适应建设需要。技术先进指的是定额的确定,以及施工方法和材料的选择等,应采用已经成熟并已推广的新结构、新材料、新技术和较先进的管理方式。

(2)简明适用的原则。预算定额的内容和形式,既要满足各方面的要求,又要便于使用,要做到定额项目设置齐全、项目划分合理,定额步距要适当,文字说明要清楚、简练、易懂。

预算定额的项目应尽量齐全完整,把已成熟和推广的新技术、新结构、新材料、新器具和新工艺项目编入定额。而定额项目的多少,与定额的步距有关。这里的步距是指同类性质的一组定额的合并时所保留的间距。在确定步距时,对于主要的工种、项目、常用的项目,定额步距应小一些;对于次要工种、项目、不常用的项目,定额步距应适当放大一些。

预算定额中的各种说明要简明扼要,通俗易懂。贯彻简明适用的原则,还应注意定额项目计量单位的选择和简化工程量计算。

(3)坚持统一性和差别性相结合的原则。统一性,是从培育全国统一市场规范计价行为出发,计价定额的制订规划和组织实施由国务院建设行政主管部门归口管理,并负责全国统一定额的制定或修订,颁发有关工程造价管理的规章制度和办法等。这样就有利于通过定额和工程造价的管理实现园林绿化工程价格的宏观调控。通过编制全国统一定额,使园林绿化工程具有一个统一的计价依据,也使考核设计和施工的经济效果具有一个统一的尺度。

差别性是在统一性的基础上,各部委和省、自治区、直辖市主管部门可以在自己的管辖范围内,根据本部门和地区的具体情况,制定部门和地区性定额、补充性制度和管理办法,以适应我国幅员辽阔、地区间、部门间发展不平衡和差异大的实际情况。

(4)集中领导,分级管理。集中领导就是由中央主管部门归口管理,依照国家的方针、政策、法规和经济发展的要求,统一制定编制定额的方案、原则和办法,颁发统一的的条例和规章制度。这样,才能保证园林产品具有统一的计价依据和标准。国家掌握统一的尺度,对不同地区设计和施工的经济效果进行有效的考核和监督,避免地区或部门之间缺乏可比性及不平等竞争的弊端。分级管理是在集中领导之下,各部门和各省、市、自治区主管部门在其管辖范围内,依据各自的不同特点,按照国家的编制原则、办法和条例细则,编制本部门或本地区的预算定额,颁发补充性的条例规定,并对预算定额实行经常性的管理。

4. 预算定额编制步骤

(1)准备工作阶段:成立编制小组、拟订编制方案。

(2)收集资料阶段:全面收集相关资料、开专题座谈会,收集现行规范、政策法规、定额管理部门积累的资料、专项查定额等。

(3)定额编制阶段:首先确定编制细则,项目划分和工程量计算规则。再确定定额人工、材料、机械台班消耗用量的计算和复核,定额耗用量的测算。

(4)定额单核阶段:审核定额,定额水平测算,征求意见。

(5)定稿报批、整理资料阶段:修改整理报批、撰写编制说明、立档、成卷。

二、人、材、机消耗量的确定

(一)人工消耗量指标的确定

预算定额的人工消耗量指标,是指完成一定计量单位的分项工程或结构构件所必需的各种用工数量。人工的工日数确定有两种基本方法:一种是以施工的劳动定额为基础来确定;另一种是采用现场实测数据为依据来确定。

1. 人工消耗量指标的内容

以劳动定额为基础的人工工日消耗量的确定包括基本用工和其他用工。

(1)基本用工。指完成某工程子项目的主要用工数量。如墙体砌筑工程中,包括调运铺砂浆、运转、砌砖的用工,基本用工量应按综合取定的工程量乘劳动定额中的时间定额进行计算。

(2)其他用工。其他用工是指劳动定额中没有包括而在预算定额内又必须考虑的工时消耗。其内容包括材料及半成品运距用工、辅助用工和人工幅度差。

1)材料及半成品运距用工。指预算定额中材料及半成品的运输距离超过了劳动定额基本用工中规定的距离所需增加的用工量。

2)辅助用工。指劳动定额中基本用工以外的材料加工等所用的用工。例如,机械土方工程配合用工、材料加工中过筛砂、冲洗石子、化淋灰膏等。

3)人工幅度差。指施工定额中劳动定额未包括的、而在一般正常施工情况下又不可避免的零星用工,其内容如下:各工种间的工序搭接及交叉作业互相配合所发生的停歇用工;质量检查和隐蔽工程验收工作的影响;班组操作地点转移用工;工序交接时对前一工序不可避免的修整用工;施工中不可避免的其他零星用工等。

2. 人工消耗指标的计算方法

预算定额各种用工量,根据测算后综合取定的工程数量和劳动定额计算。预算定额是一项综合定额,是按组成分项工程内容的各个工序综合而成。编制分项定额时,要按工序划分的要求测算、综合取定工程量。综合取定工程量是指按照一个地区历年实际设计房屋的情况,选用多份设计图纸,进行测定,取定数量。

(1)基本用工。

$$基本用工日数量 = \sum (工序工程量 \times 时间定额) \qquad (2-2)$$

(2)运距用工。

$$\text{超运距} = \text{预算定额确定的运距} - \text{劳动定额规定的运距} \quad (2-3)$$

$$\text{材料超运距用工工日数量} = \sum(\text{超运距材料数量} \times \text{相应的时间}) \quad (2-4)$$

(3)辅助用工。

$$\text{辅助用工的数量} = \sum(\text{加工材料数量} \times \text{时间定额}) \quad (2-5)$$

(4)人工幅度差。

$$\text{人工幅度差用工数量} = (\text{基本用工} + \text{超运距用工} + \text{辅助用工}) \times \text{人工幅度差系数} \quad (2-6)$$

(二)材料消耗量指标的确定

预算定额的材料消耗量指标由材料的净用量和损耗量构成。其中,损耗量由施工操作损耗、场内运输(从现场内材料堆放点或加工点到施工操作地点)损耗、加工制作损耗和场内管理损耗(操作地点的堆放及材料堆放地点的管理)组成。

1. 材料的分类

(1)主要材料。指直接构成工程实体的材料,其中也包括半成品、成品等。

主材净用量的确定,应结合分项工程的构造做法,综合取定的工程量及有关资料进行计算。

主材损耗量,在已知净用量和损耗率的条件下,即可求出损耗量。

(2)辅助材料。指构成工程实体中除主要材料外的其他材料,如钢钉、钢丝等。

(3)周转材料。指多次使用但不构成工程实体的摊销材料,如脚手架、模板等。周转材料是按多次使用,分次摊销的方式计入预算定额的。

(4)其他材料。指用量很少、难以计量的零星材料。

2. 材料消耗量计算方法与公式

(1)材料消耗量计算方法。

1)凡有标准规格的材料,按规范要求计算定额计量单位耗用量。

2)有图纸标注尺寸及下料要求的,按设计图纸尺寸计算材料净用量。

3)换算法。

4)测定法。包括试验室法和现场观察法。

(2)材料消耗量计算公式。

1)材料消耗量。

$$材料消耗量 = 材料净用量 + 材料损耗量$$

或 $$材料消耗量 = 材料净用量 \times (1 + 损耗率) \qquad (2\text{-}7)$$

2)材料摊销量。

$$\begin{aligned}木模板摊销量 &= 周转使用量 - 周转回收量 \times 回收折价率 \\ &= 一次使用量 \times \left[\frac{1 + (周转次数 - 1) \times 补损率}{周围次数}\right] \\ &\underline{\quad} \frac{一次使用量 \times (1 - 补损率) \times 回收折旧率}{周转次数} \qquad (2\text{-}8)\end{aligned}$$

(三)机械台班消耗量的确定

预算定额中的施工机械消耗指标,是以台班为单位进行计算的。施工机械消耗指标一般是要按全国统一劳动定额中的机械台班量,并考虑一定的机械幅度差进行计算的。

通常,以施工定额中的机械台班消耗用量加机械幅度差来计算预算定额的机械台班消耗量。其计算公式如下:

$$\begin{aligned}预算定额机械台班消耗量 &= 施工定额中机械台班用量 + 机械幅度差 \\ &= 施工定额中机械台班用量 \times (1 + 机械幅度差系数) \qquad (2\text{-}9)\end{aligned}$$

(1)机械幅度差。机械幅度差是指在合理的施工组织条件下机械的停歇时间,其主要内容包括如下:

1)施工中机械转移工作面及配套机械相互影响所损失的时间。

2)在正常施工条件下机械施工中不可避免的工作间歇时间。

3)因临时水电线路在施工过程中移动而发生的不可避免的机械操作间歇时间。

4)不同品牌机械的工效差别,临时维修、小修、停水、停电等引起的机械停歇时间。

5)检查工程质量影响机械操作的时间。

6)冬期施工发动机械的时间。

7)工程收尾和工作量不饱和所损失的时间。

(2)机械幅度差系数。一般根据测定和统计资料取定。大型机械幅度差系数为:土方机械 1.25,打桩机械 1.33,吊装机械 1.3,其他均按统一规定的系数计算。由于垂直运输用的塔式起重机、卷扬机及砂浆、混凝土搅拌机是按小组配合,应以小组产量计算机械台班产量,不另增加机械幅度差。

三、综合预算定额

1. 综合预算定额的概念

综合预算定额是确定一定计量单位的扩大分项工程或扩大结构构件的人工、材料、机械台班消耗量的标准。综合预算定额是在预算定额的基础上,在合理确定定额水平的前提下,进行适当的扩大、综合、简化编制而成的。综合预算定额的定额水平应该与预算定额保持一致。

2. 综合预算定额的要素

在建设工程项目工程造价中,最重要的因素就人工、材料和机械台班。

(1)人工单价的组成和确定方法。

1)人工单价,是指一个园林工人一个工作日在预算中应计入的全部人工费用,基本上反映了园林工人的工资水平和一个工人在一个工作日中可以得到的底薪。

2)影响人工单价的因素。

①社会平均工资水平。工人人工单价必然和社会平均工资水平趋同。社会平均工资水平取决于经济发展水平。由于我国改革开放以来经济迅速增长,社会平均工资也有大幅增长,从而影响人工单价的大幅上涨。

②生活消费指数。生活消费指数的变动决定于物价的变动,决定于生活消费品物价的变动。提高生活消费指数影响人工单价、生活水平的提高。

③人工单价的组成内容。如住房消费、养老保险、医疗保险等列入人工单价,使得人工单价提高。

④劳动力市场供需变化。在劳动力市场如果需求大于供给,人工单价就会提高;供给大于需求,市场竞争激烈,人工单价就会下降。

⑤政府推行的社会保障和福利政策影响人工单价的变动。

(2)材料价格的组成和确定方法。

1)材料的预算价格是指材料从交货地到达施工工地仓库后的出库价格。一般材料的预算价格由材料原价、包装费、运输费、运输损耗费、采购及保管费组成。

2)影响材料价格变动的因素。

①市场供需变化。材料原价是材料预算价格中最基本的组成。

②材料生产成本的变动直接涉及材料价格的波动。

③流通环节的多少和材料供应体制影响材料预算价格。

④运输距离和运输方法的改变会影响运输费用的增减,从而影响材料预算价格。

⑤国际市场行情会对进口材料价格产生影响。

(3)机械台班单价组成和确定方法。

1)机械台班单价是指一台施工机械在正常运转条件下一个工作班中所发生的全部费用。它包括折旧费、大修理费、经常修理费、安拆费及场外运输费、燃料动力费、人工费、车船使用税等六项。

2)影响机械台班单价变动的因素。

①施工机械的价格。

②机械使用年限。

③机械的使用效率和管理水平。

④政府征收税费的规定等。

四、预算定额的编制

预算定额编制的主要内容包括:目录,总说明,各章、节说明,定额表以及有关附录等。

(1)总说明。列在预算定额最前面,主要阐述预算定额编制原则,指导思想,编制依据,适用范围,使用定额遵循的规则及作用,定额中已考虑的因素和未考虑的因素,使用方法和有关规定。

(2)各章、节说明。各章、节说明主要包括以下内容:

1)编制各分部定额的依据。

2)项目划分和定额项目步距的确定原则。

3)施工方法的确定。

4)定额活口及换算的说明。

5)选用材料的规格和技术指标。

6)材料、设备场内水平运输和垂直运输主要材料损耗率的确定。

7)人工、材料、机械台班消耗定额的确定原则及计算方法。

(3)定额项目表包括了分项工程名称,计量单位,定额编号,预算单价,分项工程人工费、材料费、机械费及人工、材料、机械台班消耗量指标。定额项目表是预算定额的核心内容。有些定额项目表下面列有附注,说明设计与定额不符时,如何进行调整及对有关问题的说明。

(4)附录。一般包括:主要材料取定价格表、施工机械台班单价表,其他有关折算、换算表等。

第四节 施 工 定 额

一、施工定额概述

1. 施工定额的概念

施工定额是施工企业直接用于施工管理的一种定额。施工定额是以同一性质的施工过程或工序为测定对象,确定工人在正常的施工条件下,为完成一定计量单位的某一施工过程或工序所需人工、材料和机械台班消耗的数量标准。因此,施工定额是由劳动定额、材料消耗定额和机械台班定额构成的。

2. 施工定额的作用

(1)施工定额是施工企业编制施工预算,进行工料分析的基础。施工预算确定了单位工程人工、机械、材料和资金的需用量,而施工中的人工、机械和材料费用是构成工程造价的主要内容。认真执行施工预算,能够合理地组织施工生产,有效地控制资源和资金消耗,节约成本。因而施工预算是加强企业成本管理和经济核算的重要文件。

(2)施工定额是编制施工组织设计、施工作业设计和确定人工、材料及机械台班需要量计划的基础。编制施工组织设计和施工作业计划,也是施工组织管理的中心环节。编制中所安排的人工、材料和机械台班需用量,都必须依据施工定额来计算。施工定额是企业内部组织生产和计划管理的基础。

(3)施工定额是组织工人班(组)开展劳动竞赛、实行内部经济核算、承发包、计取劳动报酬和奖励工作的依据。

施工定额是计算计件工资的基础,也是对工人超额奖励的依据。施工定额的贯彻执行,使工效和材料消耗的考核有了尺度,并把工人的劳动付出和劳动所得直接联系起来,体现了多劳多得、少劳少得的社会主义分配原则。

(4)施工定额是施工企业向工作班(组)签发任务单、限额领料的依据。施工任务书是记录班组完成任务情况和结算班组工人工资的凭证。施工任务书的签发,是施工队将任务落实到工人班组的具体步骤。施工任务的下达和工人计件工资的结算都需要根据施工定额计算。限额领料单,是施工队随施工任务书同时签发的领取材料的凭证。其领料数量是班组完成施工任务所需材料消耗的最高限额,亦需依据施工定额的规定填写。工人节约材料的奖励,仍以施工定额来衡量。

(5)施工定额是编制预算定额和企业补充定额的基础。预算定额是以施工定额为基础编制的。利用施工定额编制预算定额,可以减少现场测量定额的大量工作,使预算定额更符合现实的施工生产和经营管理水平。

3. 施工定额编制依据

(1)现行的劳动定额、材料消耗定额和机械台班消耗定额。
(2)现行的与施工有关的技术资料。
(3)现行的施工验收规范,质量检验评定标准、技术安全操作规程。
(4)工人技术等级标准。
(5)测定的定额资料和有关的统计数据。

4. 施工定额编制原则

(1)施工定额形式简明适用原则。施工定额是要直接在工人群众中执行的。这就要求施工定额在内容和形式上做到简明适用,灵活方便,通俗易懂,便于掌握和使用。做到及时将已成熟和推广的新材料、新结构和新技术的定额项目,补编到定额中。淘汰实际中不采用,陈旧过时的项目,使得划分的定额项目少而全,严密明确,简明扼要,精细适度。各项指标具有灵活性,以满足劳动组织、班组核算、计取劳动报酬和简化计算工作的要求,同时满足不同工程和地区的使用要求。

(2)施工定额水平必须遵循平均先进的原则。所谓平均先进水平,是指在正常条件下,多数施工班组或生产者经过努力可以达到,少数班组或生产者可以超过的水平。通常,施工定额水平低于先进水平,略高于平均水平。施工定额水平是对施工管理水平、生产技术水平,劳动生产率水平和职工思想觉悟水平的综合反映。

(3)应遵循实事求是的规律。定额来源于生产实践,又用于组织生产。在定额的编制过程中,除要进行全面的比较和反复平衡外,还要本着实事求是的原则,深入实际,调查各项影响因素,注意挖掘企业的潜力,考虑在现有的技术条件下能够达到的程度,经过科学分析、计算和试验,编制出切合实际的,不完全局限于劳动定额和预算定额水准的施工定额。

(4)定额编制应坚持以专为主、专群结合的原则。定额的编制具有很强技术性、实践性和法规性。不但要有专门的机构和专业人员组织把握方针政策,经常性的积累定额资料,还要专群结合,及时了解定额在执行过程中的情况和存在的问题,以便及时将新工艺、新技术、新材料随时反映在定额中。

二、劳动定额

1. 劳动定额的概念

劳动定额也称为人工定额。劳动定额是表示工人劳动生产率的一个先进合理的指标,反映的是工人劳动生产率的社会平均先进水平,是施工定额的重要组成部分。劳动定额是指在正常的施工(生产)技术组织条件下,为完成一定数量的合格产品,或完成一定量的工作所预先拟订的必要的活劳动消耗量。

2. 劳动定额的编制

(1)拟定施工的正常条件。即要规定执行定额应该具备哪些条件,正常条件若不能满足,就可能达不到定额中的劳动消耗量标准,因此,正确拟定施工的正常条件有利定额实施。拟定施工的正常条件包括:拟定施工作业的方法;拟定施工作业的地点;拟定施工作业人员的组织。

1)拟定施工作业的方法。分为两种基本方法:一种是把工作过程中简单的工序,划分给技术熟练程度较低的工人去完成;另一种是分出若干个技术程度较低的工人,去帮助技术程度较高的工人工作。采用后一种方法就把个人完成的工作过程,变成小组完成的工作过程。

2)拟定施工作业的地点。工作地点是工人施工活动场所。拟定工作地点的组织时,要特别注意使人在操作时不受妨碍,所使用的工具和材料应按使用顺序放置于工人最便于取用的地方,以减少疲劳和提高工作效率,工作地点应保持清洁和秩序井然。

3)拟定施工作业人员的组织。拟定施工人员编制即确定小组人数、技术工人的配备,以及劳动的分工和协作。原则是使每个工人都能充分发挥作用,均衡地担负工作。

(2)分析整理基础资料。

1)影响工时消耗因素的确定。

①技术因素:包括完成产品的类别;材料、构配件型号等级;机械和机具的型号和尺寸;产品质量等。

②组织因素:包括操作方法和施工的管理与组织;工作地点的组织;人员组成和分工;工资与奖励制度;原材料和构配件的质量及供应的组织;气候条件等。

2)计时观察资料的整理:对每次计时观察的资料进行整理之后,要对整个施工过程的观察资料进行系统的分析研究和整理。

整理观察资料的方法大多采用平均修正法。平均修正法是一种在对测时数列进行修正的基础上，求出平均值的方法。修正测时数列，就是剔除或修正那些偏高、偏低的可疑数值。采用加权平均值可在计算单位产品工时消耗时，考虑到每次观察中产品数量变化的影响，使人们也能获得可靠的值。

3) 日常积累资料的整理和分析。日常积累的资料主要有四类：第一类是现行定额的执行情况及存在问题的资料；第二类是企业和现场补充定额资料，如因现行定额漏项而编制的补充定额资料，因解决采用新技术、新结构、新材料和新机械而产生的定额缺项所编制的补充定额资料；第三类是已采用的新工艺和新的操作方法的资料；第四类是现行的施工技术规范、操作规程、安全规程和质量标准等。

4) 拟定定额的编制方案。编制方案的内容包括：

①提出对拟编定额的定额水平总的设想。

②拟定定额分章、分节、分项的目录。

③选择产品和人工、材料、机械的计量单位。

④设计定额表格的形式和内容。

(3) 施工作业的时间定额。时间定额在拟定基本工作时间、辅助工作时间、准备与结束时间、不可避免的中断时间以及休息时间的基础上编制的。

1) 拟定基本工作时间。基本工作时间在必须消耗的工作时间中占的比重最大。在确定基本工作时间时，必须细致、精确。基本工作时间消耗一般应根据计时观察资料来确定。其做法是，首先确定工作过程每一组成部分的工时消耗，然后综合出工作过程的工时消耗。

2) 拟定辅助工作时间和准备与结束工作时间。辅助工作和准备与结束工作时间的确定方法与基本工作时间相同。但是，如果这两项工作时间在整个工作班工作时间消耗中所占比重不超过 $5\%\sim6\%$，则可归纳为一项，以工作过程的计量单位表示，确定出工作过程的工时消耗。

3) 拟定不可避免的中断时间。在确定不可避免中断时间的定额时，必须注意由工艺特点所引起的不可避免中断才可列入工作过程的时间定额。

不可避免中断时间也需要根据测时资料通过整理分析获得，也可以根据经验数据或工时规范，以占工作日的百分比表示此项工时消耗的时间定额。

4) 拟定休息时间。休息时间应根据工作班作息制度、经验资料、计时观察资料，以及对工作的疲劳程度作全面分析来确定。同时，应考虑尽可能利用不可避免中断时间作为休息时间。

从事不同工种、不同工作的工人,疲劳程度有很大差别。为了合理确定休息时间,往往要对从事各种工作的工人进行观察、测定,以及进行生理和心理方面的测试,以便确定其疲劳程度。国内外往往按工作轻重和工作条件好坏,将各种工作划分为不同的级别。

划分出疲劳程度的等级,就可以合理规定休息需要的时间。在上面引用的规范中,按六个等级划分的休息时间见表 2-1。

表 2-1 休息时间占工作日的比重

疲劳程度	轻便	较轻	中等	较重	沉重	最沉重
等级	1	2	3	4	5	6
占工作日比重(%)	4.16	6.25	8.33	11.45	16.7	22.9

5)拟定定额时间。确定的基本工作时间、辅助工作时间、准备与结束工作时间、不可避免中断时间和休息时间之和,就是劳动定额的时间定额。根据时间定额可计算出产量定额,时间定额和产量定额互成倒数。

利用工时规范,可以计算劳动定额的时间定额。其计算公式如下:

$$\text{作业时间} = \text{基本工作时间} + \text{辅助工作时间} \quad (2\text{-}10)$$

$$\text{规范时间} = \text{准备与结束工作时间} + \text{不可避免的中断时间} + \text{休息时间}$$

$$(2\text{-}11)$$

$$\text{工序作业时间} = \text{基本工作时间} + \text{辅助工作时间}$$

$$= \text{基本工作时间} \div [1 - \text{辅助时间}(\%)] \quad (2\text{-}12)$$

即:

$$\text{定额时间} = \frac{\text{作业时间}}{1 - \text{规范时间}(\%)} \quad (2\text{-}13)$$

时间定额和产量定额虽然是同一劳动定额的不同表现形式,但其用途却不同。前者是以产品的单位和工日来表示,便于计算完成某一分部(项)工程所需的总工日数,核算工资,编制施工进度计划和计算工期;后者是以单位时间内完成产品的数量表示的,便于小组分配施工任务,考核工人的劳动效益和签发施工任务单。

3. 劳动定额的形式

劳动定额表现形式可分为时间定额和产量定额。

(1)时间定额。就是某种专业、某种技术等级工人班组成或个人,在合理的劳动组织和合理使用材料的条件下,完成单位合格产品所必需的工作时间。包括准备与结束时间、基本生产时间、辅助生产时间、不可避免的中断的时间即工人必需的休息时间。时间定额以工日为单位,每一工日按 8h 计算。其计算公式如下:

$$单位产品时间定额(工日) = \frac{1}{每工产量} \qquad (2-14)$$

或

$$单位产品时间定额(工日) = \frac{小组成员工日数总和}{台班产量} \qquad (2-15)$$

(2)产量定额。在合理的劳动组织和合理使用材料的条件下,某种专业、某种技术等级的工人小组或个人在单位工日中所应该完成的合格产品数量。

产量定额根据时间定额计算,其计算公式如下:

$$\left.\begin{array}{r}每工产量 = \dfrac{1}{单位产品时间定额(工日)} \\ 或 \quad 台班产量 = \dfrac{小组成员工日数的总和}{单位产品时间定额(工日)}\end{array}\right\} \qquad (2-16)$$

产量定额的计量单位,通常以自然单位或物理单位来表示。如台、套、个、米、平方米、立方米等。

产量定额的高低与时间定额成反比,两者互为倒数。生产某一单位合格产品所消耗的工时越少,则在单位时间内的产品产量就越高;反之就越低。

$$\left.\begin{array}{r}时间定额 \times 产量定额 = 1 \\ 时间定额 = \dfrac{1}{产量定额} \\ 产量定额 = \dfrac{1}{时间定额}\end{array}\right\} \qquad (2-17)$$

因此,两种定额中,无论知道哪一种定额,都可以很容易计算出另一种定额。

时间定额和产量定额是同一个劳动定额量的不同表示方法,但有各自不同的用处。时间定额便于综合,便于计算总工日数,便于核算工资,所以劳动定额一般均采用时间定额的形式。产量定额便于施工班组分配任务,便于编制施工作业计划。

4. 劳动定额的作用

(1)劳动定额是编制施工作业计划的依据。编制施工作业计划必须以劳动定额作为依据,才能准确地确定劳动消耗和合理地确定工期,不仅在编制计划时要依据劳动定额,在实施计划时,也要按照劳动定额合理地平衡调配和使用劳动力,以保证计划的实现。

通过施工任务书把施工作业计划和劳动定额下达给生产班组,作为施工(生产)指令,组织工人达到和超过劳动定额水平,完成施工任务书下达的工程量。

(2)劳动定额是贯彻按劳分配原则的重要依据。按劳分配原则是社会主义社会的一项基本原则。贯彻这个原则必须以平均先进的劳动定额为衡量尺度,按照工人生产产品的数量和质量来进行分配。工人完成劳动定额的水平决定了其实际收入和超额劳动报酬的多少,只有多劳才能多得。这样就把企业完成施工(生产)计划,提高经济效益与个人物质利益直接结合起来。

(3)劳动定额是开展社会主义劳动竞赛的必要条件。以劳动定额为标准,就可以衡量出工人贡献的大小,工效的高低,使不同单位、不同工种工人之间有了可比性,便于鼓励先进,帮助后进,带动一般,从而提高劳动生产率,加快建设速度。

(4)劳动定额是企业经济核算的重要基础。为了考核、计算和分析工人在生产中的劳动消耗和劳动成果,就要以劳动定额为依据进行劳动核算。劳动定额完成情况,单位工程用工,人工成本(或单位工程的工资含量)是企业经济核算的重要内容。只有用劳动定额严格地、精确地计算和分析比较施工(生产)中的消耗和成果,对劳动消耗进行监督和控制,不断降低单位成品的工时消耗,努力节约人力,才能降低产品成本中的人工费和分摊到产品成本中的管理费。

三、机械台班使用定额

1. 机械台班使用定额的概念

机械台班消耗定额,是指在正常的施工机械生产条件下,为生产单位合格工程施工产品所必需消耗的机械工作时间标准。机械台班定额以台班为单位,每一台班按 8h 计算。其表达形式有机械时间定额和机械产量定额两种。

在建设工程中,有些工程产品或工作是由工人来完成的,有些是由机械来完成的,有些则是由工人和机械配合共同完成的。由机械或人机配合来完成的产品或工作中,就包含一个机械工作时间。

2. 机械台班使用定额的编制

(1)拟定机械正常工作条件。机械正常工作条件,包括施工现场的合理组织和编制的合理配置。

施工现场的合理组织,是指对机械的放置位置、工人的操作场地等做出合理的布置,最大限度地发挥机械的工作性能。这要求施工机械和操纵机械的工人在最小范围内移动,但又不阻碍机械运转和工人操作;应使机械的开关和操纵装置尽可能集中地装置在操纵工人的近旁,以节省工作时间和减轻劳动强度;应最大限度发挥机械的效能,减少工人的手工操作。

编制机械台班消耗定额,应正确确定机械配置和拟定的工人编制,保持机械的正常生产率和工人正常的劳动效率。

(2)确定机械纯工作时间。机械纯工作时间包括机械的有效工作时间、不可避免的无负荷工作时间和不可避免的中断时间。

机械纯工作时间(台班)的正常生产率,就是在机械正常工作条件下,由具备必需的知识与技能的技术工作人员操作机械工作 1h(台班)的生产效率。

根据机械工作特点的不同,机械 1h 纯工作正常生产率的确定方法,也有所不同。对于循环动作机械,确定机械纯工作 1h 正常生产率的计算公式如下:

$$\text{机械一次循环的正常延续时间} = \sum \left(\text{循环各组成部分正常延续时间} \right) - \text{交叠时间} \quad (2\text{-}18)$$

$$\frac{\text{机械纯工作 1h}}{\text{正常循环次数}} = \frac{60 \times 60 (\text{s})}{\text{一次循环的正常延续时间}} \quad (2\text{-}19)$$

$$\frac{\text{机械纯工作 1h}}{\text{正常生产率}} = \frac{\text{机械纯工作 1h}}{\text{正常循环次数}} \times \text{一次循环生产的产品数量} \quad (2\text{-}20)$$

从公式中可以看到,计算循环机械纯工作 1h 正常生产率的步骤是:根据现场观察资料和机械说明书确定各循环组成部分的延续时间;将各循环组成部分的延续时间相加,减去各组成部分之间的交叠时间,求出循环过程的正常延续时间;计算机械纯工作 1h 的正常循环次数;计算循环机械纯工作 1h 的正常生产率。

对于连续动作机械,确定机械纯工作 1h 正常生产率要根据机械的类型和结构特征,以及工作过程的特点来进行。其计算公式如下:

$$\frac{\text{连续动作机械纯工作}}{\text{1h 正常生产率}} = \frac{\text{工作时间内生产的产品数量}}{\text{工作时间(h)}} \quad (2\text{-}21)$$

工作时间内生产的产品数量和工作时间的消耗,要通过多次现场观察和机械说明书来取得数据。

对于同一机械进行作业属于不同的工作过程,如挖掘机所挖土壤的类别不同,碎石机所破碎的石块硬度和粒径不同,均需分别确定其纯工作1h的正常生产率。

(3)确定施工机械的正常利用系数。确定施工机械的正常利用系数,是指机械在工作班内对工作时间的利用率。机械的利用系数和机械在工作班内的工作状况有着密切的关系。所以,要确定机械的正常利用系数。首先要拟定机械工作班的正常工作状况,保证合理利用工时。

确定机械正常利用系数,要计算工作班正常状况下准备与结束工作,机械启动、机械维护等工作所必需消耗的时间,以及机械有效工作的开始与结束时间。从而进一步计算出机械在工作班内的纯工作时间和机械正常利用系数。机械正常利用系数的计算公式如下:

$$\frac{机械正常}{利用系数} = \frac{机械在一个工作班内纯工作时间}{一个工作班延续时间(8h)} \quad (2-22)$$

(4)计算施工机械台班定额。计算施工机械定额是编制机械定额工作的最后一步。在确定了机械工作正常条件、机械 1h 纯工作正常生产率和机械正常利用系数之后,采用下列公式计算施工机械的产量定额:

$$\frac{施工机械}{台班产量定额} = \frac{机械\,1h\,纯工作}{正常生产率} \times \frac{工作班}{纯工作时间} \quad (2-23)$$

或

$$\frac{施工机械台}{班产量定额} = \frac{机械\,1h\,纯工作}{正常生产率} \times \frac{工作班}{延续时间} \times \frac{机械正常}{利用系数} \quad (2-24)$$

$$施工机械时间定额 = \frac{1}{机械台班产量定额指标} \quad (2-25)$$

(5)拟定工人小组的定额时间。

工人小组定额时间=施工机械时间定额×工人小组的人数 (2-26)

3. 机械台班使用定额的表现形式

机械台班使用定额的形式按其表现形式不同,可分为时间定额和产量定额。

(1)机械时间定额是指在合理劳动组织与合理使用机械条件下,完成单位合格产品所必需的工作时间。机械时间定额以"台班"表示,即一台机械工作一个作业班的时间。一个作业班时间为 8h。包括有效工作时间,不可避免的中断时,不可避免的无负荷工作时间。其表达式如下:

$$单位产品机械时间定额(台班) = \frac{1}{台班产量} \quad (2-27)$$

由于机械必须由工人小组配合,所以完成单位合格产品的时间定额,同时列出人工时间定额。即：

$$单位产品人工时间定额(工日)=\frac{小组成员总人数}{台班产量} \quad (2-28)$$

(2)机械产量定额是指在正常施工的条件下，在合理的劳动组织和合理的使用机械的前提下，某种施工机械在每个台班时间内，必须完成合格产品的数量标准。按下式计算：

$$机械台班产量定额=\frac{1}{机械时间定额} \quad (2-29)$$

$$机械台班产量定额=\frac{小组成员工日数总和}{机械人工时间定额} \quad (2-30)$$

机械时间定额与机械台班产量定额互为倒数。

四、材料消耗定额

1. 材料消耗定额的概念

材料消耗定额是在合理和节约使用材料的条件下，生产单位质量合格产品所消耗的一定规格的材料、成品、半成品、水、电等资源的数量。

材料消耗定额是编制材料需要量计划、运输计划、供应计划、计算仓库面积、签发限额领料单和经济核算的根据。制定合理的材料消耗定额，是组织材料的正常供应，保证生产顺利进行，以及合理利用资源，减少积压、浪费的必要前提。

2. 施工中材料消耗的组成

施工中材料的消耗，可分为必需的材料消耗和损失的材料两类性质。

必需的材料消耗，是指在合理用料的条件下，生产合格产品所需的材料消耗。它包括：直接用于工程的材料；不可避免的施工废料；不可避免的材料损耗。

必需的材料消耗属于施工正常消耗，是确定材料消耗定额的基本数据。其中：直接用于建设工程的材料，编制材料净用量定额；不可避免的施工废料和材料损耗，编制材料损耗定额。

材料各种类型的损耗量之和称为材料损耗量，除去损耗量之后净用于工程实体上的数量称为材料净用量，材料净用量与材料损耗量之和称为材料总消耗量，损耗量与总消耗量之比称为材料损耗率。其关系用公式表示为：

$$损耗率 = \frac{损耗量}{总消耗量} \times 100\% \quad (2\text{-}31)$$

$$损耗量 = 总消耗量 - 净用量 \quad (2\text{-}32)$$

$$净用量 = 总消耗量 - 损耗量 \quad (2\text{-}33)$$

$$总消耗量 = \frac{净用量}{1-损耗率} \quad (2\text{-}34)$$

或 = 净用量 + 损耗量

为了简便,通常将损耗量与净用量之比,作为损耗率。即:

$$损耗率 = \frac{损耗量}{净用量} \times 100\% \quad (2\text{-}35)$$

$$总消耗量 = 净用量 \times (1+损耗率) \quad (2\text{-}36)$$

3. 材料消耗定额的制定

材料消耗定额必须在充分研究材料消耗规律的基础上制定。科学的材料消耗定额应当是材料消耗规律的正确反映。材料消耗定额的制定方法有:观察法、实验法、统计法、理论计算法等。

(1)观察法。观察法是指通过对园林绿化工程实际施工进行现场观察和测定,并对所完成的园林绿化工程施工产品数量与所消耗的材料数量进行分析、整理和计算确定园林施工材料损耗的方法。

观测前要充分做好各项准备工作,如选择典型的工程项目、确定工人操作技术水平、检验材料的品种、规格和质量是否符合设计要求,检查量具、衡具和运输工具是否符合标准等。最后还要对完成的产品进行质量验收,必须达到合格要求。选择观察对象应具有代表性,以保证观察法的准确性和合理性。

(2)实验法。实验法是指在实验室或施工现场内对测定资料进行材料试验,通过整理计算制定材料消耗定额的方法。此法适用于测定混凝土、砂浆、沥青膏、油漆涂料等材料的消耗定额。这种方法测定的数据精确度高。但这种方法不一定能充分估计到施工过程中的某些因素对材料消耗量的影响,因此往往还需作适当调整。

(3)统计法。统计法是指通过对各类已完园林绿化工程分部分项工程拨付工程材料数量,竣工后的工程材料剩余数量和完成园林绿化工程产品数量的统计、分析研究、计算确定目标工程材料消耗定额的方法。

采用统计法时,必须保证统计和测算的材料消耗量与完成相应产品的一致性,以确保统计资料的真实性。

统计法简便易行,但不能分清材料消耗的性质,即不能分别确定材料净用量和损耗量。

(4)理论计算法。理论计算法是指根据工程施工图所确定的构件类型和其他技术资料,用理论计算公式计算确定材料消耗定额的方法。

此法适用于不易损耗、废品容易确定的各种材料消耗量的计算。

4. 周转性材料消耗量

周转性材料在施工过程中不同于通常的一次性消耗材料,可以多次周转使用,经过修理、补充才逐渐消耗尽的材料。如:模板、钢板桩、脚手架等,实际上周转性材料也可作为一种施工工具和措施。在编制材料消耗定额时,应按多次使用、分次摊销的办法确定。

周转性材料消耗的定额量是指每使用一次摊销的数量,其计算必须考虑一次使用量、周转使用量、回收价值和摊销量之间的关系。

(1)一次使用量是指周转性材料一次使用的基本量,即一次投入量。周转性材料的一次使用量根据施工图计算,其用量与各分部分项工程部位、施工工艺和施工方法有关。

(2)周转使用量是指周转性材料在周转使用和补损的条件下,每周转一次的平均需用量,根据一定的周转次数和每次周转使用的损耗量等因素来确定。

1)周转次数是指周转性材料从第一次使用起可重复使用的次数。周转次数与不同的周转性材料、使用的工程部位、施工方法及操作技术有关。正确规定周转次数,对准确计算用料,加强周转性材料管理和经济核算起重要作用。

2)损耗量是周转忹材料使用一次后由于损坏而需补损的数量,故在周转性材料中又称"补损量",按一次使用量的百分数计算。该百分数即为损耗率。

(3)周转回收量是指周转性材料在周转使用后除去损耗部分的剩余数量,即尚可以回收的数量。

(4)周转性材料摊销量是指完成一定计量单位产品,一次消耗周转性材料的数量。其计算公式如下:

$$材料的摊销量=一次使用量\times 摊销系数 \qquad (2\text{-}37)$$

其中:

$$一次使用量=材料的净用量\times(1-材料损耗率) \qquad (2\text{-}38)$$

$$摊销系数 = \frac{周转使用系数-[(1-损耗率)\times 回收价值率]}{周转次数\times 100\%} \quad (2\text{-}39)$$

$$周转使用系数 = \frac{(周转次数-1)\times 损耗率}{周转次数\times 100\%} \quad (2\text{-}40)$$

$$回收价值率 = \frac{一次使用量\times(1-损耗率)}{周转次数\times 100\%} \quad (2\text{-}41)$$

第五节 企 业 定 额

一、企业定额的概念

企业定额是企业根据自身的经营范围、技术水平和管理水平,在一定时期内完成单位合格产品所必需的人工、材料、施工机械的消耗量以及其他生产经营要素消耗的数量标准。

企业定额反映企业的施工生产与生产消费之间的数量关系,是施工企业生产力水平的体现,每个企业均应拥有反映自己企业能力的企业定额。企业定额是施工企业进行施工管理和投标报价的基础和依据,因此,企业定额是企业的商业秘密,是企业参与市场竞争的核心竞争能力的具体表现。

二、企业定额的表现形式

企业定额的构成及表现形式因企业的性质不同、取得资料的详细程度不同、编制的目的不同、编制的方法不同而不同。其构成及表现形式主要有以下几种:

(1)企业劳动定额。

(2)企业材料消耗定额。

(3)企业机械台班消耗定额。

(4)企业施工定额。

(5)企业定额估价表。

(6)企业定额标准。

(7)企业产品出厂价格。

(8)企业机械台班租赁价格。

三、企业定额的特点与性质

1. 企业定额的特点

(1)管理优胜性。其编制过程与依据可以表现企业局部或全面管理方面的特长和优势。

(2)水平先进性。其人工、材料、机械台班及其他各项消耗应低于社会平均劳动消耗量,才能保证企业在竞争中取得先机。

(3)技术优势性。其内容必须体现企业自身在技术方面的特点和优势。

(4)价格动态性。其价格应反映企业在市场操作过程中能取得的实际价格。

2. 企业定额的性质

企业定额是施工企业内部管理的定额。企业定额影响范围涉及企业内部管理的方方面面,包括企业生产经营活动的计划、组织、协调、控制和指挥等各个环节。企业应根据本企业的具体条件和可能挖掘的潜力、市场的需求和竞争环境,根据国家有关政策、法律和规范、制度,自行编制定额,自行决定定额的水平,当然允许与同类企业和同一地区的企业之间存在定额水平的差距。

四、企业定额的作用

(1)企业定额在企业计划管理方面的作用,表现在其既是企业编制施工组织设计的依据,也是企业编制施工作业计划的依据。

施工组织设计是指导拟建工程进行施工准备和施工生产的技术经济文件,其基本任务是根据招标文件及合同协议的规定,确定出经济合理的施工方案,在人力和物力、时间和空间、技术和组织上对拟建工程做出最佳的安排。施工作业计划则是根据企业的施工计划、拟建工程的施工组织设计和现场实际情况编制的。这些计划的编制必须依据施工定额。因为施工组织设计包括三部分内容:即资源需用量、使用这些资源的最佳时间安排和平面规划。施工中实物工作量和资源需要量的计算均要以施工定额的分项和计量单位为依据。施工作业计划是施工单位计划管理的中心环节,编制时也要用施工定额进行劳动力、施工机械和运输力量的平衡;计算材料、构件等分期需用量和供应时间;计算实物工程量和安排施工形象进度。

(2)企业定额在合理低价中标中的作用。在工程招投标活动中,有些招标单位采用合理低价中标法选择承包方占的比重很大,评标中规定:除承包方资信、施工方案满足招标工程要求外,工程投标报价将作为主要竞争内容,应选择合理低价的单位为中标单位。

企业在参加投标时,首先根据企业定额进行工程成本预测,通过优化施工组织设计和高效的管理,将竞争费用中的工程成本降到最低,从而确定工程最低成本价;其次依据测定的最低成本价,结合企业内外部客观条件、所获得的利润等报出企业能够承受的合理最低价,从而可避免盲目降价使得报价低于工程成本中标,造成亏损的现象。

国外许多工程招标均采用合理低价法,企业定额也可作为企业参与国外工程项目投标报价的依据。

(3)企业定额是企业激励工人的条件。激励在实现企业管理目标中占有重要位置。所谓激励,就是采取某些措施激发和鼓励员工在工作中的积极性和创造性。行为科学者研究表明,如果职工受到充分的激励,其能力可发挥80%~90%,如果缺少激励,仅仅能够发挥出20%~30%的能力。但激励只有在满足人们某种需要的情形下才能起到作用。完成和超额完成定额,不仅能获取更多的工资报酬以满足生理需要,而且也能满足自尊和获取他人(社会)认同的需要,并且进一步满足尽可能发挥个人潜力以实现自我价值的需要。如果没有企业定额这种标准尺度,实现以上几个方面的激励就缺少必要的手段。

(4)企业定额在企业管理中的作用。施工企业项目成本管理是指施工企业对项目发生的实际成本通过预测、计划、核算、分析、考核等一系列活动,在满足工程质量和工期的条件不采取有效的措施,不断降低成本,达到成本控制的预期目标。

在企业日常管理中,以企业定额为基础,通过对项目成本预测、过程控制和目标考核的实施,可以核算实际成本与计划成本的差额,分析原因,总结经验,不断促进和提升企业的总体管理水平,同时这些管理办法的实施也对企业定额的修改和完善起着重要的作用。所以企业应不断积累各种结构形式下成本要素的资料,逐步形成科学合理,且能代表企业综合实力的企业定额体系。

企业定额是企业综合实力和生产、工作效率的综合反映。企业综合效率的不断增长,还依赖于企业营销与管理艺术和技术的不断进步,反过来又会推动企业定额水平的不断提高,形成良性循环,企业的综合实力也会不断地发展和进步。

(5)企业定额有利于园林市场健康和谐发展。施工企业的经营活动应通过项目的承建,谋求质量、工期、信誉的最优化。只有这样,企业才能走向良性循环的发展道路,园林业才能走向可持续发展的道路。企业定额的应用,使得企业在市场竞争中按实际消耗水平报价。这就避免了施工企业为了在竞标中取胜,无节制地压价、降价,造成企业亏损、发展滞后现象的发生,也避免了业主在招标中的腐败行为。在我国现阶段园林业从计划经济向市场经济转变的时期,企业定额的编制和使用一定会对规范发包、承包行为和建筑业的可持续发展,产生深远和重大的影响。

企业定额适应了我国工程造价管理体系和管理制度的变革,是实现工程造价管理改革最终目标不可或缺的一个重要环节。以各自的企业定额为基础按市场价格做出报价,能真实地反映出企业成本的差异,在施工企业之间形成有主序的竞争,从而真正达到市场形成价格的目的。因此,可以说企业定额的编制和运用是我国工程造价领域改革关键而重要的一步。

五、企业定额的编制原则

1. 先进性原则

我国现行园林绿化工程定额的水平是以正常的施工条件,多数园林施工企业的施工机械装备程度,合理的施工工期、施工工艺、劳动组织为基础的,反映了社会平均消耗水平标准;而企业定额水平反映的是一定的生产经营范围内、在特定的管理模式和正常的施工条件下,某一施工企业的项目管理部经合理组织、科学安排后,生产者经过努力能够达到和超过的水平。

贯彻平均先进性原则,首先,要考虑那些已经成熟并得到推广的先进技术和先进经验。但对于那些尚不成熟,或已经成熟尚未普遍推广的先进技术,暂时还不能作为确定定额水平的依据;其次,对于原始资料和数据要加以整理,剔除个别的、偶然的、不合理的数据,尽可能使计算数据具有实践性和可靠性;再次,要选择正常的施工条件,行之有效的技术方案和劳动组织、组织合理的操作方法,作为确定定额水平的依据;最后,从实际出发,综合考虑影响定额水平的有利和不利因素(包括社会因素),这样才不致使定额水平脱离现实。

2. 适用性原则

企业定额作为企业投标报价和工程项目成本管理的依据,在编制企业定额时,应根据企业的经营范围、管理水平、技术实力等合理地进行定额的选项及其内容的确定。简明适用性原则,要求施工定额内容要能满足组织施工生产和计算工人劳动报酬等多种需要。同时,又要简单明了,容易掌握,便于查阅,便于计算,便于携带。

在编制选项思路上,应与国家计量规范中的项目编码、项目名称、计量单位等保持一致和衔接,这样既有利于满足清单模式下报价组价的需要,也有利于借助国家规范尽快建立自己的定额标准,更有利于企业个别成本与社会平均成本的比较分析。对影响工程造价主要、常用的项目,在选项上应比传统预算定额详尽具体。贯彻简明适用性原则,要努力使企业定额达到项目齐全、粗细恰当、布置合理的效果。

3. 量价分离的原则

企业定额中形成工程实体的项目实行固定量、浮动价和规定费的动态管理计价方式。企业定额中的消耗量在一定条件下是相对固定的,但不是绝对不变的,企业发展的不同阶段企业定额中有不同的定额消耗量与之相适应,同时企业定额中的人工、材料、机械价格以当时市场价格计入;组织措施费根据企业内部有关费用的相关规定、具体施工组织设计及现场发生的相关费用进行确定;技术措施性费用项目(如脚手架、模板工程等)应以固定量、不计价的不完全价格形式表现,这类项目在具体工程项目中可根据工程的不同特点和具体施工方案,确定一次投入量和使用期进行计价。

4. 独立自主编制原则

施工企业作为具有独立法人地位的经济实体,应根据企业的具体情况和要求,结合政府的技术政策和产业导向,以企业盈利为目标,自主地制定企业定额。在推行工程量清单计价的环境下,应注意在计算规则、项目划分和计量单位等方面与国家相关规定保持衔接。

国家计量规范确定了工程量清单计价的原则、方法和必须遵守的规则,包括统一了项目编码、项目名称、计量单位、工程量计算规则等。留给企业自主报价,参与市场竞争的空间,将属于企业性质的施工方法、施工措施和人工、材料、机械的消耗水平、取费等由企业根据自身和市场情况来确定,给予企业充分选择的权利。

5. 动态性原则

当前园林市场新材料、新工艺层出不穷,施工机具及人工市场变化也日新月异,同时,企业作为独立的法人盈利实体,其自身的技术水平在逐步提高,生产工艺在不断改进,企业的管理水平也在不断提升。因此,企业定额应与企业实时的技术水平、管理水平和价格管理体系保持同步,应当随着企业的发展而不断得到补充和完善。

六、企业定额的编制依据

(1)国家的有关法律、法规,政府的价格政策,现行劳动保护法律、法规。

(2)现行的施工及验收规范、安全技术操作规程、国家设计规范。

(3)现行定额,工程量计算规则。

(4)现行的全国通用建筑标准设计图集、安装工程标准安装图集、定型设计图纸、具有代表性的设计图纸、地方建筑配件通用图集和地方结构构件通用图集,并根据上述资料计算工程量,作为编制定额的依据。

(5)有关建筑安装工程的科学实验、技术测定和经济分析数据。

(6)高新技术、新型结构、新研制的建筑材料和新的施工方法等。

(7)现行人工工资标准和地方材料预算价格。

(8)现行机械效率、寿命周期和价格;机械台班租赁价格行情。

七、企业定额的组成

(1)工程实体消耗定额。即构成工程实体的分部(项)工程的工、料、机的定额消耗量。实体消耗量就是构成工程实体的人工、材料、机械的消耗量。其中,人工消耗量要根据企业工程的操作水平确定;材料消耗量不仅包括施工过程中的净消耗量,还应包括施工损耗;机械消耗量应考虑机械的损耗率。

(2)施工取费定额。即由某一自变量为计算基础的,反映专项费用企业必要劳动量水平的百分率或标准。施工取费定额一般由计费规则、计价程序、取费标准及相关说明等组成。各种取费标准,是为施工准备、组织施工生产和管理所需的各项费用标准。如企业管理人员的工资、各种基金、保险费、办公费、工会经费、财务经费、经常费用等。同时,也包括利润与按有关规定计算的规费和税金。

(3)措施性消耗定额。即除定额分项工程项目内容以外,为保证工程项目施工,发生于该工程施工前和施工过程中非工程实体项目的消耗量或费用开支。

(4)企业工期定额。即由施工企业根据以往完成工程的实际积累参考全国统一工期定额制定的工程项目施工消耗的时间标准。

第三章　园林绿化工程定额计价

第一节　园林绿化工程定额计价概述

一、园林绿化工程定额计价的概念

1. 园林绿化工程计价概念

园林绿化工程计价是指园林绿化工程项目的建造所需花费的全部费用。

园林绿化工程项目受季节性、区域性影响大，又要具有极强的艺术观赏性，每一个项目实物形态不同、构造结构各异，加之需要经历从策划、规划、设计到施工、养护、验收等各个阶段，历时较长、多方参与，这就有必要对每一个园林建设项目的工程计价进行合理规划、严密组织、精心计量、主动控制，即对园林绿化工程的全过程、全方位进行计量和计价管理。

2. 园林绿化工程定额计价法

定额是造价管理部门根据社会平均水平确定的完成一件合格产品所消耗的各种活劳动和物化劳动的数量标准。根据一个工程的设计图纸、施工组织设计、工程量计算规则等来计算工程量，再套用概预算定额以及相应的费用定额汇总而成的价格，这种计价方法就是应用定额计价法确定的工程造价。

二、园林绿化工程定额计价的程序

以定额单价法确定工程造价，实际上是国家通过颁布统一的估算指标、概算指标，以及概算、预算和有关定额，来对工程产品价格进行有计划的管理。国家以假定的工程产品为对象，制定统一的预算和概算定额。计算出每一单元子项的费用后，再综合形成整个工程的价格。工程计价的基本程序如图 3-1 所示。

从图 3-1 中可以看出，编制园林绿化工程造价最基本的过程有两个：工程量计算和工程计价。为统一口径，工程量的计算均按照统一的项目划分和工程量计算规则计算。工程量确定以后，就可以按照一定的方法

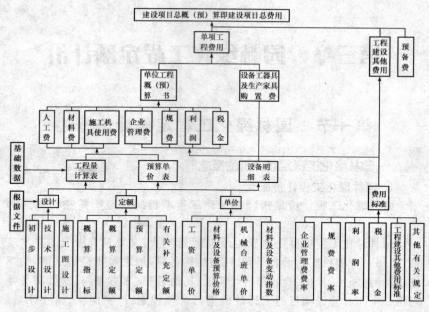

图 3-1　工程造价定额计价程序示意图

确定出工程的成本及盈利,最终就可以确定出园林绿化工程预算造价(或投标报价)。定额计价方法的特点就是一个量与价结合的问题。概预算的单位价格的形成过程,就是依据概预算定额所确定的消耗量乘以定额单价或市场价,经过不同层次的计算达到量与价的最优结合过程。

第二节　园林绿化工程设计概算

一、园林绿化设计概算的内容

设计概算是初步设计概算的简称,是指在初步设计或扩大初步设计阶段,由设计单位根据初步设计图纸、定额、指标、其他工程费用定额等,对工程投资进行的概略计算,这是初步设计文件的重要组成部分,是确定工程设计阶段的投资的依据,经过批准的设计概算是控制工程建设投资的最高限额。设计概算分为三级概算,即单位工程概算、单项工程综合概算、建设项目总概算。设计概算的编制内容及相互关系如图 3-2 所示。

第三章 园林绿化工程定额计价

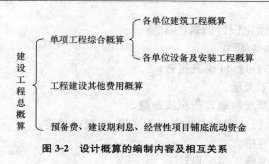

图 3-2 设计概算的编制内容及相互关系

二、园林绿化设计概算的作用

(1)设计概算是确定建设项目、各单项工程及各单位工程投资的依据。按照规定报请有关部门或单位批准的初步设计及总概算,一经批准即作为建设项目静态总投资的最高限额,不得任意突破,必须突破时须报原审批部门(单位)批准。

(2)设计概算是编制投资计划的依据。计划部门根据批准的设计概算编制建设项目年固定资产投资计划,并严格控制投资计划的实施。若建设项目实际投资数额超过了总概算,那么必须在原设计单位和建设单位共同提出追加投资的申请报告基础上,经上级计划部门审核批准后,方能追加投资。

(3)设计概算是进行拨款和贷款的依据。银行根据批准的设计概算和年度投资计划,进行拨款和贷款,并严格实行监督控制。对超出概算的部分,未经计划部门批准,银行不得追加拨款和贷款。

(4)设计概算是实行投资包干的依据。在进行概算包干时,单项工程综合概算及建设项目总概算是投资包干指标商定和确定的基础,尤其经上级主管部门批准的设计概算或修正概算,是主管单位和包干单位签订包干合同,控制包干数额的依据。

(5)设计概算是考核设计方案的经济合理性和控制施工图预算的依据。设计单位根据设计概算进行技术经济分析和多方案评价,以提高设计质量和经济效果。同时保证施工图预算在设计概算的范围内。

(6)设计概算是进行各种施工准备、设备供应指标、加工订货及落实各项技术经济责任制的依据。

(7)设计概算是控制项目投资,考核建设成本,提高项目实施阶段工程管理和经济核算水平的必要手段。

三、园林绿化设计概算的编制

(一)编制依据

(1)批准的可行性研究报告。
(2)设计工程量。
(3)项目涉及的概算指标或定额。
(4)国家、行业和地方政府有关法律、法规或规定。
(5)资金筹措方式。
(6)正常的施工组织设计。
(7)项目涉及的设备、材料供应及价格。
(8)项目的管理(含监理)、施工条件。
(9)项目所在地区有关的气候、水文、地质地貌等自然条件。
(10)项目所在地区有关的经济、人文等社会条件。
(11)项目的技术复杂程度,以及新技术、专利使用情况等。
(12)有关文件、合同、协议等。

(二)设计概算文件组成

(1)三级编制(总概算、综合概算、单位工程概算)形式设计概算文件的组成:

1)封面、签署页及目录;
2)编制说明;
3)总概算表;
4)其他费用表;
5)综合概算表;
6)单位工程概算表;
7)附件:补充单位估价表。

(2)二级编制(总概算、单位工程概算)形式设计概算文件的组成:

1)封面、签署页及目录;
2)编制说明;
3)总概算表;
4)其他费用表;
5)单位工程概算表;
6)附件:补充单位估价表。

(三)建设项目总概算及单项工程综合概算的编制

(1)概算编制说明应包括以下主要内容:

1)项目概况:简述建设项目的建设地点、设计规模、建设性质(新建、扩建或改建)、工程类别、建设期(年限)、主要工程内容、主要工程量、主要工艺设备及数量等。

2)主要技术经济指标:项目概算总投资(有引进的给出所需外汇额度)及主要分项投资、主要技术经济指标(主要单位工程投资指标)等。

3)资金来源:按资金来源不同渠道分别说明,发生资产租赁的说明租赁方式及租金。

4)编制依据,参见上述"(一)编制依据"。

5)其他需要说明的问题。

6)总说明附表:

①建筑、安装工程工程费用计算程序表;

②引进设备、材料清单及从属费用计算表;

③具体建设项目概算要求的其他附表及附件。

(2)总概算表。概算总投资由工程费用、其他费用、预备费及应列入项目概算总投资中的几项费用组成:

第一部分　工程费用;

第二部分　其他费用;

第三部分　预备费;

第四部分　应列入项目概算总投资中的几项费用:

①建设期利息;

②固定资产投资方向调节税;

③铺底流动资金。

(3)第一部分　工程费用。按单项工程综合概算组成编制,采用二级编制的按单位工程概算组成编制。

1)市政民用建设项目一般排列顺序:主体建(构)筑物、辅助建(构)筑物、配套系统。

2)工业建设项目一般排列顺序:主要工艺生产装置、辅助工艺生产装置、公用工程、总图运输、生产管理服务性工程、生活福利工程、厂外工程。

(4)第二部分　其他费用。一般按其他费用概算顺序列项,具体见下述"(四)其他费用、预备费、专项费用概算编制"。

(5)第三部分　预备费。包括基本预备费和价差预备费,具体见下述"(四)其他费用、预备费、专项费用概算编制"。

(6)第四部分 应列入项目概算总投资中的几项费用。一般包括建设期利息、铺底流动资金、固定资产投资方向调节税(暂停征收)等,具体见下述"(四)其他费用、预备费、专项费用概算编制"。

(7)综合概算以单项工程所属的单位工程概算为基础,采用"综合概算表"进行编制,分别按各单位工程概算汇总成若干个单项工程综合概算。

(8)对单一的、具有独立性的单项工程建设项目,按二级编制形式编制,直接编制总概算。

(四)其他费用、预备费、专项费用概算编制

(1)一般建设项目其他费用包括建设用地费、建设管理费、勘察设计费、可行性研究费、环境影响评价费、劳动安全卫生评价费、场地准备及临时设施费、工程保险费、联合试运转费、生产准备及开办费、特殊设备安全监督检验费、市政公用设施建设及绿化补偿费、引进技术和引进设备材料其他费、专利及专有技术使用费、研究试验费等。

1)建设管理费。

①以建设投资中的工程费用为基数乘以建设管理费费率计算。即:

建设管理费=工程费用×建设管理费费率

②工程监理是受建设单位委托的工程建设技术服务,属建设管理范畴。如采用监理,建设单位部分管理工作量会转移至监理单位。监理费应根据委托的监理工作范围和监理深度在监理合同中商定或按当地或所属行业部门有关规定计算。

③如建设管理采用工程总承包方式,其总包管理费由建设单位与总包单位根据总包工作范围在合同中商定,从建设管理费中支出。

④改扩建项目的建设管理费费率应比新建项目适当降低。

⑤建设项目建成后,应及时组织验收,移交生产或使用。已超过批准的试运行期,并已符合验收条件但未及时办理竣工验收手续的建设项目,视同项目已交付生产,其费用不得从基建投资中支付,所实现的收入作为生产经营收入,不再作为基建收入。

2)建设用地费。

①根据征用建设用地面积、临时用地面积,按建设项目所在省、市、自治区人民政府制定颁发的土地征用补偿费、安置补助费标准和耕地占用税、城镇土地使用税标准计算。

②建设用地上的建(构)筑物如需迁建,其迁建补偿费应按迁建补偿

协议计列或按新建同类工程造价计算。

③建设项目采用"长租短付"方式租用土地使用权,在建设期间支付的租地费用计入建设用地费,在生产经营期间支付的土地使用费应进入营运成本中核算。

3)可行性研究费。

①依据前期研究委托合同计列,或参照《国家计委关于印发〈建设项目前期工作咨询收费暂行规定〉的通知》(计投资〔1999〕1283号)规定计算。

②编制预可行性研究报告参照编制项目建议书收费标准并可适当调增。

4)研究试验费。

①按照研究试验内容和要求进行编制。

②研究试验费不包括以下项目:

a. 应由科技三项费用(即新产品试制费、中间试验费和重要科学研究补助费)开支的项目。

b. 应在建筑安装费用中列支的施工企业对建筑材料、构件和建筑物进行一般鉴定、检查所发生的费用及技术革新的研究试验费。

c. 应由勘察设计费或工程费用中开支的项目。

5)勘察设计费。依据勘察设计委托合同计列,或参照原国家计委、建设部《关于发布〈工程勘察设计收费管理规定〉的通知》(计价格〔2002〕10号)规定计算。

6)环境影响评价及验收费、水土保持评价及验收费、劳动安全卫生评价及验收费。环境影响评价及验收费依据委托合同计列,或按照原国家计委、国家环境保护总局《关于规范环境影响咨询收费有关问题的通知》(计价格〔2002〕125号)规定及建设项目所在省、市、自治区环境保护部门有关规定计算;水土保持评价及验收费、劳动安全卫生评价及验收费依据委托合同以及按照国家和建设项目所在省、市、自治区劳动和国土资源等行政部门规定的标准计算。

7)职业病危害评价费等。依据职业病危害评价、地震安全性评价、地质灾害评价委托合同计列,或按照建设项目所在省、市、自治区有关行政部门规定的标准计算。

8)场地准备及临时设施费。

①场地准备及临时设施费应尽量与永久性工程统一考虑。建设场地的大型土石方工程应进入工程费用中的总图运输费用中。

②新建项目的场地准备和临时设施费应根据实际工程量估算,或按工程费用的比例计算。改扩建项目一般只计拆除清理费。即:

场地准备和临时设施费＝工程费用×费率＋拆除清理费

③发生拆除清理费时可按新建同类工程造价或主材费、设备费的比例计算。凡可回收材料的拆除工程采用以料抵工方式冲抵拆除清理费。

④此项费用不包括已列入建筑安装工程费用中的施工单位临时设施费用。

9)引进技术和引进设备其他费。

①引进项目图纸资料翻译复制费:根据引进项目的具体情况计列或按引进货价(FOB)的比例估列;引进项目发生备品备件测绘费时按具体情况估列。

②出国人员费用:依据合同或协议规定的出国人次、期限以及相应的费用标准计算。生活费按照财政部、外交部规定的现行标准计算,旅费按中国民航公布的票价计算。

③来华人员费用:依据引进合同或协议有关条款及来华技术人员派遣计划进行计算。来华人员接待费用可按每人次费用指标计算。引进合同价款中已包括的费用内容不得重复计算。

④银行担保及承诺费:应按担保或承诺协议计取。投资估算和概算编制时可以担保金额或承诺金额为基数乘以费率计算。

⑤引进设备材料的国外运输费、国外运输保险费、关税、增值税、外贸手续费、银行财务费、国内运杂费、引进设备材料国内检验费等,按照引进货价(FOB 或 CIF)计算后进入相应的设备、材料费中。

⑥单独引进软件,不计关税只计增值税。

10)工程保险费。

①不投保的工程不计取此项费用。

②不同的建设项目可根据工程特点选择投保险种,根据投保合同计列保险费用。编制投资估算和概算时可按工程费用的比例估算。

③不包括已列入施工企业管理费中的施工管理用财产、车辆保险费。

11)联合试运转费。

①不发生试运转或试运转收入大于(或等于)费用支出的工程,不列此项费用。

②当联合试运转收入小于试运转支出时:

联合试运转费＝联合试运转费用支出－联合试运转收入

③联合试运转费不包括应由设备安装工程费用开支的调试及试车费用,以及在试运转中暴露出来的因施工原因或设备缺陷等发生的处理费用。

④试运行期按照以下规定确定:引进国外设备项目按建设合同中规定的试运行期执行;国内一般性建设项目试运行期原则上按照批准的设计文件所规定的期限执行。个别行业的建设项目试运行期需要超过规定试运行期的,应报项目设计文件审批机关批准。试运行期一经确定,各建设单位应严格按规定执行,不得擅自缩短或延长。

12)特殊设备安全监督检验费。按照建设项目所在省、市、自治区安全监察部门的规定标准计算。无具体规定的,在编制投资估算和概算时可按受检设备现场安装费的比例估算。

13)市政公用设施费。按工程所在地人民政府规定标准计列;不发生或按规定免征项目不计算。

14)专利及专有技术使用费。

①按专利使用许可协议和专有技术使用合同的规定计列。

②专有技术的界定应以省、部级鉴定批准为依据。

③项目投资中只计需要在建设期支付的专利及专有技术使用费。协议或合同规定在生产支付的使用费应在生产成本中核算。

④一次性支付的商标权、商誉及特许经营权费按协议或合同规定计列。协议或合同规定在生产期支付的商标权或特许经营权费应在生产成本中核算。

⑤为项目配套的专用设施投资,包括专用铁路线、专用公路、专用通信设施、变送电站、地下管道、专用码头等,如由项目建设单位负责投资但产权不归属本单位的,应作无形资产处理。

15)生产准备及开办费。

①新建项目按设计定员为基数计算,改扩建项目按新增设计定员为基数计算:

生产准备费＝设计定员×生产准备费用指标(元/人)

②可采用综合的生产准备费用指标进行计算,也可以按费用内容的分类指标计算。

(2)引进工程其他费用中的国外技术人员现场服务费、出国人员旅费和生活费折合人民币列入,用人民币支付的其他几项费用直接列入其他费用中。

(3)预备费包括基本预备费和价差预备费,基本预备费以总概算第一部分"工程费用"和第二部分"其他费用"之和为基数的百分比计算;价差预备费一般按下式计算:

$$P = \sum_{t=1}^{n} I_t \left[(1+f)^m (1+f)^{0.5} (1+f)^{t-1} - 1 \right]$$

式中　P——价差预备费;
　　　n——建设期(年)数;
　　　I_t——建设期第 t 年的投资;
　　　f——投资价格指数;
　　　t——建设期第 t 年;
　　　m——建设前年数(从编制概算到开工建设年数)。

(4)应列入项目概算总投资中的几项费用。

1)建设期利息:根据不同资金来源及利率分别计算。

$$Q = \sum_{j=1}^{n} (P_{j-1} + A_j/2) i$$

式中　Q——建设期利息;
　　　P_{j-1}——建设期第($j-1$)年末贷款累计金额与利息累计金额之和;
　　　A_j——建设期第 j 年贷款金额;
　　　i——贷款年利率;
　　　n——建设期年数。

2)铺底流动资金按国家或行业有关规定计算。

3)固定资产投资方向调节税(暂停征收)。

(五)单位工程概算的编制

(1)单位工程概算是编制单项工程综合概算(或项目总概算)的依据,单位工程概算项目根据单项工程中所属的每个单体按专业分别编制。

(2)单位工程概算一般分建筑工程、设备及安装工程两大类,建筑工程单位工程概算按下述(3)的要求编制,设备及安装工程单位工程概算按下述(4)的要求编制。

(3)建筑工程单位工程概算。

1)建筑工程概算费用内容及组成见建标〔2013〕44 号《建筑安装工程费用项目组成》。

2)建筑工程概算要采用"建筑工程概算表"编制,按构成单位工程的主要分部分项工程编制,根据初步设计工程量按工程所在省、市、自治区颁发的概算定额(指标)或行业概算定额(指标),以及工程费用定额计算。

3)对于通用结构建筑可采用"造价指标"编制概算;对于特殊或重要的建(构)筑物,必须按构成单位工程的主要分部分项工程编制,必要时结合施工组织设计进行详细计算。

(4)设备及安装工程单位工程概算。

1)设备及安装工程概算费用由设备购置费和安装工程费组成。

2)设备购置费。

定型或成套设备费＝设备出厂价格＋运输费＋采购保管费

引进设备费用分外币和人民币两种支付方式,外币部分按美元或其他国际主要流通货币计算。

非标准设备原价有多种不同的计算方法,如综合单价法、成本计算估价法、系列设备插入估价法、分部组合估价法、定额估价法等。一般采用不同种类设备综合单价法计算,计算公式为:

$$设备费 = \sum 综合单价(元/吨) \times 设备单重(吨)$$

工、器具及生产家具购置费一般以设备购置费为计算基数,按照部门或行业规定的工具、器具及生产家具费率计算。

3)安装工程费。安装工程费用内容组成,以及工程费用计算方法见建标〔2013〕44 号《建筑安装工程费用项目组成》。其中,辅助材料费按概算定额(指标)计算,主要材料费以消耗量按工程所在地当年预算价格(或市场价)计算。

4)引进材料费用计算方法与引进设备费用计算方法相同。

5)设备及安装工程概算采用"设备及安装工程概算表"形式,按构成单位工程的主要分部分项工程编制,要据初步设计工程量按工程所在省、市、自治区颁发的概算定额(指标)或行业概算定额(指标),以及工程费用定额计算。

6)概算编制深度可参照《建设工程工程量清单计价规范》(GB 50500—2013)深度执行。

(5)当概算定额或指标不能满足概算编制要求时,应编制"补充单位估价表"。

(六)调整概算的编制

(1)设计概算批准后一般不得调整。由于特殊原因需要调整概算时,由建设单位调查分析变更原因,报主管部门审批同意后,由原设计单位核实编制、调整概算,并按有关审批程序报批。

(2)调整概算的原因。

1)超出原设计范围的重大变更;

2)超出基本预备费规定范围内不可抗拒的重大自然灾害引起的工程变动和费用增加;

3)超出工程造价调整预备费的国家重大政策性的调整。

(3)影响工程概算的主要因素已经清楚,工程量完成了一定量后方可进行调整,一个工程只允许调整一次概算。

(4)调整概算编制深度与要求、文件组成及表格形式同原设计概算,调整概算还应对工程概算调整的原因做详尽分析说明,所调整的内容在调整概算总说明中要逐项与原批准概算对比,并编制调整前后概算对比表,分析主要变更原因。

(5)在上报调整概算时,应同时提供有关文件和调整依据。

(七)设计概算文件的编制程序和质量控制

(1)设计概算文件编制的有关单位应当一起制定编制原则、方法,以及确定合理的概算投资水平,对设计概算的编制质量、投资水平负责。

(2)项目设计负责人和概算负责人对全部设计概算的质量负责;概算文件编制人员应参与设计方案的讨论;设计人员要树立以经济效益为中心的观念,严格按照批准的工程内容及投资额度设计,提出满足概算文件编制深度的技术资料;概算文件编制人员对投资的合理性负责。

(3)概算文件需要经编制单位自审,建设单位(项目业主)复审,工程造价主管部门审批。

(4)概算文件的编制与审查人员必须具有国家注册造价工程师资格,或者具有省市(行业)颁发的造价员资格证,并根据工程项目大小按持证专业承担相应的编审工作。

(5)各造价协会(或者行业)、造价主管部门可根据所主管的工程特点制定概算编制质量的管理办法,并对编制人员采取相应的措施进行考核。

四、园林绿化设计概算的审查

1. 设计概算审查的内容

(1)审查设计概算的编制依据。包括国家综合部门的文件,国务院主管部门和各省、市、自治区根据国家规定或授权制定的各种规定及办法,以及建设项目的设计文件等重点审查。

1)审查编制依据的合法性。采用的各种编制依据必须经过国家或授权机关的批准,符合国家的编制规定,未经批准的不能采用。也不能强调情况特殊,擅自提高概算定额、指标或费用标准。

2)审查编制依据的时效性。各种依据,如定额、指标、价格、取费标准等,都应根据国家有关部门的现行规定进行,注意有无调整和新的规定。有的虽然颁发时间较长,但不能全部适用;有的应按有关部门作的调整系数执行。

3)审查编制依据的适用范围。各种编制依据都有规定的适用范围,如各主管部门规定的各种专业定额及其取费标准,只适用于该部门的专业工程;各地区规定的各种定额及其取费标准,只适用于该地区的范围以内。特别是地区的材料预算价格区域性更强,如某市有该市区的材料预算价格,又编制了郊区内一个矿区的材料预算价格,如在该市的矿区建设时,其概算采用的材料预算价格,则应用矿区的价格,而不能采用该市的价格。

(2)审查概算编制深度。

1)审查编制说明。审查编制说明可以检查概算的编制方法、深度和编制依据等重大原则问题。

2)审查概算编制深度。一般大中型项目的设计概算,应有完整的编制说明和"三级概算"(即总概算表、单项工程综合概算表、单位工程概算表),并按有关规定的深度进行编制。审查是否有符合规定的"三级概算",各级概算的编制、校对、审核是否按规定签署。

3)审查概算的编制范围。审查概算编制范围及具体内容是否与主管部门批准的建设项目范围及具体工程内容一致;审查分期建设项目的建筑范围及具体工程内容有无重复交叉,是否重复计算或漏算;审查其他费用所列的项目是否都符合规定,静态投资、动态投资和经营性项目铺底流动资金是否分部列出等。

(3)审查建设规模、标准。审查概算的投资规模、生产能力、设计标准、建设用地、建筑面积、主要设备、配套工程、设计定员等是否符合原批准可行性研究报告或立项批文的标准。如概算总投资超过原批准投资估算10%以上,应进一步审查超估算的原因。

(4)审查设备规格、数量和配置。工业建设项目设备投资比重大,一般占总投资的30%~50%,要认真审查。审查所选用的设备规格、台数是否与生产规模一致,材质、自动化程度有无提高标准,引进设备是否配套、合理,备用设备台数是否适当,消防、环保设备是否计算等。还要重点审查价格是否合理、是否符合有关规定,如国产设备应按当时询价资料或有关部门发布的出厂价、信息价,引进设备应依据询价或合同价编制概算。

(5)审查工程费。建筑安装工程投资是随工程量增加而增加的,要认真审查。要根据初步设计图纸、概算定额及工程量计算规则、专业设备材料表、建构筑物和总图运输一览表进行审查,有无多算、重算、漏算。

(6)审查计价指标。审查建筑工程采用工程所在地区的计价定额、费用定额、价格指数和有关人工、材料、机械台班单价是否符合现行规定;审查安装工程所采用的专业部门或地区定额是否符合工程所在地区的市场价格水平,概算指标调整系数、主材价格、人工、机械台班和辅材调整系数是否按当地最新规定执行;审查引进设备安装费率或计取标准、部分行业专业设备安装费率是否按有关规定计算等。

(7)审查其他费用。工程建设其他费用投资约占项目总投资25%以上,必须认真逐项审查。审查费用项目是否按国家统一规定计列,具体费率或计取标准、部分行业专业设备安装费率是否按有关规定计算等。

2. 设计概算审查的方法

(1)对比分析法。对比分析法主要是通过建设规模、标准与立项批文对比;工程数量与设计图纸对比;综合范围、内容与编制方法、规定对比;各项取费与规定标准对比;材料、人工单价与市场住处对比;引进设备、技术投资与报价要求对比;技术经济指标与同类工程对比等。通过以上对比,容易发现设计概算存在的主要问题和偏差。

(2)查询核实法。查询核实法是对一些关键设备和设施、重要装置、引进工程图纸不全、难以核算的较大投资进行多方查询核对,逐项落实的方法。主要设备的市场价向设备供应部门或招标代理公司查询核实;重要生产装置、设施向同类企业(工程)查询了解;引进设备价格及有关税费向进出口公司调查落实;复杂的建安工程向同类工程的建设、承包、施工单位征求意见;深度不够或不清楚的问题直接向原概算编制人员、设计者询问清楚。

(3)联合会审法。联合会审前,可先采取多种形式分头审查,包括设计单位自审,主管、建设、承包单位初审,工程造价咨询公司评审,邀请同行专家预审,审批部门复审等,经层层审查把关后,由有关单位和专家进行联合会审。在会审上,由设计单位介绍概算编制情况及有关问题,各有关单位、专家汇报初审和预审意见。然后进行认真分析,讨论,结合对各专业技术方案的审查意见所产生的投资增减,逐一核实原概算出现的问题。经过充分协商,认真听取设计单位意见后,实事求是地处理、调整。通过以上复审后,对审查中发现的问题和偏差,按照单项、单位工程的顺序,先按设备费、安装费、建筑费和工程建设其他费用分类整理;然后按照静态投资部分、动态投资部分和铺底流动资金三大类,汇总核增或核减的项目及其投资额;最后将具体审核数据,按照"原编"、"审核结果"、"增减投资"、"增减幅度"四栏列表,并按照原总概算表汇总顺序,将增减项目逐一列出,相应调整所属项目投资合计数,再依次汇总审核后的总投资及增减投资额。对于差错较多、问题较大或不能满足要求的,责成按会审意见修改返工后,重新报批;对于无重大原则问题,深度基本满足要求,投资增减不多的,当场核定概算投资额,并提交审批部门复核后,正式下达审批概算。

3. 设计概算审查的步骤

设计概算审查是一项复杂而细致的技术经济工作,审查人员既应懂得有关专业技术知识,又应具有熟练编制概算的能力,一般情况下可按如下步骤进行:

(1)概算审查的准备。概算审查的准备工作包括了解设计概算的内容组成、编制依据和方法;了解建设规模、设计能力和工艺流程;熟悉设计图纸和说明书;掌握概算费用的构成和有关技术经济指标;明确概算各种表格的内涵;收集概算定额、概算指标、取费标准等有关规定的文件资料等。

(2)进行概算审查。根据审查的主要内容,分别对设计概算的编制依据、单位工程设计概算、综合概算、总概算进行逐级审查。

(3)进行技术经济对比分析。利用规定的概算定额或指标以及有关技术经济指标与设计概算进行分析对比,根据设计和概算列明的工程性质、结构类型、建设条件、费用构成、投资比例、占地面积、生产规模、设备数量、造价指标、劳动定员等与国内外同类型工程规模进行对比分析,从大的方面找出和同类型工程的距离,为审查提供线索。

(4)研究、定案、调整概算。对概算审查中出现的问题要在对比分析、找出差距的基础上深入现场进行实际调查研究。了解设计是否经济合理、概算编制依据是否符合现行规定和施工现场实际、有无扩大规模、多估投资或预留缺口等情况,并及时核实概算投资。对于当地没有同类型的项目而不能进行对比分析时,可向国内同类型企业进行调查,收集资料,作为审查的参考。经过会审决定的定案问题应及时调整概算,并经原批准单位下发文件。

第三节　园林绿化工程施工图预算

一、园林绿化施工图预算概述

施工图预算是由设计单位以施工图为依据，根据预算定额、费用标准以及工程所在地地区的人工、材料、施工机械设备台班的预算价格编制的，是确定建筑工程、安装工程预算造价的文件。

施工图预算的作用主要体现在以下几个方面：
(1)施工图预算是工程实行招标、投标的重要依据。
(2)施工图预算是签订建设工程施工合同的重要依据。
(3)施工图预算是办理工程财务拨款、工程贷款和工程结算的依据。
(4)施工图预算是施工单位进行人工和材料准备、编制施工进度计划、控制工程成本的依据。
(5)施工图预算是落实或调整年度进度计划和投资计划的依据。
(6)施工图预算是施工企业降低工程成本、实行经济核算的依据。

二、园林绿化施工图预算的编制

(一)园林绿化施工图预算的编制依据

(1)国家、行业、地方政府发布的计价依据、有关法律法规或规定。
(2)建设项目有关文件、合同、协议等。
(3)批准的设计概算。
(4)批准的施工图设计图纸及相关标准图集和规范。
(5)相应预算定额和地区单位估价表。
(6)合理的施工组织设计和施工方案等文件。
(7)项目有关的设备、材料供应合同、价格及相关说明书。
(8)项目所在地区有关的气候、水文、地质地貌等的自然条件。
(9)项目的技术复杂程度，以及新技术、专利使用情况等。
(10)项目所在地区有关的经济、人文等社会条件。

(二)园林绿化施工图预算的编制方法

建设项目施工图预算由总预算、综合预算和单位工程预算组成。

施工图预算总投资包含建筑工程费，设备及工、器具购置费，安装工程费，工程建设其他费用、预备费，建设期贷款利息，固定资产投资方向调节税及铺底流动资金。

1. 总预算编制

建设项目总预算由综合预算汇总而成。

总预算造价由组成该建设项目的各个单项工程综合预算以及经计算的工程建设其他费、预备费、建设期贷款利息、固定资产投资方向调节税汇总而成。

施工图总预算应控制在已批准的设计总概算投资范围以内。

2. 综合预算编制

综合预算由组成本单项工程的各单位工程预算汇总而成。

综合预算造价由组成该单项工程的各个单位工程预算造价汇总而成。

3. 单位工程预算编制

单位工程预算包括建筑工程预算和设备安装工程预算。

单位工程预算的编制应根据施工图设计文件、预算定额(或综合单价)以及人工、材料及施工机械台班等价格资料进行编制。主要编制方法有单价法和实物量法。

(1)单价法。单价法分为定额单价法和工程量清单单价法。

1)定额单价法使用事先编制好的分项工程的单位估价表来编制施工图预算的方法。

2)工程量清单单价法是指根据招标人按照国家统一的工程量计算规则提供工程数量,采用综合单价的形式计算工程造价的方法。

(2)实物量法。实物量法是依据施工图纸和预算定额的项目划分及工程量计算规则,先计算出分部分项工程量,然后套用预算定额(实物量定额)来编制施工图预算的方法。

4. 建筑工程费编制

建筑工程费用内容及组成,应符合《建筑安装工程费用项目组成》(建标〔2013〕44号)的有关规定。

建筑工程费按构成单位工程本部分项工程编制,根据设计施工图计算各分部分项工程量,按工程所在省(自治区、直辖市)或行业颁发的预算定额或单位估价表,以及建筑安装工程费用定额进行编制。

5. 安装工程费编制

安装工程费组成应符合《建筑安装工程费用项目组成》(建标〔2013〕44号)的有关规定。

安装工程费按构成单位工程的分部分项工程编制,根据设计施工图计算各分部分项工程工程量,按工程所在省(自治区、直辖市)或行业颁发的预算定额或单位估价表,以及建筑安装工程费用定额进行编制。

6. 设备及工、器具购置费组成

设备购置费由设备原价和设备运杂费构成;工、器具购置费一般以设备购置费为计算基数,按照规定的费率计算。

进口设备原价即该设备的抵岸价,引进设备费用分外币和人民币两种支付方式,外币部分按美元或其他国际主要流通货币计算。

国产标准设备原价即其出厂价,国产非标准设备原价有多种不同的计算方法,如综合单价法、成本计算估价法、系列设备插入估价法、分部组合估价法、定额估价法等。

工、器具及生产家具购置费,是指按项目初步设计要求,保证初期正常生产必须购置的没有达到固定资产标准的设备、仪器、生产家具和备品备件的购置费用。

7. 工程建设其他费用、预备费等

工程建设其他费用、预备费及应列入建设项目施工图总预算中的几项费用的计算方法与计算顺序,应参照"本章第二节三、(四)其他费用、预备费、专项费用概算编制"的相关内容编制。

8. 调整预算的编制

工程预算批准后,一般情况下不得调整。由于重大设计变更、政策性调整及不可抗力等原因造成的可以调整。

调整预算编制深度与要求、文件组成及表格形式同原施工图预算。调整预算还应对工程预算调整的原因做详尽分析说明,所调整的内容调整预算总说明中要逐项与原批准预算对比,并编制调整前后预算对比表参见《建设项目施工图预算编审规程》(CECA/GC 5—2010)附录 B,分析主要变更原因。在上报调整预算时,应同时提供有关文件和调整依据。需要进行分部工程、单位工程,人工、材料等分析的参见《建设项目施工图预算编审规程》(CECA/GC 5—2010)附录 B。

三、园林绿化施工图预算的审查

施工图预算文件的审查,应当委托具有相应资质的工程造价咨询机构进行。从事建设工程施工图预算审查的人员,应具备相应的执业(从业)资格,需在施工图预算审查文件上签署注册造价工程师执业资格专用章或造价员从业资格专用章,并出具施工图预算审查意见报告,报告要加盖工程造价咨询企业的公章和资质专用章。

(一)施工图预算审查的作用

(1)对降低工程造价具有现实意义。
(2)有利于节约工程建设资金。
(3)有利于发挥领导层、银行的监督作用。
(4)有利于积累和分析各项技术经济指标。
(5)有利于加强固定资产投资管理,节约建设资金。
(6)有利于施工承包合同价的合理确定和控制。因为,对于招标的工程,它是编制标底的依据;对于不宜招标工程,它是合同价款结算的基础。

(二)施工图预算审查的内容

审查施工图预算的重点包括:工程量计算是否准确;分部、分项单价套用是否正确;各项取费标准是否符合现行规定等方面。

(1)审查定额或单价的套用。具体审查内容包括:

1)预算中所列各分项工程单价是否与预算定额的预算单价相符;其名称、规格、计量单位和所包括的工程内容是否与预算定额一致。

2)有单价换算时应审查换算的分项工程是否符合定额规定及换算是否正确。

3)使用补充定额和单位计价表时应审查补充定额是否符合编制原则、单位计价表计算是否正确。

(2)审查其他有关费用。其他有关费用包括的内容各地不同,具体审查时应注意是否符合当地规定和定额的要求。

1)是否按本项目的工程性质计取费用、有无高套取费标准。

2)间接费的计取基础是否符合规定。

3)预算外调增的材料差价是否计取分部分项工程费、措施费,有关费用是否做了相应调整。

4)有无将不需安装的设备计取在安装工程的间接费中。

5)有无巧立名目、乱摊费用的情况。利润和税金的审查,重点应放在计取基础和费率是否符合当地有关部门的现行规定、有无多算或重算方面。

(三)施工图预算审查的步骤

(1)做好审查前的准备工作。

1)熟悉施工图纸。施工图纸是编制预算分项工程数量的重要依据,必须全面熟悉了解。一是核对所有的图纸,清点无误后,依次识读;二是参加技术交底,解决图纸中的疑难问题,直至完全掌握图纸。

2)了解预算包括的范围。根据预算编制说明,了解预算包括的工程内容。例如,配套设施、室外管线、道路以及会审图纸后的设计变更等。

3)弄清编制预算采用的单位工程估价表。任何单位估价表或预算定额都有一定的适用范围。根据工程性质,搜集熟悉相应的单价、定额资料,特别是市场材料单价和取费标准等。

(2)选择合适的审查方法,按相应内容审查。由于工程规模、繁简程度不同,施工企业情况也不同,所编工程预算繁简和质量也不同,因此,需针对情况选择相应的审查方法进行审核。

(3)综合整理审查资料,编制调整预算。经过审查,如发现有差错,需要进行增加或核减的,经与编制单位逐项核实,统一意见后,修正原施工图预算,汇总核增减量。

(四)施工图预算审查的方法

(1)逐项审查法。逐项审查法又称全面审查法,即按定额顺序或施工顺序,对各分项工程中的工程细目逐项全面详细审查的一种方法。其优点是全面、细致,审查质量高、效果好。缺点是工作量大,时间较长。这种方法适合于一些工程量较小、工艺比较简单的工程。

(2)标准预算审查法。标准预算审查法就是对利用标准图纸或通用图纸施工的工程,先集中力量编制标准预算,以此为准来审查工程预算的一种方法。按标准设计图纸或通用图纸施工的工程,一般上部结构和做法相同,只是根据现场施工条件或地质情况不同,仅对基础部分做局部改变。凡这样的工程,以标准预算为准,对局部修改部分单独审查即可,不需逐一详细审查。该方法的优点是时间短、效果好、易定案。其缺点是适用范围小,仅适用于采用标准图纸的工程。

(3)分组计算审查法。分组计算审查法就是把预算中有关项目按类别划分若干组,利用同组中的一组数据审查分项工程量的一种方法。这种方法首先将若干分部分项工程按相邻且有一定内在联系的项目进行编组,利用同组分项工程间具有相同或相近计算基数的关系,审查一个分项工程数量,由此判断同组中其他几个分项工程的准确程度。该方法特点是审查速度快、工作量小。

(4)对比审查法。对比审查法是当工程条件相同时,用已完工程的预算或未完但已经过审查修正的工程预算对比审查拟建工程的同类工程预算的一种方法。

(5)"筛选"审查法。"筛选"审查法是能较快发现问题的一种方法。建筑工程虽面积和高度不同,但其各分部分项工程的单位建筑面积指标变化却不大。将这样的分部分项工程加以汇集、优选,找出其单位建筑面积工程量、单价、用工的基本数值,归纳为工程量、价格、用工三个单方基本指标,并注明基本指标的适用范围。这些基本指标用来筛分各分部分项工程,对不符合条件的应进行详细审查,若审查对象的预算标准与基本指标的标准不符,就应对其进行调整。"筛选法"的优点是简单易懂,便于掌握,审查速度快,便于发现问题。但问题出现的原因尚需继续审查。该方法适用于审查住宅工程或不具备全面审查条件的工程。

(6)重点审查法。重点审查法就是抓住工程预算中的重点进行审核的方法。审查的重点一般是工程量大或者造价较高的各种工程、补充定额、计取的各项费用(计取基础、取费标准)等。重点审查法的优点是突出重点、审查时间短、效果好。

第四节 园林绿化工程竣工结算与决算

一、园林绿化竣工结算

(一)工程价款的主要结算方式

我国现行工程价款结算根据不同情况,可采取多种方式。

1. 按月结算

实行旬末或月中预支,月终结算,竣工后清算的方法。跨年度竣工的工程,在年终进行工程盘点,办理年度结算。我国现行建筑安装工程价款结算中,相当一部分是实行这种按月结算。

2. 竣工后一次结算

建设项目或单项工程全部建筑安装工程建设期在 12 个月以内,或者工程承包合同价值在 100 万元以下的,可以实行工程价款每月月中预支,竣工后一次结算。

3. 分段结算

当年开工,当年不能竣工的单项工程或单位工程按照工程形象进度,划分不同阶段进行结算。分段结算可以按月预支工程款。分段的划分标准,由各部门、自治区、直辖市、计划单列市规定。

4. 目标结款方式

在工程合同中,将承包工程的内容分解成不同的控制界面,以业主验收控制界面作为支付工程价款的前提条件。也就是说,将合同中的工程内容分解成不同的验收单元,当承包商完成单元工程内容并经业主(或其委托人)验收后,业主支付构成单元工程内容的工程价款。目标结款方式下,承包商要想获得工程价款,必须按照合同约定的质量标准完成界面内的工程内容;要想尽早获得工程价款,承包商必须充分发挥自己组织实施能力,在保证质量前提下,加快施工进度。这意味着承包商拖延工期时,则业主推迟付款,增加承包商的财务费用、运营成本,降低承包商的收益,客观上使承包商因延迟工期而遭受损失。同样,当承包商积极组织施工,提前完成控制界面内的工程内容,则承包商可提前获得工程价款,增加承包收益,客观上承包商因提前工期而增加了有效利润。同时,因承包商在界面内质量达不到合同约定的标准而业主不予验收,承包商也会因此而遭受损失。可见,目标结款方式实质上是运用合同手段、财务手段对工程的完成进行主动控制。目标结款方式中,对控制界面的设定应明确描述,便于量化和质量控制,同时要适应项目资金的供应周期和支付频率。

5. 结算双方约定的其他结算方式

施工企业在采用按月结算工程价款方式时,要先取得各月实际完成的工程数量,并计算出已完工程造价。实际完成的工程数量,由施工单位根据有关资料计算,并编制"已完工程月报表",然后按照发包单位编制"已完工程月报表",将各个发包单位的本月已完工程造价汇总反映。再根据"已完工程月报表"编制"工程价款结算账单",与"已完工程月报表"一起,分送发包单位和经办银行,据以办理结算。

施工企业在采用分段结算工程价款方式时,要在合同中规定工程部位完工的月份,根据已完工程部位的工程数量计算已完工程造价,按发包单位编制"已完工程月报表"和"工程价款结算账单"。

对于工期较短、能在年度内竣工的单项工程或小型建设项目,可在工程竣工后编制"工程价款结算账单",按合同中工程造价一次结算。"工程价款结算账单"是办理工程价款结算的依据。工程价款结算账单中所列应收工程款应与随同附送的"已完工程月报表"中的工程造价相符。"工程价款结算账单"除了列明应收工程款外,还应列明应扣预收工程款、预收备料款、发包单位供给材料价款等应扣款项,算出本月实收工程款。

为了保证工程按期收尾竣工,工程在施工期间,不论工程长短,其结算工程款,一般不得超过承包工程价值的95%,结算双方可以在5%的幅度内协商确定尾款比例,并在工程承包合同中订明。施工企业如已向发包单位出具履约保函或有其他保证的,可以不留工程尾款。

(二)竣工结算编制依据

(1)国家有关法律、法规、规章制度和相关的司法解释。

(2)国务院建设行政主管部门以及各省、自治区、直辖市和有关部门发布的工程造价计价标准、计价办法、有关规定及相关解释。

(3)施工发承包合同、专业分包合同及补充合同,有关材料、设备采购合同。

(4)招投标文件,包括招标答疑文件、投标承诺、中标报价书及其组成内容。

(5)工程竣工图或施工图、施工图会审记录,经批准的施工组织设计,以及设计变更、工程洽商和相关会议纪要。

(6)经批准的开、竣工报告或停、复工报告。

(7)《建设工程工程量清单计价规范》或工程预算定额、费用定额及价格信息、调价规定等。

(8)工程预算书。

(9)影响工程造价的相关资料。

(10)结算编制委托合同。

(三)竣工结算编制要求

(1)竣工结算一般经过发包人或有关单位验收合格且点交后方可进行。

(2)竣工结算应以施工发承包合同为基础,按合同约定的工程价款调整方式对原合同价款进行调整。

(3)竣工结算应核查设计变更、工程洽商等工程资料的合法性、有效性、真实性和完整性。对有疑义的工程实体项目,应视现场条件和实际需要核查隐蔽工程。

(4)建设项目由多个单项工程或单位工程构成的,应按建设项目划分标准的规定,将各单项工程或单位工程竣工结算汇总,编制相应的工程结算书,并撰写编制说明。

(5)实行分阶段结算的工程,应将各阶段工程结算汇总,编制工程结算书,并撰写编制说明。

(6)实行专业分包结算的工程,应将各专业分包结算汇总在相应的单位工程或单项工程结算内,并撰写编制说明。

(7)竣工结算编制应采用书面形式,有电子文本要求的应一并报送与书面形式内容一致的电子版本。

(8)竣工结算应严格按工程结算编制程序进行编制,做到程序化、规范化,结算资料必须完整。

(四)竣工结算编制程序

(1)竣工结算应按准备、编制和定稿三个工作阶段进行,并实行编制人、校对人和审核人分别署名盖章确认的内部审核制度。

(2)结算编制准备阶段。

1)收集与工程结算编制相关的原始资料;

2)熟悉工程结算资料内容,进行分类、归纳、整理;

3)召集相关单位或部门的有关人员参加工程结算预备会议,对结算内容和结算资料进行核对与充实完善;

4)收集建设期内影响合同价格的法律和政策性文件。

(3)结算编制阶段。

1)根据竣工图及施工图以及施工组织设计进行现场踏勘,对需要调整的工程项目进行观察、对照、必要的现场实测和计算,做好书面或影像记录;

2)按既定的工程量计算规则计算需调整的分部分项、施工措施或其他项目工程量;

3)按招投标文件、施工发承包合同规定的计价原则和计价办法对分部分项、施工措施或其他项目进行计价;

4)对于工程量清单或定额缺项以及采用新材料、新设备、新工艺的,应根据施工过程中的合理消耗和市场价格,编制综合单价或单位估价分析表;

5)工程索赔应按合同约定的索赔处理原则、程序和计算方法,提出索

赔费用,经发包人确认后作为结算依据;

6)汇总计算工程费用,包括编制分部分项工程费、施工措施项目费、其他项目费、零星工作项目费等表格,初步确定工程结算价格;

7)编写编制说明;

8)计算主要技术经济指标;

9)提交结算编制的初步成果文件待校对、审核。

(4)结算编制定稿阶段。

1)由结算编制受托人单位的部门负责人对初步成果文件进行检查、校对;

2)由结算编制受托人单位的主管负责人审核批准;

3)在合同约定的期限内,向委托人提交经编制人、校对人、审核人和受托人单位盖章确认的正式的结算编制文件。

(五)竣工结算编制方法

(1)竣工结算的编制应区分施工发承包合同类型,采用相应的编制方法。

1)采用总价合同的,应在合同价基础上对设计变更、工程洽商以及工程索赔等合同约定可以调整的内容进行调整;

2)采用单价合同的,应计算或核定竣工图或施工图以内的各个分部分项工程量,依据合同约定的方式确定分部分项工程项目价格,并对设计变更、工程洽商、施工措施以及工程索赔等内容进行调整;

3)采用成本加酬金合同的,应依据合同约定的方法计算各个分部分项工程以及设计变更、工程洽商、施工措施等内容的工程成本,并计算酬金及有关税费。

(2)竣工结算中涉及工程单价调整时,应当遵循以下原则:

1)合同中已有适用于变更工程、新增工程单价的,按已有的单价结算;

2)合同中有类似变更工程、新增工程单价的,可以参照类似单价作为结算依据;

3)合同中没有适用或类似变更工程、新增工程单价的,结算编制受托人可商洽承包人或发包人提出适当的价格,经对方确认后作为结算依据。

(3)竣工结算编制中涉及的工程单价应按合同要求分别采用综合单价或工料单价。工程量清单计价的工程项目应采用综合单价;定额计价的工程项目可采用工料单价。

(六)竣工结算的审查

1. 竣工结算的审查依据

(1)工程结算审查委托合同和完整、有效的工程结算文件。

(2)工程结算审查依据主要有以下几个方面:

1)建设期内影响合同价格的法律、法规和规范性文件;

2)工程结算审查委托合同;

3)完整、有效的工程结算书;

4)施工发承包合同、专业分包合同及补充合同,有关材料、设备采购合同;

5)与工程结算编制相关的国务院建设行政主管部门以及各省、自治区、直辖市和有关部门发布的建设工程造价计价标准、计价方法、计价定额、价格信息、相关规定等计价依据;

6)招标文件、投标文件;

7)工程竣工图或施工图、经批准的施工组织设计、设计变更、工程洽商、索赔与现场签证,以及相关的会议纪要;

8)工程材料及设备中标价、认价单;

9)双方确认追加(减)的工程价款;

10)经批准的开、竣工报告或停、复工报告;

11)工程结算审查的其他专项规定;

12)影响工程造价的其他相关资料。

2. 竣工结算审查要求

(1)严禁采取抽样审查、重点审查、分析对比审查和经验审查的方法,避免审查疏漏现象发生。

(2)应审查结算文件和与结算有关的资料的完整性和符合性。

(3)按施工发承包合同约定的计价标准或计价方法进行审查。

(4)对合同未作约定或约定不明的,可参照签订合同时当地建设行政主管部门发布的计价标准进行审查。

(5)对工程结算内多计、重列的项目应予以扣减;对少计、漏项的项目应予以调增。

(6)对工程结算与设计图纸或事实不符的内容,应在掌握工程事实和真实情况的基础上进行调整。工程造价咨询单位在工程结算审查时发现的工程结算与设计图纸或与事实不符的内容应约请各方履行完善的确认手续。

(7)对由总承包人分包的工程结算,其内容与总承包合同主要条款不相符的,应按总承包合同约定的原则进行审查。

(8)竣工结算审查文件应采用书面形式,有电子文本要求的应采用与书面形式内容一致的电子版本。

(9)竣工审查的编制人、校对人和审核人不得由同一人担任。

(10)竣工结算审查受托人与被审查项目的发承包双方有利害关系,可能影响公正的,应予以回避。

3. 竣工结算审查程序

(1)工程结算审查应按准备、审查和审定三个工作阶段进行,并实行编制人、校对人和审核人分别署名盖章确认的内部审核制度。

(2)结算审查准备阶段。

1)审查工程结算手续的完备性、资料内容的完整性,对不符合要求的应退回限时补正;

2)审查计价依据及资料与工程结算的相关性、有效性;

3)熟悉招投标文件、工程发承包合同、主要材料设备采购合同及相关文件;

4)熟悉竣工图纸或施工图纸、施工组织设计、工程状况,以及设计变更、工程洽商和工程索赔情况等。

(3)结算审查阶段。

1)审查结算项目范围、内容与合同约定的项目范围、内容的一致性;

2)审查工程量计算准确性、工程量计算规则与计价规范或定额保持一致性;

3)审查结算单价时应严格执行合同约定或现行的计价原则、方法。对于清单或定额缺项以及采用新材料、新工艺的,应根据施工过程中的合理消耗和市场价格审核结算单价;

4)审查变更身份证凭据的真实性、合法性、有效性,核准变更工程费用;

5)审查索赔是否依据合同约定的索赔处理原则、程序和计算方法以及索赔费用的真实性、合法性、准确性;

6)审查取费标准时,应严格执行合同约定的费用定额标准及有关规

定,并审查取费依据的时效性、相符性;

7)编制与结算相对应的结算审查对比表。

(4)结算审定阶段。

1)工程结算审查初稿编制完成后,应召开由结算编制人、结算审查委托人及结算审查受托人共同参加的会议,听取意见,并进行合理的调整;

2)由结算审查受托人单位的部门负责人对结算审查的初步成果文件进行检查、校对;

3)由结算审查受托人单位的主管负责人审核批准;

4)发承包双方代表人和审查人应分别在"结算审定签署表"上签认并加盖公章;

5)对结算审查结论有分歧的,应在出具结算审查报告前,至少组织两次协调会;凡不能共同签认的,审查受托人可适时结束审查工作,并做出必要说明;

6)在合同约定的期限内,向委托人提交经结算审查编制人、校对人、审核人和受托人单位盖章确认的正式的结算审查报告。

4. 竣工结算的审查方法

(1)竣工结算的审查应依据施工发承包合同约定的结算方法进行,根据施工发承包合同类型,采用不同的审查方法。本节审查方法主要适用于采用单价合同的工程量清单单价法编制竣工结算的审查。

(2)审查工程结算,除合同约定的方法外,对分部分项工程费用的审查应按照规定。

(3)竣工结算审查时,对原招标工程量清单描述不清或项目特征发生变化,以及变更工程、新增工程中的综合单价应按下列方法确定:

1)合同中已有使用的综合单价,应按已有的综合单价确定;

2)合同中有类似的综合单价,可参照类似的综合单价确定;

3)合同中没有适用或类似的综合单价,由承包人提出综合单价,经发包人确认后执行。

(4)竣工结算审查中设计措施项目费用的调整时,措施项目费应依据合同约定的项目和金额计算,发生变更、新增的措施项目,以发承包双方合同约定的计价方式计算,其中措施项目清单中的安全文明措施费用应审查是否按国家或省级、行业建设主管部门的规定计算。施工合同中未约定措施项目费结算方法时,审查措施项目费按以下方法审查:

1)审查与分部分项实体消耗相关的措施项目,应随该分部分项工程的实体工程量的变化是否依据双方确定的工程量、合同约定的综合单价进行结算;

2)审查独立性的措施项目是否按合同价中相应的措施项目费用进行结算;

3)审查与整个建设项目相关的综合取定的措施项目费用是否参照投标报价的取费基数及费率进行结算;

(5)竣工结算审查中涉及其他项目费用的调整时,按下列方法确定:

1)审查即日工是否按发包人实际签证的数量、投标时的计日工单价,以及确认的事项进行结算;

2)审查暂估价中的材料单价是否按发承包双方最终确认价在分部分项工程费中对相应综合单件进行调整,计入相应分部分项工程费用;

3)对专业工程结算价的审查应按中标价或发包人、承包人与分包人最终确定的分包工程价进行结算;

4)审查总承包服务费是否依据合同约定的结算方式进行结算,以总价形式的固定地总承包服务费不予调整,以费率形式确定的总包服务费,应按专业分包工程中标价或发包人、承包人与分包人最终确定的分包工程价为基数和总承包单位的投标费率计算总承包服务费;

5)审查计算金额是否按合同约定计算实际发生的费用,并分别列入相应的分部分项工程费、措施项目费中。

(6)投标工程量清单的漏项、设计变更、工程洽商等费用应依据施工图以及发承包双方签证资料确认的数量和合同约定的计价方式进行结算,其费用列入相应的分部分项工程费或措施项目费中。

(7)竣工结算审查中设计索赔费用的计算时,应依据发承包双发确认的索赔事项和合同约定的计价方式进行结算,其费用列入相应的分部分项工程费或措施项目费中。

(8)竣工结算审查中设计规费和税金时的计算时,应按国家、省级或行业建设主管部门的规定计算并调整。

二、园林绿化工程决算

(一)工程决算的概念

工程决算是建设工程经济效益的全面反映,是项目法人核定各类新增资产价值、办理其交付使用的依据。一方面,竣工决算能够正确反映建设工程的实际造价和投资结果;另一方面,可以通过竣工决算与概算、预算的对比分析,考核投资控制的工作成效,总结经验教训,积累技术经济方面的基础资料,提高未来建设工程的投资效益。

(二)工程决算的作用

(1)工程竣工决算是综合、全面地反映竣工项目建设成果及财务情况的总结性文件,采用货币指标、实物数量、建设工期和种种技术经济指标综合,全面地反映建设项目自开始建设到竣工为止的全部建设成果和财物状况。

(2)工程竣工决算是办理交付使用资产的依据,也是竣工验收报告的重要组成部分。建设单位与使用单位在办理交付资产的验收交接手续时,通过竣工决算反映了交付使用资产的全部价值,包括固定资产、流动资产、无形资产和递延资产的价值。同时,还详细提供了交付使用资产的名称、规格、数量、型号和价值等明细资料,是使用单位确定各项新增资产价值并登记入账的依据。

(3)工程竣工决算是分析和检查设计概算的执行情况、考核投资效果的依据。竣工决算反映了竣工项目计划、实际的建设规模、建设工期以及设计和实际的生产能力,反映了概算总投资和实际的建设成本,同时还反映了所达到的主要技术经济指标。通过对这些指标计划数、概算数与实际数进行对比分析,不仅可以全面掌握建设项目计划和概算执行情况,而且可以考核建设项目投资效果,为今后制定基建计划,降低建设成本,提高投资效果提供必要的资料。

(三)工程决算的编制

1. 工程决算的内容

工程决算是建设工程从筹建到竣工投产全过程中发生的所有实际支出,包括设备工器具购置费、建筑安装工程费和其他费用等。竣工决算由竣工财务决算报表、竣工财务决算说明书、竣工工程平面示意图、工程造价比较分析四部分组成。其中,竣工财务决算报表和竣工财务决算说明书属于竣工财务决算的内容。竣工财务决算是竣工决算的组成部分,是正确核定新增资产价值、反映竣工项目建设成果的文件,是办理固定资产交付使用手续的依据。

(1)竣工财务决算说明书。竣工财务决算说明书主要反映竣工工程建设成果和经验,是对竣工决算报表进行分析和补充说明的文件,是全面

考核分析工程投资与造价的书面总结,其内容主要包括:

1)建设项目概况,对工程总的评价。一般从进度、质量、安全和造价、施工方面进行分析说明。进度方面主要说明开工和竣工时间,对照合理工期和要求工期分析是提前还是延期;质量方面主要根据竣工验收委员会或相当一级质量监督部门的验收评定等级、合格率和优良品率;安全方面主要根据劳动工资和施工部门的记录,对有无设备和人身事故进行说明;造价方面主要对照概算造价,说明节约还是超支,用金额和百分率进行分析说明。

2)资金来源及运用等财务分析。主要包括工程价款结算、会计账务的处理、财产物资情况及债权债务的清偿情况。

3)基本建设收入、投资包干结余、竣工结余资金的上交分配情况。通过对基本建设投资包干情况的分析,说明投资包干数、实际支用数和节约额、投资包干节余的有机构成和包干节余的分配情况。

4)各项经济技术指标的分析。概算执行情况分析,根据实际投资完成额与概算进行对比分析;新增生产能力的效益分析,说明支付使用财产占总投资额的比例、占支付使用财产的比例,不增加固定资产的造价占投资总额的比例,分析有机构成和成果。

5)工程建设的经验及项目管理和财务管理工作以及竣工财务决算中有待解决的问题。

6)需要说明的其他事项。

(2)竣工财务决算报表。建设项目竣工财务决算报表要根据大、中型建设项目和小型建设项目分别制定。大、中型建设项目竣工决算报表包括:建设项目竣工财务决算审批表,大、中型建设项目概况表,大、中型建设项目竣工财务决算表,大、中型建设项目交付使用资产总表;小型建设项目竣工财务决算报表包括:建设项目竣工财务决算审批表,竣工财务决算总表,建设项目交付使用资产明细表。

2. 工程竣工决算编制依据

(1)经批准的可行性研究报告及其投资估算。

(2)经批准的初步设计或扩大初步设计及其概算或修正概算。

(3)经批准的施工图设计及其施工图预算。

(4)设计交底或图纸会审纪要。

(5)招标控制价(标底)、承包合同、工程结算资料。

(6)施工记录或施工签证单,以及其他施工中发生的费用记录,如索赔报告与记录、停(交)工报告等。

(7)竣工图及各种竣工验收资料。

(8)历年基建资料、历年财务决算及批复文件。

(9)设备、材料调价文件和调价记录。

(10)有关财务核算制度、办法和其他有关资料、文件等。

3. 工程竣工决算编制步骤

(1)收集、整理、分析原始资料。从建设工程开始就按编制依据的要求,收集、清点、整理有关资料,主要包括建设工程档案资料,如设计文件、施工记录、上级批文、概(预)算文件、工程结算的归集整理,财务处理、财产物资的盘点核实及债权债务的清偿,做到账账相符、账证相符、账实相符、账表相符。对各种设备、材料、工具、器具等要逐项盘点核实并填列清单,妥善保管,或按照国家有关规定处理,不准任意侵占和挪用。

(2)对照、核实工程变动情况,重新核实各单位工程、单项工程造价。将竣工资料与原设计图纸进行查对、核实,必要时可实地测量,确认实际变更情况;根据经审定的施工单位竣工结算等原始资料,按照有关规定对原概(预)算进行增减调整,重新核定工程造价。

(3)将审定后的待摊投资、设备工器具投资、建筑安装工程投资、工程建设其他投资严格划分和核定后,分别计入相应的建设成本栏目内。

(4)编制竣工财务决算说明书,力求内容全面、简明扼要、文字流畅、说明问题。

(5)填报竣工财务决算报表。

(6)做好工程造价对比分析。

(7)清理、装订好竣工图。

(8)按国家规定上报、审批、存档。

4. 工程竣工决算的内容

工程竣工决算是建设工程从筹建到竣工投产全过程中发生的所有实际支出,包括设备工器具购置费、建筑安装工程费和其他费用等。竣工决算由竣工财务决算报表、竣工财务决算说明书、竣工工程平面示意图、工程造价比较分析四部分组成。其中,竣工财务决算报表和竣工财务决算说明书属于竣工财务决算的内容。竣工财务决算是竣工决算的组成部分,是正确核定新增资产价值、反映竣工项目建设成果的文件,是办理固定资产交付使用手续的依据。

(1)竣工财务决算说明书。竣工财务决算说明书主要反映竣工工程建设成果和经验,是对竣工决算报表进行分析和补充说明的文件,是全面考核分析工程投资与造价的书面总结,其内容主要包括:

1)建设项目概况,对工程总的评价。一般从进度、质量、安全和造价、施工方面进行分析说明。进度方面主要说明开工和竣工时间,对照合理工期和要求工期分析是提前还是延期;质量方面主要根据竣工验收委员会或相当一级质量监督部门的验收评定等级、合格率和优良品率;安全方面主要根据劳动工资和施工部门的记录,对有无设备和人身事故进行说明;造价方面主要对照概算造价,说明节约还是超支,用金额和百分率进行分析说明。

2)资金来源及运用等财务分析。主要包括工程价款结算、会计账务的处理、财产物资情况及债权债务的清偿情况。

3)基本建设收入、投资包干结余、竣工结余资金的上交分配情况。通过对基本建设投资包干情况的分析,说明投资包干数、实际支用数和节约额、投资包干节余的有机构成和包干节余的分配情况。

4)各项经济技术指标的分析。概算执行情况分析,根据实际投资完成额与概算进行对比分析;新增生产能力的效益分析,说明支付使用财产占总投资额的比例、占支付使用财产的比例,不增加固定资产的造价占投资总额的比例,分析有机构成和成果。

5)工程建设的经验及项目管理和财务管理工作以及竣工财务决算中有待解决的问题。

6)需要说明的其他事项。

(2)竣工财务决算报表。建设项目竣工财务决算报表要根据大、中型建设项目和小型建设项目分别制定。大、中型建设项目竣工决算报表包括:建设项目竣工财务决算审批表,大、中型建设项目概况表,大、中型建设项目竣工财务决算表,大、中型建设项目交付使用资产总表;小型建设项目竣工财务决算报表包括:建设项目竣工财务决算审批表,竣工财务决算总表,建设项目交付使用资产明细表。

第四章 园林绿化工程工程量清单计价

第一节 园林绿化工程工程量清单计价概述

一、工程量清单计价的概念

(1)工程量清单计价是招投标工作中,招标人按照国家统一的工程量计算规则提供工程数量,由投标人根据工程量清单自主报价,经评审低价中标的工程造价计价方式。工程量清单计价包括分部分项工程费、措施项目费、其他项目费和规费、税金。

(2)工程量清单计价采用综合单价计价。综合单价是指完成规定计量单位项目所需的人工费、材料费、机械使用费、管理费、利润,并考虑风险因素。

(3)工程量清单计价的基础是工程量清单。工程量清单应作为编制招标控制价、投标报价、工程计量、支付工程款、合同价款调整、办理竣工结算、工程索赔工程造价鉴定等的依据之一。

二、工程量清单计价的特点

1. 工程量清单计价表现了公平竞争的特点

工程量清单计价反映了工程实际消耗的相关费用,采用工程量清单编制的招标控制价和投标报价反映的是工程的个别成本,而不是定额的社会平均成本。工程量清单计价将实体消耗费用和措施费分离,使得施工企业在投标中技术水平的竞争和管理水平的竞争得到表现。充分发挥出施工企业自主报价的能力,改变了现有定额中约束企业自主报价的能力。以前,我国实行"量价合一,固定收费"的政府指令性计价模式。作为报价的施工企业不能通过自己的技术专长、施工设备、采购材料优势、企业管理水平等优势来报价。因此,采用工程量清单报价增强了信誉高、实力强的大中型企业在市场竞争中的能力,使我国建设市场的竞争更加规范、公平、合理。

2. 工程量清单计价具有强制性

工程量清单计价是由建设主管部门按照强制性国家标准的要求批准颁布，规定全部使用国有资金或国有资金投资为主的大中型建设工程应按计价规范规定执行。明确了工程量清单是招标文件的组成部分，并规定了招标人在编制工程量清单时必须遵守的规则，做到四统一，即统一项目编码、统一项目名称、统一计量单位、统一工程量计算规则。

3. 工程量清单计价有利于实现风险的合理分担

采用工程量清单报价方式后，投标单位只对自己所报的成本、单价等负责，而对工程量的变更或计算错误等不负责任；相应的，对于这一部分风险则应由业主承担，这种格局符合风险合理分担与责权利关系对等的一般原则。

4. 工程量清单计价可以规范招标投标

合同是承包单位在工程施工过程中最高行为准则。工程施工过程中的所有活动都是为了履行合同内容。合同管理贯穿于工程实施的全过程。实行工程量清单报价后，一旦投标人中标，工程量清单将构成合同文件的重要部分。因此，工程量清单是工程支付工程进度款和工程竣工结算时调整工程量的重要依据。同时，工程量清单报价可以消除编制标底给招标投标活动带来的负面影响，促使投标企业把主要精力放在加强内部管理和对市场各种因素及竞争对手的分析中去，这既有利于企业廉洁自律又可以净化建筑市场的投标行为。

三、实行工程量清单计价的目的和意义

(1)推行工程量清单计价是深化工程造价管理改革、推进建设市场化的重要途径。

长期以来，工程预算定额是我国承发包计价、定价的主要依据。现预算定额中规定的消耗量和有关施工措施性费用是按社会平均水平编制的，以此为依据形成的工程造价基本上也属于社会平均价格。这种平均价格可作为市场竞争的参考价格，但不能反映参与竞争企业的实际消耗和技术管理水平，在一定程度上限制了企业的公平竞争。

20世纪90年代，国家提出了"控制量、指导价、竞争费"的改革措施，将工程预算定额中的人工、材料、机械消耗量和相应的量价分离，国家控制量以保证质量，价格逐步走向市场化，这一措施走出了向传统工程预算定额改革的第一步。但是，这种做法难以改变工程预算定额中国家指令

性内容较多的状况，难以满足招标投标竞争定价和经评审的合理低价中标的要求。因为，国家定额的控制量是社会平均消耗量，不能反映企业的实际消耗量，不能全面体现企业的技术装备水平、管理水平和劳动生产率，不能体现公平竞争的原则，社会平均水平不能代表社会先进水平，改变以往的工程预算定额的计价模式，适应招标投标的需要，推行工程量清单计价办法是十分必要的。

工程量清单计价是建设工程招标投标中，按照国家统一的工程量清单计价规范，由招标人提供工程数量，投标人自主报价，经评审低价中标的工程造价计价模式。采用工程量清单计价能反映工程个别成本，有利于企业自主报价和公平竞争。

(2)在建设工程招标投标中实行工程量清单计价是规范建筑市场秩序的治本措施之一，是适应社会主义市场经济的需要。

工程造价是工程建设的核心，也是市场运行的核心内容，建筑市场存在许多不规范的行为，大多数与工程造价有直接联系。建筑产品是商品，具有商品的共性，受价值规律、货币流通规律和供求规律的支配。但是，建筑产品与一般的工业产品价格构成不一样，建筑产品具有某些特殊性：

1)建筑竣工后一般不在空间发生物理运动，可以直接移交用户，立即进入生产消费或生活消费，因而价格中不含商品使用价值运动发生的流通费用，即因生产过程在流通领域内继续进行而支付的商品包装运输费、保管费。

2)建筑是固定在某地方的。

3)由于施工人员和施工机具围绕着建设工程流动，因而，有的建设工程构成还包括施工企业远离基地的费用，甚至包括成建制转移到新的工地所增加的费用等。

建筑产品价格随建设时间和地点而变化，相同结构的建筑物在同一地段建造，施工的时间不同造价就不一样；同一时间、不同地段造价也不一样；即使时间和地段相同，施工方法、施工手段、管理水平不同工程造价也有所差别。建筑产品的价格，既有它的同一性，又有它的特殊性。为了推动社会主义市场经济的发展，国家颁发了相应的有关法律，如《中华人民共和国价格法》第三条规定，我国实行并逐步完善宏观经济调控下主要由市场形成价格的机制。价格的制定应当符合价格规律，对多数商品和服务价格实行市场调节价，极少数商品和服务价格实行政府指导价或政府定价。市场调节价,是指由经营者自主制定,通过市场竞争形成的价格。中华人民共和国建设部第 107 号令《建设工程施工发包与承包计价管理办法》第七条规定,投标报价应依据企业定额和市场信息,并按照国务院和省、自治区、直辖市人民政府建设行政主管部门发布的工程造价计价办法进行编制。建筑产品市场形成价格是社会主义市场经济的需要。过去工程预算定额在调节承发包双方利益和反映市场价格、需求方面存在不相适应的地方,特别是公开、公正、公平竞争方面,还缺乏合理的机制,甚至出现了一些漏洞,高估冒算,相互串通,从中回扣。发挥市场规律"竞争"和"价格"的作用是治本之策。尽快建立和完善市场形成工程造价的机制,是当前规范建筑市场的需要。通过推行工程量清单计价有利于发挥企业自主报价的能力,也有利于规范业主在工程招标中计价行为,有效改变招标单位在招标中盲目压价的行为,从而真正体现公开、公平、公正的原则,反映市场经济规律。

(3)实行工程量清单计价,是促进建设市场有序竞争和企业健康发展的需要。

工程量清单是招标文件的重要组成部分,由招标单位编制或委托有资质的工程造价咨询单位编制,工程量清单编制的准确、详尽、完整,有利于提高招标单位的管理水平,减少索赔事件的发生。由于工程量清单是公开的,有利于防止招标工程中弄虚作假、暗箱操作等不规范行为。投标单位通过对单位工程成本、利润进行分析,统筹考虑,精心选择施工方案,根据企业的定额合理确定人工、材料、机械等要素投入量的合理配置,优化组合,合理控制现场经费和施工技术措施费,在满足招标文件需要的前提下,合理确定自己的报价,让企业有自主报价权。改变过去依赖建设行政主管部门发布的定额和规定的取费标准进行计价的模式,有利于提高劳动生产率,促进企业技术进步,节约投资和规范建设市场。采用工程量清单计价后,将使招标活动的透明度增加,在充分竞争的基础上降低了造价,提高了投资效益,便于操作和推行,业主和承包商将都会接受这种计价模式。

(4)实行工程量清单计价,有利于我国工程造价政府职能的转变。

按照政府部门真正履行起"经济调节、市场监督、社会管理和公共服务"的职能要求,政府对工程造价管理的模式要进行相应的改变,推行政府宏观调控、企业自主报价、市场形成价格、社会全面监督的工程造价管理思路。实行工程量清单计价,将会有利于我国工程造价政府职能的转变,由过去的政府控制的指令性定额转变为制定适应市场经济规律需要的工程量清单计价方法,由过去的行政干预转变为对工程造价进行依法监管,有效地强化政府对工程造价的宏观调控。

四、工程量清单计价的影响因素

工程量清单报价中标的工程,无论采用何种计价方法,在正常情况下,基本说明工程造价已确定,只是当出现设计变更或工程量变动时,通过签证再结算调整另行计算。工程量清单工程成本要素的管理重点,是在既定收入的前提下,如何控制成本支出。

1. 用工批量的有效管理

人工费支出约占建筑产品成本的 17%,且随市场价格波动而不断变化。对人工单价在整个施工期间做出切合实际的预测,是控制人工费用支出的前提条件。

首先,根据施工进度,月初依据工序合理做出用工数量,结合市场人工单价计算出本月控制指标。

其次,在施工过程中,依据工程分部分项,对每天用工数量连续记录,完成一个分项后,就同工程量清单报价中的用工数量对比,进行横评找出存在问题,办理手续以便对控制指标加以修正。每月完成几个工程分项后各自同工程量清单报价中的用工数量对比,考核控制指标完成情况。通过这种控制节约用工数量,就意味着降低人工费支出,即提高了相应的效益。这种对用工数量控制的方法,最大优势在于不受任何工程结构形式的影响,分阶段加以控制,有很强的实用性。人工费用控制指标,主要是从量上加以控制,重点通过对在建工程过程控制,积累各类结构形式下实际用工数量的原始资料,以便形成企业定额体系。

2. 材料费用的管理

材料费用开支约占建筑产品成本的 63%,是成本要素控制的重点。材料费用因工程量清单报价形式不同,材料供应方式不同而有所不同。如业主限价的材料价格,如何管理?其主要可从施工企业采购过程降低材料单价来把握。

首先,对本月施工分项所需材料用量下发采购部门,在保证材料质量的前提下货比三家。采购过程以工程清单报价中材料价格为控制指标,确保采购过程产生收益。对业主供材供料,确保足斤足两,严把验收入库环节。

其次,在施工过程中,严格执行质量方面的程序文件,做到材料堆放布局合理,减少二次搬运。其具体操作依据工程进度实行限额领料,完成一个分项后,考核控制效果。

最后,杜绝没有收入的支出,把返工损失降到最低。月末应把控制用量和价格同实际数量横向对比,考核实际效果,对超用材料数量落实清楚,是在哪个工程子项造成的,原因是什么,是否存在同业主计取材料差价的问题等。

3. 机械费用的管理

机械费的开支约占建筑产品成本的7%,其控制指标主要是根据工程量清单计算出使用的机械控制台班数。在施工过程中,每天做详细台班记录,是否存在维修、待班的台班。如存在现场停电超过合同规定时间,应在当天同业主做好待班现场签证记录,月末将实际使用台班同控制台班的绝对数进行对比,分析量差发生的原因。对机械费价格一般采取租赁协议,合同一般在结算期内不变动,所以,控制实际用量是关键。依据现场情况做到设备布局合理,充分利用,特别是要合理安排大型设备进出场时间,以降低费用。

4. 施工过程中水电费的管理

水电费的管理,在以往工程施工中一直被忽视。水作为人类赖以生存的宝贵资源,越来越短缺,正在给人类敲响警钟。这对加强施工过程中水电费管理的重要性不言而喻。为便于施工过程支出的控制管理,应把控制用量计算到施工子项以便于水电费用控制。月末依据完成子项所需水电用量同实际用量对比,找出差距的出处,以便制定改正措施。总之,施工过程中对水电用量控制不仅仅是一个经济效益的问题,更是一个合理利用宝贵资源的问题。

5. 设计变更和工程签证的管理

在施工过程中,时常会遇到一些原设计未预料的实际情况或业主单位提出要求改变某些施工做法、材料代用等,引发设计变更;同样对施工图以外的内容及停水、停电,或因材料供应不及时造成停工、窝工等都需要办理工程签证。

上述工作,首先应由负责现场施工的技术人员做好工程量的确认,如存在工程量清单不包括的施工内容,应及时通知技术人员,将需要办理工程签证的内容落实清楚;其次工程造价人员审核变更或签证签字内容是否清楚完整、手续是否齐全。如手续不齐全,应在当天督促施工人员补办手续,变更或签证的资料应连续编号;最后工程造价人员还应特别注意在施工方案中涉及的工程造价问题。在投标时工程量清单是依据以往的经验计价,建立在既定的施工方案基础上的。施工方案的改变便是对工程量清单造价的修正。变更或签证是工程量清单工程造价中所不包括的内容,但在施工过程中费用已经发生,工程造价人员应及时地编制变更及签证后的变动价值。加强设计变更和工程签证工作是施工企业经济活动中的一个重要组成部分,可防止应得效益的流失,反映工程真实造价构成,对施工企业各级管理者来说更显得重要。

6. 其他成本要素的管理

成本要素除工料单价法包含的以外,还有管理费用、利润、临设费、税金、保险费等。这部分收入已分散在工程量清单的子项之中,中标后已成既定的数,因而,在施工过程中应注意以下几点:

(1)节约管理费用是重点,制定切实的预算指标,对每笔开支严格依据预算执行审批手续;提高管理人员的综合素质,做到高效精干,提倡一专多能。对办公费用的管理,从节约一张纸、减少每次通话时间等方面着手,精打细算,控制费用支出。

(2)利润作为工程量清单子项收入的一部分,在成本不亏损的情况下,就是企业既定利润。

(3)临设费管理的重点,是依据施工的工期及现场情况合理布局临设。尽可能就地取材搭建临设,工程接近竣工时及时减少临设的占用。对购买的彩板房每次安、拆要高抬轻放,延长使用次数。日常使用及时维护易损部位,延长使用寿命。

(4)对税金、保险费的管理重点是一个资金问题,依据施工进度及时拨付工程款,确保按国家规定的税金及时上缴。

上述六个方面是施工企业的成本要素,针对工程量清单形式带来的风险性,施工企业要从加强过程控制的管理入手,才能将风险降到最低点。积累各种结构形式下成本要素的资料,逐步形成科学、合理的,具有代表人力、财力、技术力量的企业定额体系。通过企业定额,使报价不再盲目,避免了一味过低或过高报价所形成的亏损、废标,以应付复杂激烈的市场竞争。

五、2013 版清单计价规范简介

2012年12月25日,住房和城乡建设部发布了《建设工程工程量清单计价规范》(GB 50500—2013)(以下简称"13 计价规范")和《房屋建筑与装饰工程工程量计算规范》(GB 50854—2013)、《仿古建筑工程工程量计算规范》(GB 50855—2013)、《通用安装工程工程量计算规范》(GB 50856—2013)、《市政工程工程量计算规范》(GB 50857—2013)、《园林绿化工程工程量计算规范》(GB 50858—2013)、《矿山工程工程量计算规范》(GB 50859—2013)、《构筑物工程工程量计算规范》(GB 50860—2013)、《城市轨道交通工程工程量计算规范》(GB 50861—2013)、《爆破工程工程量计算规范》(GB 50862—2013)等9本计量规范(以下简称"13 工程计量规范"),全部10本规范于2013年7月1日起实施。

"13 计价规范"及"13 工程计量规范"是在《建设工程工程量清单计价规范》(GB 50500—2008)(以下简称"08 计价规范")基础上,以原建设部发布的工程基础定额、消耗量定额、预算定额以及各省、自治区、直辖市或行业建设主管部门发布的工程计价定额为参考,以工程计价相关的国家或行业的技术标准、规范、规程为依据,收集近年来新的施工技术、工艺和新材料的项目资料,经过整理,在全国广泛征求意见后编制而成。

"13 计价规范"共设置 16 章 54 节 329 条,各章名称为:总则、术语、一般规定、工程量清单编制、招标控制价、投标报价、合同价款约定、工程计量、合同价款调整、合同价款期中支付、竣工结算与支付、合同解除的价款结算与支付、合同价款争议的解决、工程造价鉴定、工程计价资料与档案和工程计价表格。相比"08 计价规范","13 计价规范"分别增加了 11 章、37 节、192 条。

"13 计价规范"适用于建设工程发承包及实施阶段的招标工程量清单、招标控制价、投标报价的编制,工程合同价款的约定,竣工结算的办理以及施工过程中的工程计量、合同价款支付、施工索赔与现场签证、合同价款调整和合同价款争议的解决等计价活动。相对于"08 计价规范","13 计价规范"将"建设工程工程量清单计价活动"修改为"建设工程发承包及实施阶段的计价活动",从而对清单计价规范的适用范围进一步进行了明确,表明了不分何种计价方式,建设工程发承包及实施阶段的计价活动必须执行"13 计价规范"。之所以规定"建设工程发承包及实施阶段的计价活动",主要是因为工程建设具有周期长、金额大、不确定因素多的特点,从而决定了建设工程计价具有分阶段计价的特点,建设工程决策阶段、设计阶段的计价要求与发承包及实施阶段的计价要求是有区别的,这就避免了因理解上的歧义而发生纠纷。

"13计价规范"规定:"建设工程发承包及实施阶段的工程造价应由分部分项工程费、措施项目费、其他项目费、规费和税金组成"。这说明了不论采用什么计价方式,建设工程发承包及实施阶段的工程造价均由这五部分组成,这五部分也称为建筑安装工程费。

根据原人事部、原建设部《关于印发(造价工程师执业制度暂行规定)的通知》(人发〔1996〕77号)、《注册造价工程师管理办法》(建设部第150号令)以及《全国建设工程造价员管理办法》(中价协〔2011〕021号)的有关规定,"13计价规范"规定:"招标工程量清单、招标控制价、投标报价、工程计量、合同价款调整、合同价款结算与支付以及工程造价鉴定等工程造价文件的编制与核对,应由具有专业资格的工程造价人员承担。""承担工程造价文件的编制与核对的工程造价人员及其所在单位,应对工程造价文件的质量负责。"

另外,由于建设工程造价计价活动不仅要客观反映工程建设的投资,更应体现工程建设交易活动的公正、公平的原则,因此"13计价规范"规定,工程建设双方,包括受其委托的工程造价咨询方,在建设工程发承包及实施阶段从事计价活动均应遵循客观、公正、公平的原则。

园林绿化工程(另有规定者除外)涉及普通公共建筑物等工程的项目以及垂直运输机械、大型机械设备进出场及安拆等项目,按现行国家标准《房屋建筑与装饰工程工程量计算规范》(GB 50854—2013)的相应项目执行;涉及仿古建筑工程的项目,按现行国家标准《仿古建筑工程工程量计算规范》(GB 50855—2013)的相应项目执行;涉及电气、给排水等安装工程的项目,按照现行国家标准《通用安装工程工程量计算规范》(GB 50856—2013)的相应项目执行;涉及市政道路、路灯等市政工程的项目,按现行国家标准《市政工程工程量计算规范》(GB 50857—2013)的相应项目执行。

第二节 工程量清单计价相关规定

一、计价方式

(1)使用国有资金投资的建设工程发承包,必须采用工程量清单计价。国有投资的资金包括国家融资资金、国有资金为主的投资资金。

1)国有资金投资的工程建设项目包括：
①使用各级财政预算资金的项目；
②使用纳入财政管理的各种政府性专项建设资金的项目；
③使用国有企事业单位自有资金，并且国有资产投资者实际拥有控制权的项目。
2)国家融资资金投资的工程建设项目包括：
①使用国家发行债券所筹资金的项目；
②使用国家对外借款或者担保所筹资金的项目；
③使用国家政策性贷款的项目；
④国家授权投资主体融资的项目；
⑤国家特许的融资项目。
3)国有资金为主的工程建设项目是指国有资金占投资总额50%以上，或虽不足50%但国有投资者实质上拥有控股权的工程建设项目。

(2)非国有资金投资的建设工程，"13计价规范"鼓励采用工程量清单计价方式，但是否采用，由项目业主自主确定。

(3)不采用工程量清单计价的建设工程，应执行"13计价规范"中除工程量清单等专门性规定外的其他规定。

(4)实行工程量清单计价应采用综合单价法，不论分部分项工程项目、措施项目、其他项目，还是以单价形式或以总价形式表现的项目，其综合单价的组成内容均包括完成该项目所需的、除规费和税金以外的所有费用。

(5)根据《中华人民共和国安全生产法》《中华人民共和国建筑法》《建设工程安全生产管理条例》《安全生产许可证条例》等法律、法规的规定，原建设部办公厅印发了《建筑工程安全防护、文明施工措施费及使用管理规定》(建办〔2005〕89号)，将安全文明施工费纳入国家强制性标准管理范围，其费用标准不予竞争，并规定"投标方安全防护、文明施工措施的报价，不得低于依据工程所在地工程造价管理机构测定费率计算所需费用总额的90%"。2012年2月14日，财政部、国家安全生产监督管理总局印发《企业安全生产费用提取和使用管理办法》(财企〔2012〕16号)规定："建设工程施工企业提取的安全费用列入工程造价，在竞标时，不得删减，列入标外管理"。

"13计价规范"规定措施项目清单中的安全文明施工费必须按国家或省级、行业建设主管部门的规定费用标准计算，招标人不得要求投标人对该项费用进行优惠，投标人也不得将该项费用参与市场竞争。此处的安全文明施工费包括《建筑安装工程费用项目组成》（建标〔2013〕44号）中措施费的文明施工费、环境保护费、临时设施费、安全施工费。

（6）根据住房和城乡建设部、财政部印发的《建筑安装工程费用项目组成》（建标〔2013〕44号）的规定，规费是政府和有关权力部门规定必须缴纳的费用。税金是国家按照税法预先规定的标准，强制地、无偿地要求纳税人缴纳的费用。规费和税金都是工程造价的组成部分，但是其费用内容和计取标准都不是发、承包人能自主确定的，更不是由市场竞争决定的。因而"13计价规范"规定："规费和税金必须按国家或省级、行业建设主管部门的规定计算，不得作为竞争性费用"。

二、发包人提供材料和机械设备

《建设工程质量管理条例》第十四条规定："按照合同约定，由建设单位采购建筑材料、建筑构配件和设备的，建设单位应当保证建筑材料、建筑构配件和设备符合设计文件和合同要求"；《中华人民共和国合同法》第二百八十三条规定："发包人未按照约定的时间和要求提供原材料、设备、场地、资金、技术资料的，承包人可以顺延工程日期，并有权要求赔偿停工、窝工等损失"。"13计价规范"根据上述法律条文对发包人提供材料和机械设备的情况进行了如下约定：

（1）发包人提供的材料和工程设备（以下简称甲供材料）应在招标文件中按照规定填写《发包人提供材料和工程设备一览表》，写明甲供材料的名称、规格、数量、单价、交货方式、交货地点等。承包人投标时，甲供材料价格应计入相应项目的综合单价中，签约后，发包人应按合同约定扣除甲供材料款，不予支付。

（2）承包人应根据合同工程进度计划的安排，向发包人提交甲供材料交货的日期计划。发包人应按计划提供。

（3）发包人提供的甲供材料如规格、数量或质量不符合合同要求，或由于发包人原因发生交货日期延误、交货地点及交货方式变更等情况的，发包人应承担由此增加的费用和（或）工期延误，并应向承包人支付合理利润。

（4）发承包双方对甲供材料的数量发生争议不能达成一致的，应按照相关工程的计价定额同类项目规定的材料消耗量计算。

(5)若发包人要求承包人采购已在招标文件中确定为甲供材料的,材料价格应由发承包双方根据市场调查确定,并应另行签订补充协议。

三、承包人提供材料和工程设备

《建设工程质量管理条例》第二十九条规定:"施工单位必须按照工程设计要求、施工技术标准和合同约定,对建筑材料、建筑构配件、设备和商品混凝土进行检验,检验应当有书面记录和专人签字;未经检验或者检验不合格的,不得使用"。"13计价规范"根据此法律条文对承包人提供材料和机械设备的情况进行了如下约定:

(1)除合同约定的发包人提供的甲供材料外,合同工程所需的材料和工程设备应由承包人提供,承包人提供的材料和工程设备均应由承包人负责采购、运输和保管。

(2)承包人应按合同约定将采购材料和工程设备的供货人及品种、规格、数量和供货时间等提交发包人确认,并负责提供材料和工程设备的质量证明文件,满足合同约定的质量标准。

(3)对承包人提供的材料和工程设备经检测不符合合同约定的质量标准,发包人应立即要求承包人更换,由此增加的费用和(或)工期延误应由承包人承担。对发包人要求检测承包人已具有合格证明的材料、工程设备,但经检测证明该项材料、工程设备符合合同约定的质量标准,发包人应承担由此增加的费用和(或)工期延误,并向承包人支付合理利润。

四、计价风险

(1)建设工程发承包,必须在招标文件、合同中明确计价中的风险内容及其范围,不得采用无限风险、所有风险或类似语句规定计价中的风险内容及范围。

风险是一种客观存在的、会带来损失的、不确定的状态。风险具有客观性、损失性、不确定性的特点,并且风险始终是与损失相联系的。工程施工发包是一种期货交易行为,工程建设本身又具有单件性和建设周期长的特点。在工程施工过程中影响工程施工及工程造价的风险因素很多,但并非所有的风险都是承包人能预测、控制和应承担其造成损失的。

工程施工招标发包是工程建设交易方式之一,一个成熟的建设市场应是一个体现交易公平性的市场。在工程建设施工发包中实行风险共担和合理分摊原则是实现建设市场交易公平性的具体体现,是维护建设市场正常秩序的措施之一。其具体体现则是应在招标文件或合同中对发、承包双方各自应承担的风险内容及其风险范围或幅度进行界定和明确,而不能要求承包人承担所有风险或无限度风险。

根据我国工程建设特点,投标人应完全承担的风险是技术风险和管理风险,如管理费和利润;应有限度承担的是市场风险,如材料价格、施工机械使用费等的风险;应完全不承担的是法律、法规、规章和政策变化的风险。

(2)由于下列因素出现,影响合同价款调整的,应由发包人承担:

1)由于国家法律、法规、规章或有关政策出台导致工程税金、规费等发生变化的。

2)对于根据我国目前工程建设的实际情况,各省、自治区、直辖市建设行政主管部门均根据当地人力资源和社会保障行政主管部门的有关规定发布人工成本信息或人工费调整,对此关系职工切身利益的人工费进行调整的,但承包人对人工费或人工单价的报价高于发布的除外。

3)按照《中华人民共和国合同法》第六十三条规定:"执行政府定价或者政府指导价的,在合同约定的交付期限内价格调整时,按照交付时的价格计价。逾期交付标的物的,遇价格上涨时,按照原价格执行;价格下降时,按照新价格执行。逾期提取标的物或者逾期付款的,遇价格上涨时,按照新价格执行;价格下降时,按照原价格执行。"因此,对政府定价或政府指导价管理的原材料价格按照相关文件规定进行合同价款调整的因承包人原因导致工期延误的,应按"13计价规范"有关规定进行处理。

(3)对于主要由市场价格波动导致的价格风险,如工程造价中的建筑材料、燃料等价格风险,应由发承包双方合理分摊,并按规定填写《承包人提供主要材料和工程设备一览表》作为合同附件;当合同中没有约定,发承包双方发生争议时,应按"13计价规范"的相关规定调整合同价款。

"13计价规范"中提出承包人所承担的材料价格的风险宜控制在5%以内,施工机械使用费的风险可控制在10%以内,超过者予以调整。

(4)由于承包人使用机械设备、施工技术以及组织管理水平等自身原因造成施工费用增加的,应由承包人全部承担。

(5)当不可抗力发生,影响合同价款时,应按"13计价规范"相关规定处理。

第三节 园林绿化工程工程量清单编制

工程量清单是载明建设工程分部分项工程项目、措施项目、其他项目的名称和相应数量以及规费、税金项目等内容的明细清单。其中由招标人依据国家标准、招标文件、设计文件以及施工现场实际情况编制的，随招标文件发布供投标报价的工程量清单（包括其说明和表格）称为招标工程量清单。构成合同文件组成部分的投标文件中已标明价格，经算术性错误修正（如有）且承包人已确认的工程量清单（包括其说明和表格）称为已标价工程量清单。

一、一般规定

（1）招标工程量清单应由招标人负责编制，若招标人不具有编制工程量清单的能力，则可根据《工程造价咨询企业管理办法》（建设部第 149 号令）的规定，委托具有工程造价咨询性质的工程造价咨询人编制。

（2）招标工程量清单必须作为招标文件的组成部分，其准确性（数量不算错）和完整性（不缺项漏项）应由招标人负责。招标人应将工程量清单连同招标文件一起发（售）给投标人。投标人依据工程量清单进行投标报价时，对工程量清单不负有核实的义务，更不具有修改和调整的权力。如招标人委托工程造价咨询人编制工程量清单，其责任仍由招标人负责。

（3）招标工程量清单是工程量清单计价的基础，应作为编制招标控制价、投标报价、计算或调整工程量以及工程索赔等的依据之一。

（4）招标工程量清单应以单位（项）工程为单位编制，应由分部分项工程项目清单、措施项目清单、其他项目清单、规费和税金项目清单组成。

二、工程量清单编制依据

（1）"13 计价规范"和相关专业工程的国家计量规范。
（2）国家或省级、行业建设主管部门颁发的计价定额和办法。
（3）建设工程设计文件及相关资料。
（4）与建设工程有关的标准、规范、技术资料。
（5）拟定的招标文件。
（6）施工现场情况、地勘水文资料、工程特点及常规施工方案。
（7）其他相关资料。

三、工程量清单编制原则

工程量清单的编制必须遵循"四个统一、三个自主、两个分离"的原则。

1. 四个统一

工程量清单编制必须满足项目编码统一、项目名称统一、计量单位统一、工程量计算规则统一。项目编码是"13计价规范"和相关专业工程国家计量规范规定的内容之一,编制工程量清单时必须严格按照执行;项目名称基本上按照形成工程实体命名,工程量清单项目特征是按不同的工程部位、施工工艺或材料品种、规格等分别列项,必须对项目进行的描述,是各项清单计算的依据,描述得详细、准确与否是直接影响项目价格的一个主要因素;计量单位是按照能够准确地反映该项目工程内容的原则确定的;工程量数量的计算是按照相关专业工程国家计量规范中工程量计算规则计算的,比以往采用预算定额增加了多项组合步骤,所以在计算前一定要注意计算规则的变化,还要注意新组合后项目名称的计量单位。

2. 三个自主

三个自主是指投标人在投标报价时自主确定工料机消耗量,自主确定工料机单价,自主确定措施项目费及其他项目的内容和费率。

3. 两个分离

两个分离即量与价分离、清单工程量与计价工程量分离。

量与价分离是从定额计价方式的角度来表达的。定额计价的方式采用定额基价计算分部分项工程费,工料机消耗量是固定的,量价没有分离;而工程量清单计价由于自主确定工料机消耗量、自主确定工料机单价,量价是分离的。

清单工程量与定额计价工程量分离是从工程量清单报价方式来描述的。清单工程量是根据"13计价规范"和相关专业工程国家计量规范编制的,定额计价工程量是根据所选定的消耗量定额计算的,一项清单工程量可能要对应几项消耗量定额,两者的计算规则也不一定相同。因此,一项清单量可能要对应几项定额计价工程量,其清单工程量与定额计价工程量要分离。

四、工程量清单编制内容

(一)分部分项工程项目清单

(1)分部分项工程项目清单必须载明项目编码、项目名称、项目特征、计量单位和工程量。这是构成一个分部分项工程项目清单的五个要件,在分部分项工程项目清单的组成中缺一不可。

(2)分部分项工程项目清单应根据"13 计价规范"和相关专业工程国家计量规范附录中规定的项目编码、项目名称、项目特征、计量单位和工程量计算规则进行编制。

分部分项工程项目清单项目编码栏应根据相关专业工程国家计量规范项目编码栏内规定的 9 位数字另加 3 位顺序码共 12 位阿拉伯数字填写。各位数字的含义为:一、二位为专业工程代码,房屋建筑与装饰工程为 01,仿古建筑为 02,通用安装工程为 03,市政工程为 04,园林绿化工程为 05,矿山工程为 06,构筑物工程为 07,城市轨道交通工程为 08,爆破工程为 09;三、四位为专业工程附录分类顺序码;五、六位为分部工程顺序码;七、八、九位为分项工程项目名称顺序码;十至十二位为清单项目名称顺序码。

在编制工程量清单时应注意对项目编码的设置不得有重码,特别是当同一标段(或合同段)的一份工程量清单中含有多个单项或单位工程且工程量清单是以单项或单位工程为编制对象时,应注意项目编码中的十至十二位的设置不得重码。例如一个标段(或合同段)的工程量清单中含有三个单项或单位工程,每一单项或单位工程中都有项目特征相同的喷泉管道,在工程量清单中又需反映三个不同单项或单位工程的喷泉管道工程量时,此时工程量清单应以单项或单位工程为编制对象,第一个单项或单位工程喷泉管道的项目编码为 050306001001,第二个单项或单位工程喷泉管道的项目编码为 050306001002,第三个单项或单位工程的喷泉管道项目编码为 050306001003,并分别列出各单项或单位工程喷泉管道的工程量。

分部分项工程量清单项目名称栏应按相关专业国家工程量计算规范的规定,根据拟建工程实际填写。在实际填写过程中,"项目名称"有两种填写方法:一是完全保持相关专业国家工程量计算规范的项目名称不变;二是根据工程实际在工程量计算规范项目名称下另行确定详细名称。

分部分项工程量清单项目特征栏应按相关专业工程国家计量规范的规定,根据拟建工程实际进行描述。

分部分项工程量清单的计量单位应按相关专业工程国家计量规范规定的计量单位填写。有些项目工程量计算规范中有两个或两个以上计量单位,应根据拟建工程项目的实际,选择最适宜表现该项目特征并方便计量的单位。如竹花架柱、梁项目,工程量计算规范以"m"和"根"为计量单位,此时就应根据工程项目的特点,选择其中一个即可。

"工程量"应按相关工程国家工程量计算规范规定的工程量计算规则计算填写。

工程量的有效位数应遵守下列规定:

(1)以"t"为单位,应保留小数点后三位小数,第四位小数四舍五入。

(2)以"m""m^2""m^3"为单位,应保留小数点后两位小数,第三位小数四舍五入。

(3)以"株""丛""缸""套""个""支""只""块""根""座"等为单位,应取整数。

分部分项工程量清单编制应注意的问题:

(1)不能随意设置项目名称,清单项目名称一定要按照相关专业工程国家计量规范附录的规定设置。

(2)正确对项目进行描述,一定要将完成该项目的全部内容完整地体现在清单上,不能有遗漏,以便投标人报价。

(二)措施项目清单

措施项目清单是指为完成工程项目施工,发生于该工程施工准备和施工过程中的技术、生活、安全、环境保护等方面的项目。相关专业工程国家计量规范中有关措施项目的规定和具体条文比较少。投标人可根据施工组织设计中采取的措施增加项目。

措施项目清单的设置,首先,参考拟建工程的施工组织设计,以确定安全文明施工、材料的二次搬运等项目。其次,参阅施工技术方案,以确定夜间施工增加费、大型机械进出场及安拆费、脚手架工程费等项目。参阅相关专业工程施工规范及工程质量验收规范,可以确定施工技术方案没有表达的,但是为了实现施工规范及工程验收规范要求而必须发生的技术措施。

(1)措施项目清单应根据拟建工程的实际情况列项。

(2)措施项目中可以计算工程量的项目清单宜采用分部分项工程量清单的方式编制,列出项目编码、项目名称、项目特征、计量单位和工程量计算规则;不能计算工程量的项目清单,以"项"为计量单位。

(3)相关专业工程国家计量规范将实体性项目划分为分部分项工程

量清单,非实体性项目划分为措施项目。所谓非实体性项目,一般来说,其费用的发生和金额的大小与使用时间、施工方法或者两个以上工序相关,与实际完成的实体工程量的多少关系不大,典型的是大中型施工机械、文明施工和安全防护、临时设施等。但有的非实体性项目,则是可以计算工程量的项目,典型的建筑工程是混凝土浇筑的模板工程,用分部分项工程量清单的方式采用综合单价,更有利于措施费的确定和调整,更有利于合同管理。

(三)其他项目清单

其他项目清单是指除分部分项工程量清单、措施项目清单所包含的内容以外,因招标人的特殊要求而发生的与拟建工程有关的其他费用项目和相应数量的清单。工程建设标准的高低、工程的复杂程度、工程的工期长短、工程的组成内容、发包人对工程管理要求等都直接影响其他项目清单的具体内容。其他项目清单包括暂列金额、暂估价(包括材料暂估单价、工程设备暂估单价、专业工程暂估价)、计日工、总承包服务费。

1. 暂列金额

暂列金额是招标人在工程量清单中暂定并包括在合同价款中的一笔款项。清单计价规范中明确规定暂列金额用于施工合同签订时尚未确定或者不可预见的所需材料、设备、服务的采购,施工中可能发生的工程变更、合同约定调整因素出现时的工程价款调整以及发生的索赔、现场签证确认等的费用。

不管采用何种合同形式,工程造价理想的标准,是一份合同的价格就是其最终的竣工结算价格,或者至少两者应尽可能接近。我国规定对政府投资工程实行概算管理,经项目审批部门批复的设计概算是工程投资控制的刚性指标,即使商业性开发项目也有成本的预先控制问题,否则,无法相对准确预测投资的收益和科学合理地进行投资控制。工程建设自身的特性决定了工程的设计需要根据工程进展不断地进行优化和调整,业主需求可能会随工程建设进展出现变化,工程建设过程还会存在一些不能预见、不能确定的因素。消化这些因素必然会影响合同价格的调整,暂列金额正是为这类不可避免的价格调整而设立,以便达到合理确定和有效控制工程造价的目标。

另外,暂列金额列入合同价格不等于就属于承包人所有了,即使是总价包干合同,也不等于列入合同价格的所有金额就属于承包人,是否属于承包人应得金额取决于具体的合同约定，只有按照合同约定程序实际发生后，才能成为承包人的应得金额，纳入合同结算价款中。扣除实际发生金额后的暂列金额余额仍属于发包人所有。设立暂列金额并不能保证合同结算价格就不会再出现超过合同价格的情况，是否超出合同价格完全取决于工程量清单编制人暂列金额预测的准确性，以及工程建设过程是否出现了其他事先未预测到的事件。

2. 暂估价

暂估价是指招标阶段直至签订合同协议时，招标人在招标文件中提供的用于支付必然发生但暂时不能确定价格的材料以及专业工程的金额。暂估价包括材料暂估单价、工程设备暂估单价和专业工程暂估价。暂估价类似于 FIDIC 合同条款中的 Prime Cost Items，在招标阶段预见肯定要发生，只是因为标准不明确或者需要由专业承包人完成，暂时无法确定价格。暂估价数量和拟用项目应当结合工程量清单中的"暂估价表"予以补充说明。

为方便合同管理，需要纳入分部分项工程项目清单综合单价中的暂估价应只是材料费、工程设备费，以方便投标人组价。

专业工程暂估价一般应是综合暂估价，应当包括除规费和税金以外的管理费、利润等取费。总承包招标时，专业工程设计深度往往是不够的，一般需要交由专业设计人设计，国际上，出于提高可建造性考虑，一般由专业承包人负责设计，以发挥其专业技能和专业施工经验的优势。这类专业工程交由专业分包人完成是国际工程的良好实践，目前在我国工程建设领域也已经比较普遍。公开透明地合理确定这类暂估价的实际开支金额的最佳途径，就是通过施工总承包人与工程建设项目招标人共同组织的招标。

3. 计日工

计日工是为解决现场发生的零星工作的计价而设立的，其为额外工作和变更的计价提供了一个方便快捷的途径。计日工适用的所谓零星工作一般是指合同约定之外的或者因变更而产生的、工程量清单中没有相应项目的额外工作，尤其是那些时间不允许事先商定价格的额外工作。计日工以完成零星工作所消耗的人工工时、材料数量、机械台班进行计量，并按照计日工表中填报的适用项目的单价进行计价支付。

国际上常见的标准合同条款中，大多数都设立了计日工（Daywork）

计价机制。但在我国以往的工程量清单计价实践中,由于计日工项目的单价水平一般要高于工程量清单项目的单价水平,因而经常被忽略。从理论上说,由于计日工往往是用于一些突发性的额外工作,缺少计划性,承包人在调动施工生产资源方面难免不影响已经计划好的工作,生产资源的使用效率也有一定的降低,客观上造成超出常规的额外投入。另外,其他项目清单中计日工往往是一个暂定的数量,无法纳入有效的竞争。所以合理的计日工单价水平一定是要高于工程量清单的价格水平的。为获得合理的计日工单价,发包人在其他项目清单中对计日工一定要给出暂定数量,并需要根据经验尽可能估算一个较接近实际的数量。

4. 总承包服务费

总承包服务费是为了解决招标人在法律、法规允许的条件下进行专业工程发包,以及自行供应材料、设备,并需要总承包人对发包的专业工程提供协调和配合服务,对供应的材料、设备提供收、发和保管服务以及进行施工现场管理时发生,并向总承包人支付的费用。招标人应预计该项费用并按投标人的投标报价向投标人支付该项费用。

为保证工程施工建设的顺利实施,投标人在编制招标工程量清单时应对施工过程中可能出现的各种不确定因素对工程造价的影响进行估算,列出一笔暂列金额。暂列金额可根据工程的复杂程度、设计深度、工程环境条件(包括地质、水文、气候条件等)进行估算,一般可按分部分项工程费的10%～15%作为参考。

暂估价中的材料、工程设备暂估单价应根据工程造价信息或参照市场价格估算,列出明细表;专业工程暂估价应分不同专业,按有关计价规定估算,列出明细表。计日工应列出项目名称、计量单位和暂估数量。

总承包服务费应列出服务项目及其内容等。

出现未列的项目,应根据工程实际情况补充。如办理竣工结算时就需将索赔及现场签证列入其他项目中。

(四)规费项目清单

规费是根据省级政府或省级有关权力部门规定必须缴纳的,应计入建筑安装工程造价的费用。根据住房和城乡建设部、财政部"关于印发《建筑安装工程费用项目组成》的通知"(建标〔2013〕44号)的规定,规费主要包括社会保险费、住房公积金、工程排污费,其中社会保险费包括养老保险费、医疗保险费、失业保险费、工伤保险费和生育保险费;税金主要包括营业税、城市维护建设税、教育费附加和地方教育附加。规费作为政府和有关权力部门规定必须缴纳的费用,政府和有关权力部门可根据形势发展的需要,对规费项目进行调整,因此,清单编制人对《建筑安装工程费用项目组成》中未包括的规费项目,在编制规费项目清单时应根据省级政府或省级有关权力部门的规定列项。

规费项目清单应按照下列内容列项:

(1)社会保险费,包括养老保险费、失业保险费、医疗保险费、工伤保险费、生育保险费。

(2)住房公积金。

(3)工程排污费。

相对于"08计价规范","13计价规范"对规费项目清单进行了以下调整:

(1)根据《中华人民共和国社会保险法》的规定,将"08计价规范"使用的"社会保障费"更名为"社会保险费",将"工伤保险费、生育保险费"列入社会保险费。

(2)根据第十一届全国人大常委会第20次会议将《中华人民共和国建筑法》第四十八条由"建筑施工企业必须为从事危险作业的职工办理意外伤害保险,支付保险费"修改为"建筑施工企业应当依法为职工参加工伤保险缴纳工伤保险费。鼓励企业为从事危险作业的职工办理意外伤害保险,支付保险费"。由于建筑法将意外伤害保险由强制改为鼓励,因此,"13计价规范"中规费项目增加了工伤保险费,删除了意外伤害保险,将其列入企业管理费中。

(3)根据《财政部、国家发展改革委关于公布取消和停止征收100项行政事业性收费项目的通知》(财综〔2008〕78号)的规定,工程定额测定费从2009年1月1日起取消,停止征收。因此,"13计价规范"中规费项目取消了工程定额测定费。

(五)税金

根据住房和城乡建设部、财政部"关于印发《建筑安装工程费用项目组成》的通知"(建标〔2013〕44号)的规定,目前我国税法规定应计入建筑安装工程造价的税种包括营业税、城市建设维护税、教育费附加和地方教育附加。如国家税法发生变化,税务部门依据职权增加了税种,应对税金项目清单进行补充。

税金项目清单应按下列内容列项:
(1)营业税。
(2)城市维护建设税。
(3)教育费附加。
(4)地方教育附加。

根据《财政部关于统一地方教育附加政策有关问题的通知》(财综〔2010〕98号)的有关规定,"13计价规范"相对于"08计价规范",在税金项目增列了地方教育附加项目。

第四节 园林绿化工程工程量清单计价编制

一、园林绿化工程招标控制价编制

(一)园林绿化工程招标概述

1. 工程招标的含义及范围

工程招标是指招标单位就拟建的工程发布通公告或通知,以法定方式吸引施工单位参加竞争,招标单位从中选择条件优越者完成工程建设任务的法定行为。进行工程招标,招标人必须根据工程项目的特点,结合自身的管理能力,确定工程的招标范围。

(1)招标投标法规定必须招标的范围。根据《中华人民共和国招标投标法》的规定,在中华人民共和国境内进行的下列工程项目必须进行招标:

1)大型基础设施、公用事业等关系社会公共利益、公众安全的项目。
2)全部或部分使用国有资金或者国家融资的项目。
3)使用国际组织或者外国政府贷款、援助资金的项目。

(2)可以不进行招标的范围。根据《中华人民共和国招标投标法》和有关规定,属于下列情形之一的,经县级以上地方人民政府建设行政主管部门批准,可以不进行招标:

1)涉及国家安全、国家秘密的工程。
2)抢险救灾工程。
3)利用扶贫资金实行以工代赈、需要使用农民工等特殊情况。
4)建筑造型有特殊要求的设计。
5)采用特定专利技术、专有技术进行设计或施工。

6)停建或者缓建后恢复建设的单位工程,且承包人未发生变更的。

7)施工企业自建自用的工程,且施工企业资质等级符合工程要求的。

8)在建工程追加的附属小型工程或者主体加层工程,且承包人未发生变更的。

9)法律、法规、规章规定的其他情形。

2. 工程招标的程序

(1)招标单位自行办理招标事宜,应当建立专门的招标机构。建设单位招标应当具备如下条件:

1)建设单位必须是法人或依法成立的其他组织。

2)有与招标工程相适应的经济、技术管理人员。

3)有组织编制招标文件的能力。

4)有审查投标单位资质的能力。

5)有组织开标、评标、定标的能力。

建设单位应据此组织招标工作机构,负责招标的技术性工作。若建设单位不具备上述相应的条件,则必须委托具有相应资质的咨询单位代理招标。

(2)提出招标申请书。招标申请书的内容包括招标单位的资质、招标工程具备的条件、拟采用的招标方式和对投标单位的要求等。

(3)编制招标文件。招标文件应包括如下内容:

1)工程综合说明。包括工程名称、地址、招标项目、占地范围及现场条件、建筑面积和技术要求、质量标准、招标方式、要求开工和竣工时间、对投标单位的资质等级要求等。

2)投标人须知。

3)合同的主要条款。

4)工程设计图纸和技术资料及技术说明书,通常称为设计文件。

5)工程量清单。以单位工程为对象,遵照"13 计价规范"和相关专业工程国家计量规范,按分部分项工程列出工程数量。

6)主要材料与设备的供应方式、加工订货情况和材料、设备价差的处理方法。

7)特殊工程的施工要求以及采用的技术规范。

8)投标文件的编制要求及评标、定标原则。

9)投标、开标、评标、定标等活动的日程安排。

10)要求交纳的投标保证金额度。

招标单位在发布招标公告或发出投标邀请书的 5 日前,向工程所在地县级以上地方人民政府建设行政主管部门备案。

(4)编制招标控制价,报招标投标管理部门备案。如果招标文件设定为有标底评标,则必须编制标底。如果是国有资金投资建设的工程则应编制招标控制价。

(5)发布招标公告或招标邀请书。若采用公开招标方式,应根据工程性质和规模在当地或全国性报纸、专业网站或公开发行的专业刊物上发布招标公告,其内容应包括招标单位和招标工程的名称、招标工程简介、工程承包方式、投标单位资格、领取招标文件的地点、时间和应缴费用等。若采用邀请招标方式,应由招标单位向预先选定的承包商发出招标邀请书。

(6)招标单位审查申请投标单位的资格,并将审查结果通知申请投标单位。招标单位对报名参加投标的单位进行资格预审,并将审查结果报当地建设行政主管部门备案后再通知各申请投标单位。

(7)向合格的投标单位分发招标文件。招标文件一经发出,招标单位不得擅自变更内容或增加附加条件;确需变更和补充的,应在投标截止日期 15 天前书面通知所有投标单位,并报当地建设行政主管部门备案。

(8)组织投标单位勘查现场,召开答疑会,解答投标单位对招标文件提出的问题。通常投标单位提出的问题应由招标单位书面答复,并以书面形式发给所有投标单位作为招标文件的补充和组成。

(9)接受投标。自发出招标文件之日起到投标截止日,最短不得少于 20 天。招标人可以要求投标人提交投标担保。投标保证金一般不超过投标报价的 2%,且最高不得超过 80 万元。

(10)召开招标会,当场开标。遵照中华人民共和国国家发展计划委员会等七个部门于 2001 年 7 月 5 日颁布的《评标委员会和评标方法暂行规定》执行。

提交有效投标文件的投标人少于三个或所有投标被否决的,招标人必须重新组织招标。

评标的专家委员会应向招标人推荐不超过三名有排序合格的中标候选人。

(11)招标单位与中标单位签订施工投标合同。招标人在评标委员会推荐的中标候选人中确定中标人,签发中标通知书,并在中标通知书签发后的30天内与中标人签订工程承包协议。

3. 实行工程量清单招标的优点

(1)淡化了预算定额的作用。招标方确定工程量,承担工程量误差的风险,投标方确定单价,承担价格风险,真正实现了量价分离,风险分担。

(2)节约工程投资。实行工程量清单招标,合理适度的增加投票的竞争性,特别是经评审低价中标的方式,有利于控制工程建设项目总投资,降低工程造价,为建设单位节约资金,以最少的投资达到最大的经济效益。

(3)有利于工程管理信息化。统一的计算规则,有利于统一计算口径,也有利于统一划项口径;统一的划项口径又有利于统一信息编码,进而实现统一的信息管理。

(4)提高了工作效率。由招标人向各投标人提供建设项目的实物工程量和技术性措施项目的数量清单,各投标人不必再花费大量的人力、物力和财力去重复做测算,节约了时间,降低了社会成本。

(二)招标控制价编制

1. 一般规定

招标控制价是招标人根据国家或省级、行业建设主管部门颁发的有关计价依据和办法,按设计施工图纸计算的,对招标工程限定的最高工程造价。国有资金投资的工程建设项目必须实行工程量清单招标,并必须编制招标控制价。

(1)招标控制价的作用。

1)我国对国有资金投资项目投资控制实行的是投资概算审批制度,国有资金投资的工程原则上不能超过批准的投资概算。因此,在工程招标发包时,当编制的招标控制价超过批准的概算,招标人应当将其报原概算审批部门重新审核。

2)国有资金投资的工程进行招标,根据《中华人民共和国招标投标法》的规定,招标人可以设标底。当招标人不设标底时,为有利于客观、合理地评审投标报价和避免哄抬标价,造成国有资产流失,招标人必须编制招标控制价。

3)国有资金投资的工程,招标人编制并公布的招标控制价相当于招标人的采购预算,同时要求其不能超过批准的概算,因此,招标控制价是招标人在工程招标时能接受投标人报价的最高限价。

(2)招标控制价的编制人员。招标控制价应由具有编制能力的招标人编制,当招标人不具有编制招标控制价的能力时,可委托具有相应资质的工程造价咨询人编制。工程造价咨询人接受招标人委托编制招标控制价,不得再就同一工程接受投标人委托编制投标报价。

所谓具有相应工程造价咨询资质的工程造价咨询人是指根据《工程造价咨询企业管理办法》(建设部令第149号)的规定,依法取得工程造价咨询企业资质,并在其资质许可的范围内接受招标人的委托,编制招标控制价的工程造价咨询企业,即取得甲级工程造价咨询资质的咨询人可承担各类建设项目的招标控制价编制,取得乙级(包括乙级暂定)工程造价咨询资质的咨询人,则只能承担5000万元以下招标控制价的编制。

(3)其他规定。

1)招标控制价的作用决定了招标控制价不同于标底,无须保密。为体现招标的公平、公正,防止招标人有意抬高或压低工程造价,招标人应在招标文件中如实公布招标控制价,不得对所编制的招标控制价进行上浮或下调。招标人在招标文件中公布招标控制价时,应公布招标控制价各组成部分的详细内容,不得只公布招标控制价总价。

2)招标人应将招标控制价及有关资料报送工程所在地或有该工程管辖权的行业管理部门工程造价管理机构备查。

2. 招标控制价编制与复核

(1)招标控制价编制依据:

1)"13计价规范";

2)国家或省级、行业建设主管部门颁发的计价定额和计价办法;

3)建设工程设计文件及相关资料;

4)拟定的招标文件及招标工程量清单;

5)与建设项目相关的标准、规范、技术资料;

6)施工现场情况、工程特点及常规施工方案;

7)工程造价管理机构发布的工程造价信息,当工程造价信息没有发布时,参照市场价;

8)其他相关资料。

按上述依据进行招标控制价编制,应注意以下事项:

1)使用的计价标准、计价政策应是国家或省、自治区、直辖市建设行

政主管部门或行业建设主管部门颁布的计价定额和计价方法;

2)采用的材料价格应是工程造价管理机构通过工程造价信息发布的材料单价,工程造价信息未发布材料单价的材料,其材料价格应通过市场调查确定;

3)国家或省、自治区、直辖市建设行政主管部门或行业建设主管部门对工程造价计价中费用或费用标准有规定的,应按规定执行。

(2)招标控制价编制。

1)综合单价中应包括招标文件中划分的应由投标人承担的风险范围及其费用。招标文件中没有明确的,如是工程造价咨询人编制,应提请招标人明确;如是招标人编制,应予明确。

2)分部分项工程和措施项目中的单价项目,应根据拟定的招标文件和招标工程量清单项目中的特征描述及有关要求确定综合单价计算。招标文件中提供了暂估单价的材料,按暂估的单价计入综合单价。

3)措施项目中的总价项目应根据拟定的招标文件和常规施工方案采用综合单价计价。措施项目中的安全文明施工费必须按国家或省级、行业建设主管部门的规定计算,不得作为竞争性费用。

4)其他项目费应按下列规定计价:

①暂列金额。暂列金额应按招标工程量清单中列出的金额填写。

②暂估价。暂估价包括材料暂估单价、工程设备暂估单价和专业工程暂估价。暂估价中的材料、工程设备单价应根据招标工程量清单列出的单价计入综合单价。

③计日工。计日工包括计日工人工、材料和施工机械。在编制招标控制价时,对计日工中的人工单价和施工机械台班单价应按省级、行业建设主管部门或其授权的工程造价管理机构公布的单价计算;材料应按工程造价管理机构发布的工程造价信息中的材料单价计算,工程造价信息未发布材料单价的材料,其价格应按市场调查确定的单价计算。

④总承包服务费。招标人编制招标控制价时,总承包服务费应根据招标文件中列出的内容和向总承包人提出的要求,按照省级或行业建设主管部门的规定或参照下列标准计算。

a. 招标人仅要求对分包的专业工程进行总承包管理和协调时,按分包的专业工程估算造价的1.5%计算;

b. 招标人要求对分包的专业工程进行总承包管理和协调,并同时要

求提供配合服务时,根据招标文件中列出的配合服务内容和提出的要求,按分包的专业工程估算造价的 3%～5%计算;

　　c. 招标人自行供应材料的,按招标人供应材料价值的 1%计算。

5)招标控制价的规费和税金必须按国家或省级、行业建设主管部门的规定计算。

3. 投诉与处理

(1)投标人经复核认为招标人公布的招标控制价未按照"13 计价规范"的规定进行编制的,应在招标控制价公布后 5 天内向招投标监督机构和工程造价管理机构投诉。

(2)投诉人投诉时,应当提交由单位盖章和法定代表人或其委托人签名或盖章的书面投诉书。投诉书应包括下列内容:

1)投诉人与被投诉人的名称、地址及有效联系方式;

2)投诉的招标工程名称、具体事项及理由;

3)投诉依据及有关证明材料;

4)相关的请求及主张。

(3)投诉人不得进行虚假、恶意投诉,阻碍招投标活动的正常进行。

(4)工程造价管理机构在接到投诉书后应在 2 个工作日内进行审查,对有下列情况之一的,不予受理:

1)投诉人不是所投诉招标工程招标文件的收受人;

2)投诉书提交的时间不符合上述第(1)条规定的;

3)投诉书不符合上述第(2)条规定的;

4)投诉事项已进入行政复议或行政诉讼程序的。

(5)工程造价管理机构应在不迟于结束审查的次日将是否受理投诉的决定书面通知投诉人、被投诉人以及负责该工程招投标监督的招投标管理机构。

(6)工程造价管理机构受理投诉后,应立即对招标控制价进行复查,组织投诉人、被投诉人或其委托的招标控制价编制人等单位人员对投诉问题逐一核对。有关当事人应当予以配合,并应保证所提供资料的真实性。

(7)工程造价管理机构应当在受理投诉的 10 天内完成复查,特殊情况下可适当延长,并做出书面结论通知投诉人、被投诉人及负责该工程招投标监督的招投标管理机构。

(8)当招标控制价复查结论与原公布的招标控制价误差大于±3%时,应当责成招标人改正。

(9)招标人根据招标控制价复查结论需要重新公布招标控制价的,其最终公布的时间至招标文件要求提交投标文件截止时间不足15天的,应相应延长投标文件的截止时间。

二、园林绿化工程投标报价编制

(一)一般规定

(1)投标价应由投标人或受其委托具有相应资质的工程造价咨询人编制。

(2)投标价中除"13 计价规范"中规定的规费、税金及措施项目清单中的安全文明施工费应按国家或省级、行业建设主管部门的规定计价,不得作为竞争性费用外,其他项目的投标报价由投标人自主决定。

(3)投标人的投标报价不得低于工程成本。《中华人民共和国反不正当竞争法》第十一条规定:"经营者不得以排挤竞争对手为目的,以低于成本的价格销售商品"。《中华人民共和国招标投标法》第四十一规定:"中标人的投标应当符合下列条件……(二)能够满足招标文件的实质性要求,并且经评审的投标价格最低;但是投标价格低于成本的除外"。《评标委员会和评标方法暂行规定》(国家计委等七部委第 12 号令)第二十一条规定:"在评标过程中,评标委员会发现投标人的报价明显低于其他投标报价或者在设有标底时明显低于标底,使得其投标报价可能低于其个别成本的,应当要求该投标人做出书面说明并提供相关证明材料。投标人不能合理说明或者不能提供相关证明材料的,由评标委员会认定该投标人以低于成本报价竞标,其投标应作废标处理。"

(4)实行工程量清单招标,招标人在招标文件中提供工程量清单,其目的是使各投标人在投标报价中具有共同的竞争平台。因此,要求投标人必须按招标工程量清单填报价格,工程量清单的项目编码、项目名称、项目特征、计量单位、工程数量必须与招标人招标文件中提供的招标工程量清单一致。

(5)《中华人民共和国政府采购法》第三十六条规定:"在招标采购中,出现下列情形之一的,应予废标……(三)投标人的报价均超过了采购预算,采购人不能支付的"。《中华人民共和国招标投标法实施条例》第五十一条规定:"有下列情形之一的,评标委员会应当否决其投标:……(五)投标报价低于成本或者高于招标文件设定的最高投标限价"。对于国有资金投资的工程,其招标控制价相当于政府采购中的采购预算,且其定义就是最高投标限价,因此,投标人的投标报价不能高于招标控制价,否则,应予废标。

(二)投标报价编制与复核

(1)投标报价应根据下列依据编制和复核:

1)"13 计价规范";

2)国家或省级、行业建设主管部门颁发的计价办法;

3)企业定额,国家或省级、行业建设主管部门颁发的计价定额和计价办法;

4)招标文件、招标工程量清单及其补充通知、答疑纪要;

5)建设工程设计文件及相关资料;

6)施工现场情况、工程特点及投标时拟定的施工组织设计或施工方案;

7)与建设项目相关的标准、规范等技术资料;

8)市场价格信息或工程造价管理机构发布的工程造价信息;

9)其他的相关资料。

(2)综合单价中应考虑招标文件中要求投标人承担的风险内容及其范围(幅度)产生的风险费用,招标文件中没有明确的,应提请招标人明确。在施工过程中,当出现的风险内容及其范围(幅度)在合同约定的范围内时,合同价款不作调整。

(3)分部分项工程和措施项目中的单价项目,应根据招标文件和招标工程量清单项目中的特征描述确定综合单价。招标工程量清单的项目特征描述是确定分部分项工程和措施项目中单价的重要依据之一,投标人投标报价时应依据招标工程量清单项目的特征描述确定清单项目的综合单价。招投标过程中,当出现招标工程量清单项目特征描述与设计图纸不符时,投标人应以招标工程量清单的项目特征描述为准,确定投标报价的综合单价。当施工中施工图纸或设计变更与招标工程量清单的项目特征描述不一致时,发、承包双方应按实际施工的项目特征,依据合同约定重新确定综合单价。

招标文件中提供了暂估单价的材料,应按暂估的单价计入综合单价;综合单价中应考虑招标文件中要求投标人承担的风险内容及其范围(幅度)产生的风险费用。在施工过程中,当出现的风险内容及其范围(幅度)在合同约定的范围内时,工程价款不做调整。

(4)投标人可根据工程实际情况并结合施工组织设计,对招标人所列的措施项目进行增补。由于各投标人拥有的施工装备、技术水平和采用的施工方法有所差异,招标人提出的措施项目清单是根据一般情况确定的,没有考虑不同投标人的"个性",投标人投标时应根据自身编制的投标施工组织设计或施工方案确定措施项目,对招标人提供的措施项目进行调整。投标人根据投标施工组织设计或施工方案调整和确定的措施项目应通过评标委员会的评审。

措施项目中的总价项目应采用综合单价计价。其中安全文明施工费应按国家或省级、行业建设主管部门的规定确定,且不得作为竞争性费用。

(5)其他项目应按下列规定报价:

1)暂列金额应按招标工程量清单中列出的金额填写,不得变动;

2)材料、工程设备暂估价应按招标工程量清单中列出的单价计入综合单价,不得变动和更改;

3)专业工程暂估价应按招标工程量清单中列出的金额填写,不得变动和更改;

4)计日工应按招标工程量清单中列出的项目和数量,自主确定综合单价并计算计日工金额;

5)总承包服务费应依据招标工程量清单中列出的专业工程暂估价内容和供应材料、设备情况,按照招标人提出协调、配合与服务要求和施工现场管理需要自主确定。

(6)规费和税金应按国家或省级、行业建设主管部门的规定计算,不得作为竞争性费用。规费和税金的计取标准是依据有关法律、法规和政策规定制定的,具有强制性。投标人是法律、法规和政策的执行者,不能改变,更不能制定,而必须按照法律、法规、政策的有关规定执行。

(7)招标工程量清单与计价表中列明的所有需要填写单价和合价的项目,投标人均应填写且只允许有一个报价。未填写单价和合价的项目,可视为此项费用已包含在已标价工程量清单中其他项目的单价和合价之中。当竣工结算时,此项目不得重新组价予以调整。

(8)实行工程量清单招标,投标人的投标总价应当与组成已标价工程量清单的分部分项工程费、措施项目费、其他项目费和规费、税金的合计金额相一致,即投标人在投标报价时,不能进行投标总价优惠(或降价、让利),投标人对招标人的任何优惠(或降价、让利)均应反映在相应清单项目的综合单价中。

三、园林绿化工程竣工结算编制

竣工结算是施工企业在所承包的工程全部完工竣工之后,与建设单位进行最终的价款结算。竣工结算反映该工程项目上施工企业的实际造价以及还有多少工程款要结清。通过竣工结算,施工企业可以考核实际的工程费用是降低还是超支。竣工结算是建设单位竣工决算的一个组成部分。建筑安装工程竣工结算造价加上设备购置费,勘察设计费,征地拆迁费和一切建设单位为建设这个项目中的其他全部费用,才能成为该工程完整的竣工决算。

(一)一般规定

(1)工程完工后,发承包双方必须在合同约定时间内办理工程竣工结算。合同中没有约定或约定不清的,按"13 计价规范"中有关规定处理。

(2)工程竣工结算应由承包人或受其委托具有相应资质的工程造价咨询人编制,并应由发包人或受其委托具有相应资质的工程造价咨询人核对。实行总承包的工程,由总承包人对竣工结算的编制负总责。

(3)当发承包双方或一方对工程造价咨询人出具的竣工结算文件有异议时,可向工程造价管理机构投诉,申请对其进行执业质量鉴定。

(4)工程造价管理机构对投诉的竣工结算文件进行质量鉴定,宜按下述"四、"的相关规定进行。

(5)《中华人民共和国建筑法》第六十一条规定:"交付竣工验收的建筑工程,必须符合规定的建筑工程质量标准,有完整的工程技术经济资料和经签署的工程保修书,并具备国家规定的其他竣工条件",由于竣工结算是反映工程造价计价规定执行情况的最终文件,竣工结算办理完毕,发包人应将竣工结算文件报送工程所在地或有该工程管辖权的行业管理部门工程造价管理机构备案。竣工结算文件应作为工程竣工验收备案、交付使用的必备文件。

(二)竣工结算编制与复核

(1)工程竣工结算应根据下列依据编制和复核：

1)"13计价规范"；

2)工程合同；

3)发承包双方实施过程中已确认的工程量及其结算的合同价款；

4)发承包双方实施过程中已确认调整后追加(减)的合同价款；

5)建设工程设计文件及相关资料；

6)投标文件；

7)其他依据。

(2)分部分项工程和措施项目中的单价项目应依据发承包双方确认的工程量与已标价工程量清单的综合单价计算；发生调整的，应以发承包双方确认调整的综合单价计算。

(3)措施项目中的总价项目应依据已标价工程量清单的项目和金额计算；发生调整的，应以发承包双方确认调整的金额计算，其中安全文明施工费应按照国家或省级、行业建设主管部门的规定计算。施工过程中，国家或省级、行业建设主管部门对安全文明施工费进行了调整的，措施项目费中和安全文明施工费应作相应调整。

(4)办理竣工结算时，其他项目费的计算应按以下要求进行计价：

1)计日工的费用应按发包人实际签证确认的数量和合同约定的相应项目综合单价计算。

2)当暂估价中的材料、工程设备是招标采购的，其单价按中标价在综合单价中调整。当暂估价中的材料、设备为非招标采购的，其单价按发承包双方最终确认的单价在综合单价中调整。当暂估价中的专业工程是招标发包的，其专业工程费按中标价计算。当暂估价中的专业工程为非招标发包的，其专业工程费按发承包双方与分包人最终确认的金额计算。

3)总承包服务费应依据已标价工程量清单金额计算，发承包双方依据合同约定对总承包服务进行了调整，应按调整后的金额计算。

4)索赔事件产生的费用在办理竣工结算时应在其他项目费中反映。索赔费用的金额应依据发承包双方确认的索赔事项和金额计算。

5)现场签证发生的费用在办理竣工结算时应在其他项目费中反映。现场签证费用金额依据发承包双方签证资料确认的金额计算。

6)合同价款中的暂列金额在用于各项价款调整、索赔与现场签证后,若有余额,则余额归发包人,若出现差额,则由发包人补足并反映在相应的工程价款中。

(5)规费和税金应按国家或省级、行业建设主管部门对规费和税金的计取标准计算。规费中的工程排污费应按工程所在地环境保护部门规定的标准缴纳后按实列入。

(6)由于竣工结算与合同工程实施过程中的工程计量及其价款结算、进度款支付、合同价款调整等具有内在联系,因此发承包双方在合同工程实施过程中已经确认的工程计量结果和合同价款,在竣工结算办理中应直接进入结算,从而简化结算流程。

四、园林绿化工程造价鉴定

发承包双方在履行施工合同过程中,由于不同的利益诉求,有一些施工合同纠纷需要采用仲裁、诉讼的方式解决,工程造价鉴定在一些施工合同纠纷案件处理中就成了裁决、判决的主要依据。

(一)一般规定

(1)在工程合同价款纠纷案件处理中,需做工程造价司法鉴定的,应根据《工程造价咨询企业管理办法》(建设部令第149号)第二十条的规定,委托具有相应资质的工程造价咨询人进行。

(2)工程造价咨询人接受委托时提供工程造价司法鉴定服务,不仅应符合建设工程造价方面的规定,还应按仲裁、诉讼程序和要求进行,并应符合国家关于司法鉴定的规定。

(3)按照《注册造价工程师管理办法》(建设部令第150号)的规定,工程计价活动应由造价工程师担任。《建设部关于对工程造价司法鉴定有关问题的复函》(建办标函〔2005〕155号)第二条:"从事工程造价司法鉴定的人员,必须具备注册造价工程师执业资格,并只得在其注册的机构从事工程造价司法鉴定工作,否则不具有在该机构的工程造价成果文件上签字的权力。"鉴于进入司法程序的工程造价鉴定的难度一般较大,工程造价咨询人进行工程造价司法鉴定时,应指派专业对口、经验丰富的注册造价工程师承担鉴定工作。

(4)工程造价咨询人应在收到工程造价司法鉴定资料后10天内,根据自身专业能力和证据资料判断能否胜任该项委托,如不能,应辞去该项委托。工程造价咨询人不得在鉴定期满后以上述理由不做出鉴定结论,影响案件处理。

(5)为保证工程造价司法鉴定的公正进行,接受工程造价司法鉴定委托的工程造价咨询人或造价工程师如是鉴定项目一方当事人的近亲属或代理人、咨询人以及其他关系可能影响鉴定公正的,应当自行回避;未自行回避,鉴定项目委托人以该理由要求其回避的,必须回避。

(6)《最高人民法院关于民事诉讼证据的若干规定》(法释〔2001〕33号)第五十九条规定:"鉴定人应当出庭接受当事人质询",因此,工程造价咨询人应当依法出庭接受鉴定项目当事人对工程造价司法鉴定意见书的质询。如确因特殊原因无法出庭的,经审理该鉴定项目的仲裁机关或人民法院准许,可以书面形式答复当事人的质询。

(二)取证

(1)工程造价的确定与当时的法律法规、标准定额以及各种要素价格具有密切关系,为做好一些基础资料不完备的工程鉴定,工程造价咨询人进行工程造价鉴定工作,应自行收集以下(但不限于)鉴定资料。

1)适用于鉴定项目的法律、法规、规章、规范性文件以及规范、标准、定额;

2)鉴定项目同时期同类型工程的技术经济指标及其各类要素价格等。

(2)真实、完整、合法的鉴定依据是做好鉴定项目工程造价司法工作鉴定的前提。工程造价咨询人收集鉴定项目的鉴定依据时,应向鉴定项目委托人提出具体书面要求,其内容包括:

1)与鉴定项目相关的合同、协议及其附件;

2)相应的施工图纸等技术经济文件;

3)施工过程中的施工组织、质量、工期和造价等工程资料;

4)存在争议的事实及各方当事人的理由;

5)其他有关资料。

(3)根据最高人民法院规定:"证据应当在法庭上出示,由当事人质证。未经质证的证据,不能作为认定案件事实的依据(法释〔2001〕33号)"。工程造价咨询人在鉴定过程中要求鉴定项目当事人对缺陷资料进行补充的,应征得鉴定项目委托人同意,或者协调鉴定项目各方当事人共同签认。

(4)根据鉴定工作需要现场勘验的,工程造价咨询人应提请鉴定项目委托人组织各方当事人对被鉴定项目所涉及的实物标的进行现场勘验。

(5)勘验现场应制作勘验记录、笔录或勘验图表,记录勘验的时间、地点、勘验人、在场人、勘验经过、结果,由勘验人、在场人签名或者盖章确认。绘制的现场图应注明绘制的时间、测绘人姓名、身份等内容。必要时应采取拍照或摄像取证,留下影像资料。

(6)鉴定项目当事人未对现场勘验图表或勘验笔录等签字确认的,工程造价咨询人应提请鉴定项目委托人决定处理意见,并在鉴定意见书中做出表述。

(三)鉴定

(1)《最高人民法院关于审理建设工程施工合同纠纷案件适用法律问题的解释》(法释〔2004〕14号)第十六条一款规定:"当事人对建设工程的计价标准或者计价方法有约定的,按照约定结算工程价款",因此,如鉴定项目委托人明确告之合同有效,工程造价咨询人就必须依据合同约定进行鉴定,不得随意改变发承包双方合法的合意,不能以专业技术方面的惯例来否定合同的约定。

(2)工程造价咨询人在鉴定项目合同无效或合同条款约定不明确的情况下应根据法律法规、相关国家标准和"13计价规范"的规定,选择相应专业工程的计价依据和方法进行鉴定。

(3)为保证工程造价鉴定的质量,尽可能将当事人之间的分歧缩小直至化解,为司法调解、裁决或判决提供科学合理的依据,工程造价咨询人出具正式鉴定意见书之前,可报请鉴定项目委托人向鉴定项目各方当事人发出鉴定意见书征求意见稿,并指明应书面答复的期限及其不答复的相应法律责任。

(4)工程造价咨询人收到鉴定项目各方当事人对鉴定意见书征求意见稿的书面复函后,应对不同意见认真复核,修改完善后再出具正式鉴定意见书。

(5)工程造价咨询人出具的工程造价鉴定书应包括下列内容:
1)鉴定项目委托人名称、委托鉴定的内容;
2)委托鉴定的证据材料;
3)鉴定的依据及使用的专业技术手段;
4)对鉴定过程的说明;

5)明确的鉴定结论;

6)其他需说明的事宜;

7)工程造价咨询人盖章及注册造价工程师签名盖执业专用章。

(6)进入仲裁或诉讼的施工合同纠纷案件,一般都有明确的结案时限,为避免影响案件的处理,工程造价咨询人应在委托鉴定项目的鉴定期限内完成鉴定工作,如确因特殊原因不能在原定期限内完成鉴定工作时,应按照相应法规提前向鉴定项目委托人申请延长鉴定期限,并应在此期限内完成鉴定工作。

经鉴定项目委托人同意等待鉴定项目当事人提交、补充证据的,质证所用的时间不应计入鉴定期限。

(7)对于已经出具的正式鉴定意见书中有部分缺陷的鉴定结论,工程造价咨询人应通过补充鉴定做出补充结论。

第五节 工程量清单及计价编制相关表格

工程量清单与计价宜采用统一的格式。"13 计价规范"对工程计价表格,按工程量清单、招标控制价、投标报价、竣工结算和工程造价鉴定等各个计价阶段共设计了 5 种封面和 22 种(类)表样。各省、自治区、直辖市建设行政主管部门和行业建设主管部门可根据本地区、本行业的实际情况,在"13 计价规范"规定的工程计价表格的基础上进行补充完善。工程计价表格的设置应满足工程计价的需要,方便使用。

一、计价表格的种类及其适用范围

"13 计价规范"中规定的工程计价表格的种类及其使用范围见表 4-1 所示。

表 4-1　　　　　　工程计价表格的种类及其使用范围

工程名称:　　　　　　　标段:　　　　　　　　第　页共　页

表格编号	表格种类	表格名称	表格使用范围				
			工程量清单	招标控制价	投标报价	竣工结算	工程造价鉴定
封—1	工程计价文件封面	招标工程量清单封面	●				
封—2		招标控制价封面		●			

第四章 园林绿化工程工程量清单计价

续一

表格编号	表格种类	表格名称	表格使用范围				
			工程量清单	招标控制价	投标报价	竣工结算	工程造价鉴定
封—3	工程计价文件封面	投标总价封面			●		
封—4		竣工结算书封面				●	
封—5		工程造价鉴定意见书封面					●
扉—1	工程计价文件扉页	招标工程量清单扉页	●				
扉—2		招标控制价扉页		●			
扉—3		投标总价扉页			●		
扉—4		竣工结算总价扉页				●	
扉—5		工程造价鉴定意见书扉页					●
表—01	工程计价总说明	总说明	●	●	●	●	●
表—02	工程计价汇总表	建设项目招标控制价/投标报价汇总表		●	●		
表—03		单项工程招标控制价/投标报价汇总表		●	●		
表—04		单位工程招标控制价/投标报价汇总表		●	●		
表—05		建设项目竣工结算汇总表				●	●
表—06		单项工程竣工结算汇总表				●	●
表—07		单位工程竣工结算汇总表				●	●
表—08	分部分项工程和措施项目计价表	分部分项工程和单价措施项目清单与计价表	●	●	●	●	●
表—09		综合单价分析表		●	●	●	●
表—10		综合单价调整表				●	●
表—11		总价措施项目清单与计价表	●	●	●	●	●

续二

表格编号	表格种类	表格名称	表格使用范围				
			工程量清单	招标控制价	投标报价	竣工结算	工程造价鉴定
表—12	其他项目计价表	其他项目清单与计价汇总表	●	●	●	●	●
表—12—1		暂列金额明细表	●	●	●	●	●
表—12—2		材料(工程设备)暂估单价及调整表	●	●	●	●	●
表—12—3		专业工程暂估价及结算价表	●	●	●	●	●
表—12—4		计日工表	●	●	●	●	●
表—12—5		总承包服务费计价表	●	●	●	●	●
表—12—6		索赔与现场签证计价汇总表				●	●
表—12—7		费用索赔申请(核准)表				●	●
表—12—8		现场签证表				●	●
表—13		规费、税金项目计价表	●	●	●	●	●
表—14		工程计量申请(核准)表				●	
表—15	合同价款支付申请(核准)表	预付款支付申请(核准)表				●	
表—16		总价项目进度款支付分解表			●		
表—17		进度款支付申请(核准)表				●	
表—18		竣工结算款支付申请(核准)表				●	●
表—19		最终结清支付申请(核准)表				●	●
表—20	主要材料、工程设备一览表	发包人提供材料和工程设备一览表	●	●	●		
表—21		承包人提供主要材料和工程设备一览表(适用于造价信息差额调整法)	●	●	●	●	●
表—22		承包人提供主要材料和工程设备一览表(适用于价格指数差额调整法)	●	●	●	●	●

第四章 园林绿化工程工程量清单计价

二、工程计价表格的形式及填写要求
(一)工程计价文件封面
1. 招标工程量清单封面（封一1）

_____工程

招标工程量清单

招 标 人：_____
（单位盖章）

造价咨询人：_____
（单位盖章）

年　　月　　日

封—1

《招标工程量清单封面》(封-1)填写要点：

招标工程量清单封面应填写招标工程项目的具体名称，招标人应盖单位公章。如委托工程造价咨询人编制，还应加盖工程造价咨询人所在单位公章。

2. 招标控制价封面 (封-2)

_____工程

招标控制价

招 标 人：_____
　　　　　　　（单位盖章）

造价咨询人：_____
　　　　　　　（单位盖章）

年　　月　　日

封-2

第四章 园林绿化工程工程量清单计价

《招标控制价封面》(封-2)填写要点:

招标控制价封面应填写招标工程项目的具体名称,招标人应盖单位公章。如委托工程造价咨询人编制,还应加盖工程造价咨询人所在单位公章。

3. 投标总价封面 (封-3)

_____工程

投 标 总 价

投 标 人:_____

(单位盖章)

年   月   日

封-3

《投标总价封面》(封—3)填写要点:

投标总价封面应填写投标工程项目的具体名称,投标人应盖单位公章。

4. 竣工结算书封面 (封—4)

_____工程

竣工结算书

发 包 人:_____
(单位盖章)

承 包 人:_____
(单位盖章)

造价咨询人:_____
(单位盖章)

年　　月　　日

封—4

《竣工结算书封面》(封—4)填写要点:

竣工结算书封面应填写竣工工程的具体名称,发承包双方应盖单位公章。如委托工程造价咨询人办理的,还应加盖工程造价咨询人所在单位公章。

5. 工程造价鉴定意见书封面（封—5）

_____工程

编号：×××[2×××]××号

工程造价鉴定意见书

造价咨询人：_____

（单位盖章）

年　　月　　日

《工程造价鉴定意见书封面》(封—5)填写要点：

工程造价鉴定意见书封面应填写鉴定工程项目的具体名称，填写意见书文号，工程造价咨询人盖所在单位公章。

(二)工程计价文件扉页

1. 招标工程量清单扉页（扉—1）

_____工程

招标工程量清单

招　标　人：_____　　　造价咨询人：_____
　　　　　　（单位盖章）　　　　　　　　　　（单位资质专用章）

法定代表人　　　　　　　　　　　法定代表人
或其授权人：_____　　　或其授权人：_____
　　　　　（签字或盖章）　　　　　　　　　　（签字或盖章）

编　制　人：_____　　　复　核　人：_____
　　　（造价人员签字盖专用章）　　　（造价工程师签字盖专用章）

编制时间：　　年　　月　　日　　复核时间：　　年　　月　　日

扉—1

《招标工程量清单扉页》(扉—1)填写要点：

(1)本封面由招标人或招标人委托的工程造价咨询人编制招标工程量清单时填写。

(2)招标人自行编制工程量清单的，编制人员必须是在招标人单位注册的造价人员，由招标人盖单位公章，法定代表人或其授权人签字或盖

第四章 园林绿化工程工程量清单计价

章;当编制人是注册造价工程师时,由其签字盖执业专用章;当编制人是造价员时,由其在编制人栏签字盖专用章,并应由注册造价工程师复核,在复核人栏签字盖执业专用章。

(3)招标人委托工程造价咨询人编制工程量清单的,编制人员必须是在工程造价咨询人单位注册的造价人员。由工程造价咨询人盖单位资质专用章,法定代表人或其授权人签字或盖章;当编制人是注册造价工程师时,由其签字盖执业专用章;当编制人是造价员时,由其在编制人栏签字盖专用章,并应由注册造价工程师复核,在复核人栏签字盖执业专用章。

2. 招标控制价扉页(扉—2)

_____工程

招标控制价

招标控制价(小写):_____

　　　　　(大写):_____

招 标 人:_____　　造价咨询人:_____
　　　　(单位盖章)　　　　　　　　　　(单位资质专用章)

法定代表人　　　　　　　　　　法定代表人
或其授权人:_____　　或其授权人:_____
　　　　(签字或盖章)　　　　　　　　　　(签字或盖章)

编 制 人:_____　　复 核 人:_____
　　(造价人员签字盖专用章)　　　(造价工程师签字盖专用章)

编制时间:　年　月　日　　复核时间:　年　月　日

扉—2

《招标控制价扉页》(扉-2)填写要点：

(1)本封面由招标人或招标人委托的工程造价咨询人编制招标控制价时填写。

(2)招标人自行编制招标控制价的，编制人员必须是在招标人单位注册的造价人员，由招标人盖单位公章，法定代表人或其授权人签字或盖章；当编制人是注册造价工程师时，由其签字盖执业专用章；当编制人是造价员时，由其在编制人栏签字盖专用章，并应由注册造价工程师复核，在复核人栏签字盖执业专用章。

(3)招标人委托工程造价咨询人编制招标控制价的，编制人员必须是在工程造价咨询人单位注册的造价人员。由工程造价咨询人盖单位资质专用章，法定代表人或其授权人签字或盖章；当编制人是注册造价工程师时，由其签字盖执业专用章；当编制人是造价员时，由其在编制人栏签字盖专用章，并应由注册造价工程师复核，在复核人栏签字盖执业专用章。

3. 投标总价扉页（扉-3）

投 标 总 价

招　　标　　人：＿＿＿＿＿＿＿＿＿＿＿＿＿＿＿＿＿＿＿

工　程　名　称：＿＿＿＿＿＿＿＿＿＿＿＿＿＿＿＿＿＿＿

投标总价(小写)：＿＿＿＿＿＿＿＿＿＿＿＿＿＿＿＿＿＿＿

　　　(大写)：＿＿＿＿＿＿＿＿＿＿＿＿＿＿＿＿＿＿＿

投　　标　　人：＿＿＿＿＿＿＿＿＿＿＿＿＿＿＿＿＿＿＿

　　　　　　　　　　　　（单位盖章）

法定代表人

或其授权人：＿＿＿＿＿＿＿＿＿＿＿＿＿＿＿＿＿＿＿

　　　　　　　　　　　　（签字或盖章）

编　　制　　人：＿＿＿＿＿＿＿＿＿＿＿＿＿＿＿＿＿＿＿

　　　　　　　　　　　（造价人员签字盖专用章）

时　　　　间：　　　　年　　　月　　　日

扉-3

第四章　园林绿化工程工程量清单计价

《投标总价扉页》(扉-3)填写要点:
(1)本扉页由投标人编制投标报价时填写。
(2)投标人编制投标报价时,编制人员必须是在投标人单位注册的造价人员。由投标人盖单位公章,法定代表人或其授权人签字或盖章;编制的造价人员(造价工程师或造价员)签字盖执业专用章。

4. 竣工结算总价扉页 (扉-4)

_____工程

竣 工 结 算 总 价

签约合同价(小写):_____　(大写):_____
竣工结算价(小写):_____　(大写):_____

发包人:_____　承包人:_____　造价咨询人:_____
　(单位盖章)　　　　(单位盖章)　　　　(单位资质专用章)

法定代表人　　　　法定代表人　　　　法定代表人
或其授权人:_____　或其授权人:_____　或其授权人:_____
　(签字或盖章)　　　(签字或盖章)　　　(签字或盖章)

编　制　人:_____　核　对　人:_____
　(造价人员签字盖专用章)　　　(造价工程师签字盖专用章)

编制时间:　年　月　日　　　核对时间:　年　月　日

扉-4

《竣工结算总价扉页》(扉-4)填写要点：

(1)承包人自行编制竣工结算总价，编制人员必须是承包人单位注册的造价人员。由承包人盖单位公章，法定代表人或其授权人签字或盖章；编制的造价人员(造价工程师或造价员)签字盖执业专用章。

(2)发包人自行核对竣工结算时，核对人员必须是在发包人单位注册的造价工程师。由发包人盖单位公章，法定代表人或其授权人签字或盖章，核对的造价工程师签字盖执业专用章。

(3)发包人委托工程造价咨询人核对竣工结算时，核对人员必须是在工程造价咨询人单位注册的造价工程师。由发包人盖单位公章，法定代表人或其授权人签字或盖章；工程造价咨询人盖单位资质专用章，法定代表人或其授权人签字或盖章，核对的造价工程师签字盖执业专用章。

(4)除非出现发包人拒绝或不答复承包人竣工结算书的特殊情况，竣工结算办理完毕后，竣工结算总价封面发承包双方的签字、盖章应当齐全。

5. 工程造价鉴定意见书扉页（扉-5）

―――――――――――――――― 工程

工程造价鉴定意见书

鉴定结论：

造价咨询人：――――――――――――――
　　　　　　（盖单位章及资质专用章）

法定代表人：――――――――――――――
　　　　　　　　（签字或盖章）

造价工程师：――――――――――――――
　　　　　　　（签字盖专用章）

年　月　日

扉-5

第四章 园林绿化工程工程量清单计价

《工程造价鉴定意见书扉页》(扉－5)填写要点:

工程造价鉴定意见书扉页应填写工程造价鉴定项目的具体名称,工程造价咨询人应盖单位资质专用章,法定代表人或其授权人签字或盖章,造价工程师签字盖执业专用章。

(三)工程计价总说明(表－01)

总　说　明

工程名称:　　　　　　　　　　　　　　　　　　　　　　第　页共　页

表－01

《工程计价总说明》(表－01)填写要点:

本表适用于工程计价的各个阶段。对工程计价的不同阶段,《工程计价总说明》(表－01)中说明的内容是有差别的,要求也有所不同。

(1)工程量清单编制阶段。工程量清单中总说明应包括的内容有:①工程概况:如建设地址、建设规模、工程特征、交通状况、环保要求等;②工程招标和专业工程发包范围;③工程量清单编制依据;④工程质量、材料、施工等的特殊要求;⑤其他需要说明的问题。

(2)招标控制价编制阶段。招标控制价中总说明应包括的内容有:①采用的计价依据;②采用的施工组织设计;③采用的材料价格来源;④综合单价中风险因素、风险范围(幅度);⑤其他等。

(3)投标报价编制阶段。投标报价总说明应包括的内容有:①采用的计价依据;②采用的施工组织设计;③综合单价中包含的风险因素,风险范围(幅度);④措施项目的依据;⑤其他有关内容的说明等。

(4)竣工结算编制阶段。竣工结算中总说明应包括的内容有:①工程概况;②编制依据;③工程变更;④工程价款调整;⑤索赔;⑥其他等。

(5)工程造价鉴定阶段。工程造价鉴定书总说明应包括的内容有:①鉴定项目委托人名称、委托鉴定的内容;②委托鉴定的证据材料;③鉴定的依据及使用的专业技术手段;④对鉴定过程的说明;⑤明确的鉴定结论;⑥其他需说明的事宜等。

(四)工程计价汇总表

1. 建设项目招标控制价/投标报价汇总表(表-02)

建设项目招标控制价/投标报价汇总表

工程名称: 第 页共 页

序号	单项工程名称	金额(元)	其中:(元)		
			暂估价	安全文明施工费	规费
	合 计				

注:本表适用于建设项目招标控制价或投标报价的汇总。

表-02

《建设项目招标控制价/投标报价汇总表》(表-02)填写要点:

(1)由于编制招标控制价和投标报价包含的内容相同,只是对价格的处理不同,因此,招标控制价和投标报价汇总表使用同一表格。实践中,对招标控制价或投标报价可分别印制本表格。

(2)使用本表格编制投标报价时,汇总表中的投标总价与投标中标函中投标报价金额应当一致。如不一致时以投标中标函中填写的大写金额为准。

2. 单项工程招标控制价/投标报价汇总表（表-03）

单项工程招标控制价/投标报价汇总表

工程名称： 第 页共 页

序号	单位工程名称	金额（元）	其中：（元）		
			暂估价	安全文明施工费	规费
	合 计				

注：本表适用于单项工程招标控制价或投标报价的汇总。暂估价包括分部分项工程中的暂估价和专业工程暂估价。

表-03

3. 单位工程招标控制价/投标报价汇总表（表-04）

单位工程招标控制价/投标报价汇总表

工程名称： 标段： 第 页共 页

序号	汇总内容	金额（元）	其中：暂估价（元）
1	分部分项工程		
1.1			
1.2			
1.3			
2	措施项目		—
2.1	其中：安全文明施工费		—
3	其他项目		—
3.1	其中：暂列金额		—
3.2	其中：专业工程暂估价		—
3.3	其中：计日工		—
3.4	其中：总承包服务费		—
4	规费		
5	税金		
招标控制价合计=1+2+3+4+5			

注：本表适用于单位工程招标控制价或投标报价的汇总，如无单位工程划分，单项工程也使用本表汇总。

表-04

4. 建设项目竣工结算汇总表 (表—05)

建设项目竣工结算汇总表

工程名称：　　　　　　　　　　　　　　　　　　　　　第　页共　页

序号	单项工程名称	金额(元)	其中：(元)	
			安全文明施工费	规费
	合　计			

表—05

5. 单项工程竣工结算汇总表 (表—06)

单项工程竣工结算汇总表

工程名称：　　　　　　　　　　　　　　　　　　　　　第　页共　页

序号	单位工程名称	金额(元)	其中：(元)	
			安全文明施工费	规费
	合　计			

表—06

6. 单位工程竣工结算汇总表（表－07）

单位工程竣工结算汇总表

工程名称：　　　　　　　　标段：　　　　　　　　第　页共　页

序号	汇总内容	金额(元)
1	分部分项工程	
1.1		
1.2		
1.3		
1.4		
1.5		
2	措施项目	
2.1	其中:安全文明施工费	
3	其他项目	
3.1	其中:专业工程结算价	
3.2	其中:计日工	
3.3	其中:总承包服务费	
3.4	其中:索赔与现场鉴证	
4	规费	
5	税金	
竣工结算总价合计＝1＋2＋3＋4＋5		

注：如无单位工程划分，单项工程也使用本表汇总。

表－07

(五)分部分项工程和措施项目计价表

1. 分部分项工程和单价措施项目清单与计价表（表-08）

分部分项工程和单价措施项目清单与计价表

工程名称：　　　　　　　　　　标段：　　　　　　　　　　第　页共　页

序号	项目编码	项目名称	项目特征描述	计量单位	工程量	金额(元)		其中
						综合单价	合价	暂估价
本页小计								
合　　计								

注：为计取规费等使用，可在表中增设"其中：定额人工费"。

《分部分项工程和单价措施项目清单与计价表》（表-08）填写要点：

（1）本表依据"08计价规范"中《分部分项工程量清单与计价表》和《措施项目清单与计价表（二）》合并而来。单价措施项目和分部分项工程项目清单编制与计价均使用本表。

（2）本表不只是编制招标工程量清单的表式，也是编制招标控制价、投标价和竣工结算的最基本用表。

（3）"项目名称"栏应按相关工程国家工程量计算规范的规定，根据拟建工程实际填写。在实际填写过程中，"项目名称"有两种填写方法：一是完全保持相关工程国家工程量计算规范的项目名称不变，二是根据工程实际在工程量计算规范项目名称下另行确定详细名称。

（4）"项目特征"栏应按相关工程国家工程量计算规范的规定，根据拟建工程实际进行描述。在对分部分项工程项目清单的项目特征描述时，可按下列要点进行：

1）必须描述的内容：

①涉及正确计量的内容必须描述。如对于景墙若采用"段"计量，则一段景墙面积有多大，直接关系到景墙的价格，对景墙的长、宽、高进行描述是十分必要的。

②涉及结构要求的内容必须描述。如混凝土构件的混凝土的强度等

级,因混凝土强度等级不同,其价格也不同,必须描述。

③涉及材质要求的内容必须描述。如栏杆的种类,是铁艺栏杆或塑料栏杆等;栏杆的材质,是铁质还是塑料等;还需要对材质的规格、型号进行描述。

④涉及安装方式的内容必须描述。如喷泉管道工程中的管道的连接方式就必须描述。

2)可不描述的内容:

①对计量计价没有实质影响的内容可以不描述。如对现浇混凝土花架柱、梁的高度、断面大小等的特征规定可以不描述,因为混凝土构件是按"m^3"计量,对此的描述实质意义不大。

②应由投标人根据施工方案确定的可以不描述。

③应由投标人根据当地材料和施工要求确定的可以不描述。如对混凝土构件中的混凝土拌合料使用的石子种类及粒径、砂的种类的特征规定可以不描述。因为混凝土拌合料使用砾石还是碎石,使用粗砂还是中砂、细砂或特细砂,除构件本身有特殊要求需要指定外,主要取决于工程所在地砂、石子材料的供应情况。至于石子的粒径大小主要取决于钢筋配筋的密度。

④应由施工措施解决的可以不描述。如对现浇混凝土板、梁的标高的特征规定可以不描述。因为同样的板或梁,都可以将其归并在同一个清单项目中,但由于标高的不同,将会导致因楼层的变化对同一项目提出多个清单项目,不同的楼层其工效是不一样的,但这样的差异可以由投标人在报价中考虑,或在施工措施中去解决。

3)可不详细描述的内容:

①无法准确描述的可不详细描述。如土壤类别,由于我国幅员辽阔,南北东西差异较大,特别是对于我国南方地区来说,在同一地点,由于表层土与表层土以下的土壤,其类别是不相同的,要求清单编制人准确判定某类土壤的所占比例是困难的。在这种情况下,可考虑将土壤类别描述为合格,注明由投标人根据地勘资料自行确定土壤类别,决定报价。

②施工图纸、标准图集标注明确的,可不再详细描述。对这些项目可采取详见××图集或××图号的方式,对不能满足项目特征描述要求的部分,仍应用文字描述。由于施工图纸、标准图集是发承包双方都应遵守的技术文件,这样描述可以有效减少在施工过程中对项目理解的不

一致。

③有一些项目可不详细描述,但清单编制人在项目特征描述中应注明由投标人自定。如土方工程中的"取土运距""弃土运距"等。首先,要求清单编制人决定在多远取土或取、弃土运往多远是困难的;其次,由投标人根据在建工程施工情况统筹安排,自主决定取、弃土方的运距可以充分体现竞争的要求。

④如清单项目的项目特征与现行定额中某些项目的规定是一致的,也可采用见××定额项目的方式进行描述。

4)项目特征的描述方式。描述清单项目特征的方式大致可分为"问答式"和"简化式"两种。其中"问答式"是指清单编写人按照工程计价软件上提供的规范,在要求描述的项目特征上采用答题的方式进行描述;"简化式"是对需要描述的项目特征内容根据当地的用语习惯,采用口语化的方式直接表述,省略了规范上的描述要求。

(5)"计量单位"应按相关工程国家工程量计算规范规定的计量单位填写。有些项目工程量计算规范中有两个或两个以上计量单位,应根据拟建工程项目的实际,选择最适宜表现该项目特征并方便计量的单位。如点风景石项目,工程量计算规范以"块"和"t"两个计量单位表示,此时就应根据工程项目的特点,选择其中一个即可。

(6)"工程量"应按相关工程国家工程量计算规范规定的工程量计算规则计算填写。

(7)由于各省、自治区、直辖市以及行业建设主管部门对规费计取基础的不同设置,为了计取规费等的使用,使用本表时可在表中增设其中:"定额人工费"。

(8)编制招标控制价时,使用本表"综合单价""合计"以及"其中:暂估价"按"13计价规范"的规定填写。

(9)编制投标报价时,投标人对表中的"项目编码""项目名称""项目特征""计量单位""工程量"均不应做改动。"综合单价""合价"自主决定填写,对其中的"暂估价"栏,投标人应将招标文件中提供了暂估材料单价的暂估价计入综合单价,并应计算出暂估单价的材料在"综合单价"及其"合价"中的具体数额,因此,为更详细反应暂估价情况,也可在表中增设一栏"综合单价"其中的"暂估价"。

(10)编制竣工结算时,使用本表可取消"暂估价"。

第四章 园林绿化工程工程量清单计价

2. 综合单价分析表(表-09)

综合单价分析表

工程名称:　　　　　　　　标段:　　　　　　　　第　页共　页

项目编码		项目名称		计量单位			工程量		
清单综合单价组成明细									
定额编号	定额项目名称	定额单位	数量	单价				合价			
				人工费	材料费	机械费	管理费和利润	人工费	材料费	机械费	管理费和利润
人工单价		小　计									
元/工日		未计价材料费									
清单项目综合单价											
材料费明细	主要材料名称、规格、型号			单位	数量	单价(元)	合价(元)	暂估单价(元)	暂估合价(元)
	其他材料费					—		—	
	材料费小计					—		—	

注:1. 如不使用省级或行业建设主管部门发布的计价依据,可不填定额编号、名称等。

2. 招标文件提供了暂估单价的材料,按暂估的单价填入表内"暂估单价"栏及"暂估合价"栏。

表-09

《综合单价分析表》(表-09)填写要点:

(1)工程量清单单价分析表是评标委员会评审和判别综合单价组成和价格完整性、合理性的主要基础,对因工程变更、工程量偏差等原因调整综合单价也是必不可少的基础价格数据来源。采用经评审的最低投标价法评标时,本表的重要性更为突出。

(2)本表集中反映了构成每一个清单项目综合单价的各个价格要素

的价格及主要的"工、料、机"消耗量。投标人在投标报价时,需要对每一个清单项目进行组价,为了使组价工作具有可追溯性(回复评标质疑时尤其需要),需要表明每一个数据的来源。

(3)本表一般随投标文件一同提交,作为竞标价的工程量清单的组成部分。以便中标后,作为合同文件的附属文件。投标人须知中需要就分析表提交的方式做出规定,该规定需要考虑是否有必要对分析表的合同地位给予定义。

(4)编制综合单价分析表时,对辅助性材料不必详列,可归并到其他材料费中以金额表示。

(5)编制招标控制价,使用本表应填写使用的省级或行业建设主管部门发布的计价定额名称。

(6)编制投标报价,使用本表可填写使用的企业定额名称,也可填写省级或行业建设主管部门发布的计价定额,如不使用则不填写。

(7)编制工程结算时,应在已标价工程量清单中的综合单价分析表中将确定的调整过后人工单价、材料单价等进行置换,形成调整后的综合单价。

2. 综合单价调整表(表-10)

综合单价调整表

工程名称:　　　　　　　　标段:　　　　　　　　第　页共　页

序号	项目编码	项目名称	已标价清单综合单价(元)					调整后综合单价(元)				
			综合单价	其中				综合单价	其中			
				人工费	材料费	机械费	管理费和利润		人工费	材料费	机械费	管理费和利润
造价工程师(签章):　　发包人代表(签章):　　　　　　　　　　造价人员(签章):　　承包人代表(签章):													
日期:　　　　　　　　　　　　　　　　　　　　　　　　　　日期:													

注:综合单价调整应附调整依据。

《综合单价调整表》(表-10)填写要点：

综合单价调整表适用于各种合同约定调整因素出现时调整综合单价,各种调整依据应附于表后。填写时应注意,项目编码和项目名称必须与已标价工程量清单保持一致,不得发生错漏,以免发生争议。

3. 总价措施项目清单与计价表（表-11）

总价措施项目清单与计价表

工程名称： 　　　　　　　标段： 　　　　　　　第 页共 页

序号	项目编码	项目名称	计算基础	费率(%)	金额(元)	调整费率(%)	调整后金额(元)	备注
		安全文明施工费						
		夜间施工增加费						
		二次搬运费						
		冬雨期施工增加费						
		已完工程及设备保护费						
		合　　计						

编制人(造价人员)： 　　　　　　复核人(造价工程师)：

注：1. "计算基础"中安全文明施工费可为"定额基价""定额人工费"或"定额人工费＋定额机械费",其他项目可为"定额人工费"或"定额人工费＋定额机械费"。
　　2. 按施工方案计算的措施费,若无"计算基础"和"费率"的数值,也可只填"金额"数值,但应在备注栏说明施工方案出处或计算方法。

表-11

《总价措施项目清单与计价表》(表-11)填写要点：

(1)编制招标工程量清单时,表中的项目可根据工程实际情况进行增减。

(2)编制招标控制价时,计算基础、费率应按省级或行业建设主管部门的规定计取。

(3)编制投标报价时,除"安全文明施工费"必须按"13计价规范"的强制性规定,按省级、行业建设主管部门的规定计取外,其他措施项目均可根据投标施工组织设计自主报价。

(六)其他项目计价表
1. 其他项目清单与计价汇总表(表-12)

其他项目清单与计价汇总表

工程名称:　　　　　　　　　　标段:　　　　　　　　　　第　页共　页

序号	项目名称	金额(元)	结算金额(元)	备注
1	暂列金额			明细详见表-12-1
2	暂估价			
2.1	材料(工程设备)暂估价/结算价	—		明细详见表-12-2
2.2	专业工程暂估价/结算价			明细详见表-12-3
3	计日工			明细详见表-12-4
4	总承包服务费			明细详见表-12-5
5	索赔与现场签证	—		明细详见表-12-6
	合　计			

注:材料(工程设备)暂估单价计入清单项目综合单价,此处不汇总。

表-12

《其他项目清单与计价汇总表》(表-12)填写要点:

(1)编制招标工程量清单,应汇总"暂列金额"和"专业工程暂估价",以提供给投标人报价。

(2)编制招标控制价,应按有关计价规定估算"计日工"和"总承包服

第四章　园林绿化工程工程量清单计价

务费"。如招标工程量清单中未列"暂列金额",应按有关规定编列。

(3)编制投标报价,应按招标文件工程量清单提供的"暂列金额"和"专业工程暂估价"填写金额,不得变动。"计日工""总承包服务费"自主确定报价。

(4)编制或核对竣工结算,"专业工程暂估价"按实际分包结算价填写,"计日工""总承包服务费"按双方认可的费用填写,如发生"索赔"或"现场签证"费用,按双方认可的金额计入本表。

2. 暂列金额明细表（表-12-1）

暂列金额明细表

工程名称：　　　　　　　　　标段：　　　　　　　　第　页共　页

序号	项目名称	计量单位	暂定金额(元)	备注
1				
2				
3				
4				
5				
6				
7				
8				
9				
10				
11				
	合　计			—

注：此表由招标人填写,如不能详列,也可只列暂定金额总额,投标人应将上述暂列金额计入投标总价中。

表-12-1

《暂列金额明细表》(表-12-1)填写要点：

暂列金额在实际履约过程中可能发生,也可能不发生。本表要求招标人能将暂列金额与拟用项目列出明细,但如确实不能详列也可只列暂定金额总额,投标人应将上述暂列金额计入投标总价中。

3. 材料（工程设备）暂估单价及调整表（表-12-2）

材料（工程设备）暂估单价及调整表

工程名称：　　　　　　　　　标段：　　　　　　　　第　页共　页

序号	材料(工程设备)名称、规格、型号	计量单位	数量		暂估(元)		确认(元)		差额±(元)		备注
			暂估	确认	单价	合价	单价	合价	单价	合价	
合　计											

注：此表由招标人填写"暂估单价"，并在备注栏说明暂估单价的材料、工程设备拟用在哪些清单项目上，投标人应将上述材料、工程设备暂估单价计入工程量清单综合单价报价中。

表-12-2

《材料（工程设备）暂估单价及调整表》（表-12-2）填写要点：

暂估价是在招标阶段预见肯定要发生，只是因为标准不明确或者需要由专业承包人完成，暂时无法确定材料、工程设备的具体价格而采用的一种临时性计价方式。暂估价的材料、工程设备数量应在表内填写，拟用项目应在本表备注栏给予补充说明。

"13计价规范"要求招标人针对每一类暂估价给出相应的拟用项目，即按照材料、工程设备的名称分别给出，这样的材料、工程设备暂估价能够纳入到清单项目的综合单价中。

4. 专业工程暂估价及结算价表（表-12-3）

专业工程暂估价及结算价表

工程名称：　　　　　　　　　标段：　　　　　　　　第　页共　页

序号	工程名称	工程内容	暂估金额（元）	结算金额（元）	差额±(元)	备注

续表

序号	工程名称	工程内容	暂估金额（元）	结算金额（元）	差额±（元）	备注
	合　计					

注：此表"暂估金额"由招标人填写，招标人应将"暂估金额"计入投标总价中。结算时按合同约定结算金额填写。

表—12—3

《专业工程暂估价及结算价表》(表—12—3)填写要点：

专业工程暂估价应在表内填写工程名称、工程内容、暂估金额、投标人应将上述金额计入投标总价中。专业工程暂估价项目及其表中列明的专业工程暂估价，是指分包人实施专业工程的含税金后的完整价，除了合同约定的发包人应承担的总包管理、协调、配合和服务责任所对应的总承包服务费以外，承包人为履行其总包管理、配合、协调和服务所需产生的费用应包括在投标报价中。

5. 计日工表（表—12—4）

计日工表

工程名称：　　　　　　　　标段：　　　　　　　　第　页共　页

编号	项目名称	单位	暂定数量	实际数量	综合单价（元）	合价（元）	
						暂定	实际
一	人工						
1							
2							
3							
4							
	人工小计						
二	材料						
1							
2							
3							
4							

续表

编号	项目名称	单位	暂定数量	实际数量	综合单价（元）	合价(元)	
						暂定	实际
5							
材料小计							
三	施工机械						
1							
2							
3							
4							
施工机械小计							
四、企业管理费和利润							
总　　计							

注：此表项目名称、暂定数量由招标人填写，编制招标控制价时，单价由招标人按有关规定确定；投标时，单价由投标人自主确定，按暂定数量计算合价计入投标总价中；结算时，按发承包双方确定的实际数量计算合价。

表－12－4

《计日工表》(表－12－4)填写要点：

(1)编制工程量清单时，"项目名称""计量单位""暂估数量"由招标人填写。

(2)编制招标控制价时，人工、材料、机械台班单价由招标人按有关计价规定填写并计算合价。

(3)编制投标报价时，人工、材料、机械台班单价由投标人自主确定，按已给暂估数量计算合价计入投标总价中。

6. 总承包服务费计价表（表－12－5）

总承包服务费计价表

工程名称：　　　　　　　　标段：　　　　　　　　第　页共　页

序号	项目名称	项目价值(元)	服务内容	计算基础	费率(%)	金额(元)
1	发包人发包专业工程					
2	发包人提供材料					

续表

序号	项目名称	项目价值(元)	服务内容	计算基础	费率(%)	金额(元)
	合 计	—		—		

注：此表项目名称、服务内容由招标人填写，编制招标控制价时，费率及金额由招标人按有关计价规定确定；投标时，费率及金额由投标人自主报价，计入投标总价中。

表—12—5

《总承包服务费计价表》(表—12—5)填写要点：

(1)编制招标工程量清单时，招标人应将拟定进行专业分包的专业工程、自行采购的材料设备等决定清楚，填写项目名称、服务内容，以便投标人决定报价。

(2)编制招标控制价时，招标人按有关计价规定计价。

(3)编制投标报价时，由投标人根据工程量清单中的总承包服务内容，自主决定报价。

(4)办理竣工结算时，发承包双方应按承包人已标价工程量清单中的报价计算，如发承包双方确定调整的，按调整后的金额计算。

7. 索赔与现场签证计价汇总表 (表—12—6)

索赔与现场签证计价汇总表

工程名称： 标段： 第 页共 页

序号	签证及索赔项目名称	计量单位	数量	单价(元)	合价(元)	索赔及签证依据
—	本页小计					
—	合 计					

注：签证及索赔依据是指经双方认可的签证单和索赔依据的编号。

表—12—6

《索赔与现场签证计价汇总表》(表-12-6)填写要点：

本表是对发承包双方签证认可的"费用索赔申请(核准)表"和"现场签证表"的汇总。

8. 费用索赔申请（核准）表（表-12-7）

费用索赔申请(核准)表

工程名称：　　　　　　　标段：　　　　　　　编号：

致：_____(发包人全称)
根据施工合同条款第_____条的约定，由于_____原因，我方要求索赔金额(大写)_____元,(小写)_____元，请予核准。 附：1. 费用索赔的详细理由和依据： 　　2. 索赔金额的计算： 　　3. 证明材料： 　　　　　　　　　　　　　　　　　　　　　　　　　承包人(章) 造价人员_____　承包人代表_____　　　日　期_____

复核意见： 　　根据施工合同条款_____条的约定，你方提出的费用索赔申请经复核： □不同意此项索赔，具体意见见附件。 □同意此项索赔，索赔金额的计算，由造价工程师复核。 　　监理工程师_____ 　　日　　期_____	复核意见： 　　根据施工合同条款第_____条的约定，你方提出的费用索赔申请经复核，索赔金额为(大写)_____元,(小写)_____元。 　　造价工程师_____ 　　日　　期_____

审核意见： □不同意此项索赔。 □同意此项索赔，与本期进度款同期支付。 　　　　　　　　　　　　　　　　　　　　　　　　　发包人(章) 　　　　　　　　　　　　　　　　　　　　　　　　　发包人代表_____ 　　　　　　　　　　　　　　　　　　　　　　　　　日　　期_____

注：1. 在选择栏中的"□"内做标识"√"。
　　2. 本表一式四份，由承包人填报，发包人、监理人、造价咨询人、承包人各存一份。

表-12-7

《费用索赔申请(核准)表》(表-12-7)填写要点：

填写本表时，承包人代表应按合同条款的约定，阐述原因，附上索赔证

第四章 园林绿化工程工程量清单计价

据、费用计算报发包人,经监理工程师复核(按照发包人的授权不论是监理工程师或发包人现场代表均可),经造价工程师(此处造价工程师可以是发包人现场管理人员,也可以是发包人委托的工程造价咨询企业的人员)复核具体费用,经发包人审核后生效,该表以在选择栏中"□"内做标识"√"表示。

9. 现场签证表(表-12-8)

现场签证表

工程名称:	标段:	编号:
施工部位	日期	

致:_____(发包人全称)

根据_____(指令人姓名) 年 月 日的口头指令或你方_____(或监理人) 年 月 日的书面通知,我方要求完成此项工作应支付价款金额为(大写)_____元,(小写)_____元,请予核准。

附:1. 签证事由及原因:
　　2. 附图及计算式:

　　　　　　　　　　　　　　　　　　　　　　　　　承包人(章)
　　造价人员_____　承包人代表_____　日　期_____

复核意见:	复核意见:
你方提出的此项签证申请经复核: □不同意此项签证,具体意见见附件。 □同意此项签证,签证金额的计算,由造价工程师复核。　　　　　监理工程师_____　　　　　日　　期_____	□此项签证按承包人中标的计日工单价计算,金额为(大写)____元,(小写)____元。 □此项签证因无计日工单价,金额为(大写)____元,(小写)____元。　　　　　造价工程师_____　　　　　日　　期_____

审核意见:
　□不同意此项签证。
　□同意此项签证,价款与本期进度款同期支付。

　　　　　　　　　　　　　　　　　　　　　　　　发包人(章)
　　　　　　　　　　　　　　　　　　　　　　　　发包人代表_____
　　　　　　　　　　　　　　　　　　　　　　　　日　　期_____

注:1. 在选择栏中的"□"内做标识"√"。
　　2. 本表一式四份,由承包人在收到发包人(监理人)的口头或书面通知后填写,发包人、监理人、造价咨询人、承包人各存一份。

表-12-8

《现场签证表》(表-12-8)填写要点:

本表是对"计日工"的具体化,考虑到招标时,招标人对计日工项目的预估难免会有遗漏,带来实际施工发生后,无相应的计日工单价时,现场签证只能包括单价一并处理,因此,在汇总时,有计日工单价的,可归并于计日工,如无计日工单价,归并于现场签证,以示区别。

(七)规费、税金项目计价表(表—13)

规费、税金项目计价表

工程名称:　　　　　　　　标段:　　　　　　　　第　页共　页

序号	项目名称	计算基础	计算基数	计算费率(%)	金额(元)
1	规费	定额人工费			
1.1	社会保险费	定额人工费			
(1)	养老保险费	定额人工费			
(2)	失业保险费	定额人工费			
(3)	医疗保险费	定额人工费			
(4)	工伤保险费	定额人工费			
(5)	生育保险费	定额人工费			
1.2	住房公积金	定额人工费			
1.3	工程排污费	按工程所在地环境保护部门收取标准,按实计入			
2	税金	分部分项工程费+措施项目费+其他项目费+规费-按规定不计税的工程设备金额			
	合 计				

编制人(造价人员):　　　　　　　　　　　　复核人(造价工程师):

表—13

《规费、税金项目计价表》(表—13)填写要点:

本表按住房和城乡建设部、财政部印发的《建筑安装工程费用项目组成》(建标〔2013〕44号)列举的规费项目列项,在施工实践中,有的规费项目,如工程排污费,并非每个工程所在地都要征收,实践中可作为按实计算的费用处理。

(八)工程计量申请(核准)表(表—14)

工程计量申请(核准)表

工程名称：　　　　　　　　　　标段：　　　　　　　　　第　页共　页

序号	项目编码	项目名称	计量单位	承包人申请数量	发包人核实数量	发承包人确认数量	备注
承包人代表： 日期：	监理工程师： 日期：		造价工程师： 日期：		发包人代表： 日期：		

表—14

《工程计量申请(核准)表》(表—14)填写要点：

本表填写的"项目编码""项目名称""计量单位"应与已标价工程量清单中一致，承包人应在合同约定的计量周期结束时，将申报数量填写在申报数量栏，发包人核对后如与承包人填写的数量不一致，则在核实数量栏填上核实数量，经发承包双方共同核对确认的计量结果填在确认数量栏。

(九)合同价款支付申请(核准)表

合同价款支付申请(核准)表是合同履行、价款支付的重要凭证。"13计价规范"对此类表格共设计了5种，包括专用于预付款支付的《预付款支付申请(核准)表》(表—15)、用于施工过程中无法计量的总价项目及总价合同进度款支付的《总价项目进度款支付分解表》(表—16)、专用于进度款支付的《进度款支付申请(核准)表》(表—17)、专用于竣工结算价款支付的《竣工结算款支付申请(核准)表》(表—18)和用于缺陷责任期到期，承包人履行了工程缺陷修复责任后，对其预留的质量保证金最终结算的《最终结清支付申请(核准)表》(表—19)。

合同价款支付申请(复核)表包括的5种表格，均由承包人代表在每个计量周期结束后发包人提出,由发包人授权的现场代表复核工程量,由发包人授权的造价工程师复核应付款项,经发包人批准实施。

1. 预付款支付申请(核准)表(表-15)

预付款支付申请(核准)表

工程名称:_____   标段:_____   编号:_____

致:_____(发包人全称)

我方根据施工合同的约定,现申请支付工程预付款额为(大写)_____元,(小写)_____元,请予核准。

序号	名称	申请金额(元)	复核金额(元)	备注
1	已签约合同价款金额			
2	其中:安全文明施工费			
3	应支付的预付款			
4	应支付的安全文明施工费			
5	合计应支付的预付款			

承包人(章)

造价人员_____ 承包人代表_____ 日期_____

复核意见:	复核意见:
□与合同约定不相符,修改意见见附件。 □与合同约定相符,具体金额由造价工程师复核。 　　　　　监理工程师_____ 　　　　　日　　期_____	你方提出的支付申请经复核,应支付预付款金额为(大写)_____元,(小写)_____元。 　　　　　造价工程师_____ 　　　　　日　　期_____

审核意见:
　□不同意。
　□同意,支付时间为本表签发后的15天内。

发包人(章)
发包人代表_____
日　　期_____

注:1. 在选择栏中的"□"内做标识"√"。
　　2. 本表一式四份,由承包人填报,发包人、监理人、造价咨询人、承包人各存一份。

表-15

2. 总价项目进度款支付分解表（表—16）

总价项目进度款支付分解表

工程名称： 标段： 单位：元

序号	项目名称	总价金额	首次支付	二次支付	三次支付	四次支付	五次支付	
	安全文明施工费							
	夜间施工增加费							
	二次搬运费							
	社会保险费							
	住房公积金							
	合计							

编制人（造价人员）： 复核人（造价工程师）：

注：1. 本表应由承包人在投标报价时根据发包人在招标文件明确的进度款支付周期与报价填写，签订合同时，发承包双方可就支付分解协商调整后作为合同附件。

2. 单价合同使用本表，"支付"栏时间应与单价项目进度款支付周期相同。

3. 总价合同使用本表，"支付"栏时间应与约定的工程计量周期相同。

3. 进度款支付申请（核准）表（表—17）

进度款支付申请(核准)表

工程名称：　　　　　　　　标段：　　　　　　　　编号：

致：　　　　　　　　　　　　　　　　　　　　　　（发包人全称）
　　我方于_____至_____期间已完成了_____工作,根据施工合同的约定,现申请支付本周期的合同款额为(大写)_____元,(小写)_____元,请予核准。

序号	名　称	实际金额(元)	申请金额(元)	复核金额(元)	备注
1	累计已完成的合同价款		—		
2	累计已实际支付的合同价款		—		
3	本周期合计完成的合同价款				
3.1	本周期已完成单价项目的金额				
3.2	本周期应支付的总价项目的金额				
3.3	本周期已完成的计日工价款				
3.4	本周期应支付的安全文明施工费				
3.5	本周期应增加的合同价款				
4	本周期合计应扣减的金额				
4.1	本周期应抵扣的预付款				
4.2	本周期应扣减的金额				
5	本周期应支付的合同价款				

附：上述3、4详见附件清单

　　　　　　　　　　　　　　　　　　　　　　　　　承包人(章)
　　造价人员_____　　　承包人代表_____　　　日　期_____

复核意见： □与实际施工情况不相符,修改意见见附件。 □与实际施工情况相符,具体金额由造价工程师复核。 　　监理工程师_____ 　　　　日　期_____	复核意见： 　你方提出的支付申请经复核,本期间已完成合同款额为(大写)_____元,(小写)_____元,周期应支付金额为(大写)_____元,(小写)_____元。 　　造价工程师_____ 　　　　日　期_____

审核意见：
　□不同意。
　□同意,支付时间为本表签发后的15天内。

　　　　　　　　　　　　　　　　　　　　　　　　发包人(章)
　　　　　　　　　　　　　　　　　　　　　　　　发包人代表_____
　　　　　　　　　　　　　　　　　　　　　　　　日　期_____

注：1. 在选择栏中的"□"内做标识"√"。
　　2. 本表一式四份,由承包人填报,发包人、监理人、造价咨询人、承包人各存一份。

表—17

第四章　园林绿化工程工程量清单计价

4. 竣工结算款支付申请（核准）表（表-18）

竣工结算款支付申请(核准)表

工程名称：　　　　　　　　　　　标段：　　　　　　　　　　　编号：

致：　　　　　　　　　　　　　　　　　　　　　　　　　　　（发包人全称）

我方于＿＿＿＿＿至＿＿＿＿＿期间已完成合同约定的工作,工程已经完工,根据施工合同的约定,现申请支付竣工结算合同款额为(大写)＿＿＿＿＿元,(小写)＿＿＿＿＿元,请予核准。

序号	名　　称	申请金额(元)	复核金额(元)	备　注
1	竣工结算合同价款总额			
2	累计已实际支付的合同价款			
3	应预留的质量保证金			
4	应支付的竣工结算款金额			

　　　　　　　　　　　　　　　　　　　　　　　　　　承包人(章)

造价人员＿＿＿＿＿　　承包人代表＿＿＿＿＿　　日　期＿＿＿＿＿

复核意见： □与实际施工情况不相符,修改意见见附件。 □与实际施工情况相符,具体金额由造价工程师复核。 　　监理工程师＿＿＿＿＿ 　　日　期＿＿＿＿＿	复核意见： 你方提出的竣工结算款支付申请经复核,竣工结算款总额为(大写)＿＿＿＿＿元,(小写)＿＿＿＿＿元,扣除前期支付以及质量保证金后应支付金额为(大写)＿＿＿＿＿元,(小写)＿＿＿＿＿元。 　　造价工程师＿＿＿＿＿ 　　日　期＿＿＿＿＿

审核意见：
　　□不同意。
　　□同意,支付时间为本表签发后的15天内。

　　　　　　　　　　　　　　　　　　　　　　　　　　发包人(章)
　　　　　　　　　　　　　　　　　　　　　　　　　　发包人代表＿＿＿＿＿
　　　　　　　　　　　　　　　　　　　　　　　　　　日　期＿＿＿＿＿

注：1. 在选择栏中的"□"内做标识"√"。
　　2. 本表一式四份,由承包人填报,发包人、监理人、造价咨询人、承包人各存一份。

5. 最终结清支付申请（核准）表（表—19）

最终结清支付申请(核准)表

工程名称： 　　　　　　　标段： 　　　　　　　编号：

致：_____（发包人全称）

我方于_____至_____期间已完成了缺陷修复工作，根据施工合同的约定，现申请支付最终结清合同款额为（大写）_____元,（小写）_____元，请予核准。

序号	名　　称	申请金额(元)	复核金额(元)	备注
1	已预留的质量保证金			
2	应增加因发包人原因造成缺陷的修复金额			
3	应扣减承包人不修复缺陷、发包人组织修复的金额			
4	最终应支付的合同价款			

上述3、4详见附件清单

　　　　　　　　　　　　　　　　　　　　　　　　承包人(章)
造价人员_____　承包人代表_____　日　期_____

复核意见： □与实际施工情况不相符，修改意见见附件。 □与实际施工情况相符，具体金额由造价工程师复核。 　　　　　监理工程师_____ 　　　　　日　　期_____	复核意见： 你方提出的支付申请经复核，最终应支付金额为（大写）_____元,（小写）_____元。 　　　　　造价工程师_____ 　　　　　日　　期_____

审核意见：
□不同意。
□同意，支付时间为本表签发后的15天内。

　　　　　　　　　　　　　　　　　　　　　　　　发包人(章)
　　　　　　　　　　　　　　　　　　　　　　　　发包人代表_____
　　　　　　　　　　　　　　　　　　　　　　　　日　　期_____

注：1. 在选择栏中的"□"内做标识"√"。如果监理人已退场，监理工程师栏可空缺。
　　2. 本表一式四份，由承包人填报，发包人、监理人、造价咨询人、承包人各存一份。

表—19

(十) 主要材料、工程设备一览表

1. 发包人提供材料和工程设备一览表（表-20）

发包人提供材料和工程设备一览表

工程名称：　　　　　　　　　标段：　　　　　　　　　第　页共　页

序号	材料(工程设备)名称、规格、型号	单位	数量	单价(元)	交货方式	送达地点	备注

注：此表由招标人填写，供投标人在投标报价、确定总承包服务费时参考。

表-20

2. 承包人提供主要材料和工程设备一览表（适用于造价信息差额调整法）（表-21）

承包人提供主要材料和工程设备一览表
（适用于造价信息差额调整法）

工程名称：　　　　　　　　　标段：　　　　　　　　　第　页共　页

序号	名称、规格、型号	单位	数量	风险系数(%)	基准单价(元)	投标单价(元)	发承包人确认单价(元)	备注

注：1. 此表由招标人填写除"投标单价"栏的内容，投标人在投标时自主确定投标单价。
　　2. 招标人应优先采用工程造价管理机构发布的单价作为基准单价，未发布的，通过市场调查确定其基准单价。

表-21

3. 承包人提供主要材料和工程设备一览表（适用于价格指数差额调整法）（表-22）

承包人提供主要材料和工程设备一览表
（适用于价格指数差额调整法）

工程名称： 标段： 第 页共 页

序号	名称、规格、型号	变值权重B	基本价格指数F_0	现行价格指数F_t	备注
	定值权重A		—	—	
	合 计	1	—	—	

注：1. "名称、规格、型号""基本价格指数"栏由招标人填写，基本价格指数应首先采用工程造价管理机构发布的价格指数，没有时，可采用发布的价格代替。如人工、机械费也采用本法调整，由招标人在名称"名称"栏填写。

2. "变值权重"栏由投标人根据该项人工、机械费和材料、工程设备价值在投标总报价中所占比例填写，1减去其比例为定值权重。

3. "现行价格指数"按约定付款证书相关周期最后一天的前42天的各项价格指数填写，该指数应首先采用工程造价管理机构发布的价格指数，没有时，可采用发布的价格代替。

表-22

第五章 绿化工程工程量计算

第一节 绿化工程定额工程量计算

一、绿地整理定额工程量计算

1. 勘察现场

(1)工作内容:绿化工程施工前需对现场调查,对架高物、地下管网、各种障碍物以及水源、地质、交通等状况作全面的了解,并做好施工安排或施工组织设计。

(2)工程量:以植株计算,灌木类以每丛折合1株,绿篱每1延长米折合一株,乔木不分品种规格一律按株计算。

2. 清理绿化用地

(1)工作内容:简单清理现场,土厚在±30cm之内的挖、填、找平,按设计标高整理地面,渣土集中,装车外运。

1)人工平整。人工平整是指地面凹凸高差在±30cm以内的就地挖填找平,凡高差超出±30cm的,每10cm增加人工费35%,不足10cm的按10cm计算。

2)机械平整。不论地面凹凸高差多少,一律执行机械平整。

(2)工程量:以 $10m^2$ 计算。

1)拆除障碍物。视实际拆除体积以立方米计算。

2)平整场地。按设计供栽植的绿地范围以平方米计算。

3)客土的工程量计算规则:裸根乔木、灌木、攀缘植物和竹类,按其不同坑体规格以株计算;土球苗木,按不同球体规格以株计算;木箱苗木,按不同的箱体规格以株计算;绿篱,按不同槽(沟)断面,分单行双行以米计算;色块、草坪、花卉,按种植面积以平方米计算。

4)人工整理绿化用地是指±30cm范围内的平整,超过此范围时按照人工挖土方相应的子目规定计算。

5)采用机械施工的绿化用地的挖、填土方工程,其大型机械进出场费均按照"北京市建设工程机械台班费用定额"大型机械进出场费规定执行,列入其独立土石方工程概算。

6) 整理绿化用地渣土外运的工程量分以下两种情况以立方米计算:

① 自然地坪与设计地坪标高相差在±30cm以内时,整理绿化用地渣土量按每平方米 0.05m³ 计算。

② 自然地坪与设计地坪标高相差在±30cm以外时,整理绿化用地渣土量按挖土方与填土方之差计算。

二、园林植树工程定额工程量计算

1. 刨树坑

(1) 工作内容:刨树坑、刨绿篱沟、刨绿带沟。

土壤划分为坚硬土、杂质土、普通土三种。

刨树坑是从设计地面标高下掘,无设计标高的以一般地面水平为准。

(2) 工程量。

1) 刨树坑以个计算,刨绿篱沟以延长米计算,刨绿带沟以立方米计算。

2) 乔木胸径在3~10cm以内,常绿树高度在1~4m以内;大于以上规格的按大树移植处理。

乔木应选择树体高大(在5m以上),具有明显树干的树木。如银杏、雪松等。

2. 施肥

(1) 工作内容:乔木施肥、观赏乔木施肥、花灌木施肥、常绿乔木施肥、绿篱施肥、攀缘植物施肥、草坪及地被施肥(施肥主要是指有机肥,其价格已包括场外运费)。

(2) 工程量:均按植物的株数计算,其他均以平方米来计算。

3. 修剪

(1) 工作内容:修剪、强剪、绿篱平剪。

(2) 工程量:除绿篱以延长米计算外,树木均按株数计算。

修剪是指栽植前的修根、修枝;强剪指"抹头";绿篱平剪是指栽植后的第一次顶部定高平剪及两侧面垂直或正梯形坡剪。

4. 防治病虫害

(1) 工作内容:刷药、涂白、人工喷药。

(2) 工程量:均按植物的株数计算,其他均以平方米来计算。

第五章 绿化工程工程量计算

1)刷药:泛指以波美度为 0.5 石硫合剂为准,刷药的高度至分枝点均匀全面。

2)涂白:其浆料以生石灰:氯化钠:水=2.5:1:18 为准,刷涂料高度在 1.3m 以下,要求上口平齐、高度一致。

3)人工喷药:指栽植前需要人工肩背喷药防治病虫害,或必要的土壤有机肥人工拌农药灭菌消毒。

5. 树木栽植

(1)栽植乔木。乔木根据其形态及计量的标准分为:按苗高计量的有两府海棠、木槿;按冠径计量的有丁香、金银木等。

1)起挖乔木(带土球)。

①工作内容:起挖、包扎出坑、搬运集中、回土填坑。

②工程量:按土球直径(在厘米以内)分别列项,以株计算。特大或名贵树木另行计算。

2)起挖乔木(裸根)。

①工作内容:起挖、出坑、修剪、打浆、搬运集中、回土填坑。

②工程量:按胸径(在厘米以内)分别列项,以株计算。特大或名贵树木另行计算。

3)栽植乔木(带土球)。

①工作内容:挖坑、栽植(落坑、扶正、回土、捣实、筑水围)、浇水、覆土、保墒、整形、清理。

②工程量:按土球直径(在厘米以内)分别列项,以株计算。特大或名贵树木另行计算。

4)栽植乔木(裸根)。

①工作内容:挖坑栽植、浇水、覆土、保墒、整形、清理。

②工程量:按胸径(在厘米以内)分别列项,以株计算。特大或名贵树木另行计算。

(2)栽植灌木。灌木树体矮小(在 5m 以下),无明显主干或主干甚短。如连翘金银木、月季等。

1)起挖灌木(带土球)。

①工作内容:起挖、包扎、出坑、搬运集中、回土填坑。

②工程量:按土球直径(在厘米以内)分别列项,以株计算。特大或名贵树木另行计算。

2)起挖灌木(棵根)。

①工作内容:起挖、出坑、修剪、打浆、搬运集中、回土填坑。

②工程量:按冠丛高(在厘米以内)分别列项,以株计算。

3)栽植灌木(带土球)。

①工作内容:挖坑、栽植(扶正、捣实、回土、筑水围)、浇水、覆土、保墒、整形、清理。

②工程量:按土球直径(在厘米以内)分别列项,以株计算。特大或名贵树木另行计算。

4)栽植灌木(棵根)。

①工作内容:挖坑、栽植、浇水、覆土、保墒、整形、清理。

②工程量:按冠丛高(在厘米以内)分别列项,以株计算。

(3)栽植绿篱。绿篱分为:落叶绿篱,如小白榆、雪柳等;常绿绿篱,如侧柏、小桧柏等。

篱高是指绿篱苗木顶端距地平高度。

1)工作内容:开沟、排苗、回土、筑水围、浇水、覆土、整形、清理。

2)工程量:按单、双排和高度(在厘米以内)分别列项,工程量以延长米计算,单排以丛计算,双排以株计算。

绿篱按单位或双行不同篱高以米计算(单行3.5株/m,双行5株/m);色带以平方米计算(色块12株/m²)计算。

绿化工程栽植苗木中,一般绿篱按单行或双行不同篱高以m计算,单行每延长米栽3.5株,双行每延长米栽5株;色带每1m²栽12株;攀缘植物根据不同生长年限每延长米栽5~6株;草花每1m²栽35株。

(4)栽植攀缘类。攀缘类是能攀附他物而向上生长的蔓性植物,多借助吸盘(如地锦等)、附根(如凌霄等)、卷须(如葡萄等)、蔓条(如爬蔓月季等)以及干茎本身的缠绕性而攀附他物(如紫藤等)。

1)工作内容:挖坑、栽植、浇水、覆土、保墒、整形、清理。

2)工程量:攀缘植物,按不同生长年限以株计算。

(5)栽植竹类。

1)起挖竹类(散生竹)。

①工作内容:起挖、包扎、出坑、修剪、搬运集中、回土填坑。

②工程量:按胸径(在厘米以内)分别列项,以株计算。

2)起挖竹类(丛生竹)。

①工作内容：起挖、包扎、出坑、修剪、搬运集中、回土填坑。

②工程量：按根盘丛径(在厘米以内)分别列项，以丛计算。

3)栽植竹类(散生竹)。

①工作内容：挖坑、栽植(扶正、捣实、回土、筑水围)、浇水、覆土、保墒、整形、清理，以株计算。

②工程量：按胸径(在厘米以内)分别列项。

4)栽植竹类(丛生竹)。

①工作内容：挖坑、栽植(扶正、捣实、回土、筑水围)、浇水、覆土、保墒、整形、清理，以株计算。

②工程量：按根盘丛径(在厘米以内)分别列项，以丛计算。

5)栽植水生植物。

①工作内容：按淤泥、搬运、种植、养护。

②工程量：按荷花、睡莲分别列项，以10株计算。

6. 树枝撑

(1)工作内容：两架一拐、三架一拐、四脚钢筋架、竹竿支撑、绑扎幌绳。

(2)工程量：均按植物的株数计算，其他均以平方米计算。

7. 新树浇水

(1)工作内容：人工胶管浇水和汽车浇水。

(2)工程量：除篱以延长米计算外，树木均按株数计算。

人工胶管浇水，距水源以100m以内为准，每超50m用工增加14%。

8. 铺设盲管

(1)工作内容：包括找泛水、接口、养护、清理，并保证管内无滞塞物。

(2)工程量：按管道中心线全长以延长米计算。

9. 清理竣工现场

(1)工作内容：人力车运土、装载机自卸车运土。

(2)工程量：每株树木(不分规格)按 $5m^2$ 计算，绿篱每延长米按 $3m^2$ 计算。

10. 厚土过筛

(1)工作内容：在保证工程质量的前提下，应充分利用原土降低造价，但原土含瓦砾、杂物率不得超过30%，且土质理化性质须符合种植土地要求。

(2)工程量。

1)原土过筛。按筛后的好土以立方米计算。

2)土坑换土。以实挖的土坑体积乘以系数1.43计算。

三、花卉与草坪种植工程定额工程量计算

1. 栽植露地花卉

(1)工作内容:翻土整地、清除杂物、施基肥、放样、栽植、浇水、清理。

(2)工程量:按草本花,木本花,球、地根类,一般图案花坛,彩纹图案花坛,立体花坛,五色草一般图案花坛,五色草彩纹图案花坛,五色草立体花坛分别列项,以 $10m^2$ 计算。

每平方米栽植数量按:草花25株;木本花卉5株;植根花卉草本9株、木本5株。

2. 草皮铺种

(1)工作内容:翻土整地、清除杂物、搬运草皮、浇水、清理。

(2)工程量:按散铺、满铺、直生带、播种分别列项,以 $10m^2$ 计算。种苗费未包括在定额内,须另行计算。

四、大树移植工程定额工程量计算

1. 工作内容

(1)带土方木箱移植法。

1)掘苗前,应先按照绿化设计要求的树种、规格选苗,并在选好的树上做出明显标记(在树干上拴绳或在北侧点漆),将树木的品种、规格(高度、干径、分枝点高度、树形及主要观赏面)分别记入卡片,以便分类,编出栽植顺序。

2)掘苗与运输。

①掘苗。掘苗时,应先根据树木的种类、株行距和干径的大小确定在植株根部留土台的大小。一般可按苗木胸径(即树木高1.3m处的树干直径)的7~10倍确定土台。

②运输。修整好土台之后,应立即上箱板,其操作顺序如下:上侧板、上钢丝绳、钉铁皮、掏底和上底板、上盖板、吊运装车、运输、卸车。

3)栽植。

①挖坑。

②吊树入坑。

③拆除箱板和回填土。

第五章 绿化工程工程量计算

④栽后管理。

(2)软包装土球移植法。

1)掘苗准备工作。掘苗的准备工作与方木箱的移植相似,但是它不需要用木箱板、铁皮等材料和某些工具,材料中只要有蒲包片、草绳等物即可。

2)掘苗与运输。

①确定土球的大小。

②挖掘。

③打包。

④吊装运输。

⑤假植。

⑥栽植。

2. 工程量

(1)包括大型乔木移植、大型常绿树移植两部分,每部分又分带土台、装木箱两种。

(2)大树移植的规格,乔木以胸径 10cm 为起点,分 10~15cm、15~20cm、20~30cm、30cm 以上四个规格。

(3)浇水是按自来水考虑,为三遍水的费用。

(4)所用吊车、汽车按不同规格计算。

(5)工程量按移植株数计算。

五、绿化养护工程定额工程量计算

1. 工作内容

(1)乔木浇透水 10 次,常绿树木浇透水 6 次,花灌木浇透水 13 次,花卉每周浇透水 1~2 次。

(2)中耕除草:乔木 3 遍,花灌木 6 遍,常绿树木 2 遍;草坪除草可按草种不同修剪 2~4 次,草坪清杂草应随时进行。

(3)喷药:乔木、花灌木、花卉 7~10 遍。

(4)打芽及定型修剪:落叶乔木 3 次,常绿树木 2 次,花灌木 1~2 次。

(5)喷水:移植大树浇水须适当喷水,常绿类 6~7 月份共喷 124 次,植保用农药化肥随浇水执行。

2. 工程量

(1)乔木(果树)、灌木、攀缘植物以株计算;绿篱以米计算;草坪、花卉、色带、宿根以平方米计算;丛生竹以株丛计算。也可以根据施工方自身的情况、多年来绿化养护的经验以及业主要求的时间进行列项计算。

(2)冬期防寒是我国北方园林中常见苗木防护措施,包括支撑竿、搭风帐、喷防冻液等。后期管理费中不含冬期防寒措施,需另行计算。乔木、灌木按数量以株为单位计算;色带、绿篱按长度以米计算;木本、宿根花卉按面积以平方米计算。

第二节 绿化工程清单工程量计算

一、绿地整理清单工程量计算

(一)清单工程量计算

绿地整理清单项目工程量计算规则见表 5-1。

表 5-1　　　　　　　绿地整理(编码:050101)

项目编码	项目名称	项目特征	计量单位	工程量计算规则	工作内容
050101001	砍伐乔木	树干胸径	株	按数量计算	1. 砍伐 2. 废弃物运输 3. 场地清理
050101002	挖树根(蔸)	地径			1. 挖树根 2. 废弃物运输 3. 场地清理
050101003	砍挖灌木丛及根	丛高或蓬径	1. 株 2. m²	1. 以株计量,按数量计算 2. 以平方米计量,按面积计算	1. 砍挖 2. 废弃物运输 3. 场地清理
050101004	砍挖竹及根	根盘直径	株(丛)	按数量计算	
050101005	砍挖芦苇(或其他水生植物)及根	根盘丛径	m²	按面积计算	

第五章 绿化工程工程量计算

续一

项目编码	项目名称	项目特征	计量单位	工程量计算规则	工作内容
050101006	清除草皮	草皮种类	m^2	按面积计算	1. 除草 2. 废弃物运输 3. 场地清理
050101007	清除地被植物	植物种类	m^2		1. 清除植物 2. 废弃物运输 3. 场地清理
050101008	屋面清理	1. 屋面做法 2. 屋面高度		按设计图示尺寸以面积计算	1. 原屋面清扫 2. 废弃物运输 3. 场地清理
050101009	种植土回(换)填	1. 回填土质要求 2. 取土运距 3. 回填厚度 4. 弃土运距	1. m^3 2. 株	1. 以立方米计量,按设计图示回填面积乘以回填厚度以体积计算 2. 以株计量,按设计图示数量计算	1. 土方挖、运 2. 回填 3. 找平、找坡 4. 废弃物运输
050101010	整理绿化用地	1. 回填土质要求 2. 取土运距 3. 回填厚度 4. 找平找坡要求 5. 弃渣运距	m^2	按设计图示尺寸以面积计算	1. 排地表水 2. 土方挖、运 3. 耙细、过筛 4. 回填 5. 找平、找坡 6. 拍实 7. 废弃物运输
050101011	绿地起坡造型	1. 回填土质要求 2. 取土运距 3. 起坡平均高度	m^3	按设计图示尺寸以体积计算	1. 排地表水 2. 土方挖、运 3. 耙细、过筛 4. 回填 5. 找平、找坡 6. 废弃物运输

续二

项目编码	项目名称	项目特征	计量单位	工程量计算规则	工作内容
050101012	屋顶花园基底处理	1. 找平层厚度、砂浆种类、强度等级 2. 防水层种类、做法 3. 防水层厚度、材质 4. 过滤层厚度、材质 5. 回填轻质土厚度、种类 6. 屋面高度 7. 阻根层厚度、材质、做法	m^2	按设计图示尺寸以面积计算	1. 抹找平层 2. 防水层铺设 3. 排水层铺设 4. 过滤层铺设 5. 填轻质土壤 6. 阻根层铺设 7. 运输

注：整理绿化用地项目包含厚度≤300mm回填土，厚度＞300mm回填土，应按现行国家标准《房屋建筑与装饰工程工程量计算规范》(GB 50854—2013)相应项目编码列项。

(二)清单项目释义

1. 砍伐乔木、挖树根（蔸）

(1)工作内容：砍伐、挖树根；废弃物运输；场地清理。

(2)工程量计算规则：以伐树、挖树根的数量，按"株"计算。

(3)工作内容释义。

1)伐除树木：凡土方开挖深度不大于50cm或填方高度较小的土方施工，对于现场及排水沟中的树木应按当地有关部门的规定办理审批手续，如是名木古树必须注意保护，并做好移植工作。伐树时必须连根拔除，清理树墩除用人工挖掘外，直径在50cm以上的大树墩可用推土机或用爆破方法清除。建筑物、构筑物基础下土方中不得混有树根、树枝、草及落叶等。

2)掘苗：将树苗从某地裸根或带土球起出的操作称为掘苗。

3)挖坑(槽)：挖坑看似简单，但其质量好坏，对今后植株生长有很大的影响。城市绿化植树必须保证位置准确，符合设计意图。挖坑的规格大小，应根据根系或土球的规格以及土质情况来确定，一般坑径应较根径大一些。挖坑深浅与树种根系分布深浅有直接联系，在确定挖坑深度规格时应予以充分考虑。其主要方法有人力挖坑和机械挖坑，前者适合于规格比较小的坑(槽)挖掘。

第五章　绿化工程工程量计算

4)清理障碍物:绿化工程用地边界确定之后,凡地界之内,有碍施工的市政设施、农田设施、房屋、树木、坟墓、堆放杂物、违章建筑等,一律进行拆除和迁移。一般情况下已有树木凡能保留的尽可能保留。

5)场地清理:植树工程竣工后(一般指定植灌完 3 次水后),应将施工现场彻底清理干净,其主要内容为:封堰,单株浇水的应将树堰埋平,若是秋季植树,应在树堰内起约 20cm 高的土堆;整畦,大畦灌水的应将畦埂整理整齐,畦内进行深中耕;清扫保洁,最后将施工现场全面清扫 1 次,将无用杂物处理干净,并注意保洁,真正做到场光地净、文明施工。

2. 砍挖灌木丛及根

(1)工作内容:砍挖;废弃物运输;场地清理。

(2)工程量计算规则:以砍挖灌木丛及根的数量按"株"计算或以砍挖灌木丛及根的面积按"m^2"计算。

(3)工作内容释义。砍挖灌木丛前应进行场地清理,场地清理的内容主要有:

1)拆除所有弃用的建筑物、构筑物以及所有无用的地表杂物。

2)拆除原有架空电线、埋地电缆、自来水管、污水管、煤气管等,必须先与有关部门取得联系,办理好拆除手续之后才能进行。

3)只有在电源、水源、煤气等截断以后,才能对房屋进行拆除。

4)对现场中原有的树木,要尽量保留。特别是大树古木和成片的乔木树林,更要妥善保护,最好在外围采取临时性的围护隔离措施,保护其在工程施工期间不受损害。对原有的灌木,则可视具体情况,或是保留,或是移走,甚至是为了施工方便而砍去,可灵活掌握。

3. 砍挖竹及根

(1)工作内容:砍挖;废弃物运输;场地清理。

(2)工程量计算规则:以挖竹及根的数量,按"株(丛)"计算。

(3)工作内容释义。

1)丛生竹:丛生竹是密聚地生长在一起、结构紧凑、株间间隙小的竹子。

2)挖掘丛生竹母竹:丛生茎竹类无地下鞭茎,其笋芽生长在每竹秆基两侧。秆基与较其老 1～2 年的植株相连,新竹互生枝伸展方向与其相连老竹枝条伸展方向正好垂直,而新竹梢部则倾向于老竹外侧。故宜在竹丛周围选取丛生茎竹类母竹,以便挖掘。先在选定的母竹外围距离 17～20cm

处挖,并按前述新老竹相连的规律,找出其秆基与竹丛相连处,用利刀或利锄靠竹丛方面砍断,以保护母竹秆基两侧的笋牙,要挖至自倒为止。母竹倒下后,仍应切秆,包扎或湿润根部,防止根系干燥,否则恐不易成活。

3) 挖掘散生竹母竹:常用的工具是锋利山锄,挖掘时要先在要挖掘的母竹周围轻挖、浅挖,找出鞭茎。宜先按竹株最下一盘枝丫生长方向找,找到后,分清来鞭和去鞭,留来鞭长 33cm,去鞭 45~60cm,面对母竹方向用山锄将鞭茎截断。这样可使截面光滑,鞭茎不致劈裂。鞭上必须带有 3~5 个健壮鞭芽。截断后再逐渐将鞭两侧土挖松,连同母竹一起掘出。

4) 场地清理。场地清理工作内容同前述砍挖灌木丛及根工作内容释义 1)~4)。

4. 砍挖芦苇(或其他水生植物及根)

(1) 工作内容:砍挖;废弃物运输;场地清理。

(2) 工程量计算规则:以砍挖芦苇(或其他水生植物及根)的面积,按"m^2"计算。

(3) 工作内容释义。

1) 挖芦苇根:芦苇根细长、坚韧,挖掘工具要锋利,芦苇根必须清除干净。

2) 场地清理。场地清理工作内容同前述砍挖灌木丛及根工作内容释义 1)~4)。

5. 清除草皮

(1) 工作内容:除草;废弃物运输;场地清理。

(2) 工程量计算规则:以清除草皮的面积,按"m^2"计算。

(3) 工作内容释义。

人工中耕除草,除草用的手锄,目前,无论在农业、林业中,还是园林中,仍被广泛应用。人工除草灵活方便,适应性强,适合于各种作业区域,而且不会发生各类明显事故。但人工除草效率低,劳动强度大,除草质量差,对苗木伤害严重,极易造成苗木染病。

机械中耕除草目前广泛使用的是各种类型的手扶园艺拖拉机,也有少部分地区使用高地隙中大型拖拉机进行中耕除草。机械可以代替部分笨重体力劳动,且工作效率较高,尤其在春秋季节,疏松土壤有利于提高地温。但是机械除草,株间是中耕不到的,而株间的杂草由于距苗根较近,对苗木的生产影响也较大。而且在雨期气温高、湿度大的杂草生长旺季,由于土壤含水量过高,机械不能进田作业。

第五章 绿化工程工程量计算

化学除草是通过喷洒化学药剂达到杀死杂草或控制杂草生长的一种除草方式。具有简便、及时、有效期长、效果好、成本低、省劳力、便于机械化作业等优点。但化学除草是一项专业技术很强的工作,要求操作者有化学农药知识、杂草专业知识、育苗栽培知识,另外还要懂得土壤、肥料、农机等专业知识。尤其是园林苗圃,涉及树种、繁殖方法类型多,没有一定的技术力量,推广、使用化学除草是极易发生事故的。因此,推广、使用化学除草必须遵循从小规模开始,先易后难、由浅入深的原则,逐步推广,而且要将实际情况作详细记载,以便不断总结经验,推动化学除草的进展。

杂草与杂物的清除目的是为了便于土地的耕翻与平整,但更主要的是为了消灭多年生杂草,为避免草坪建成后杂草与草坪争水分、养料,所以在种草坪前应彻底加以消灭。可用"草甘膦"等灭生性的内吸传导型除草剂[$0.2\sim0.4\text{mL/m}^2$(成分量)],使用后2周可开始种草。此外,还应把瓦块、石砾等杂物全部清出场地外。瓦砾等杂物多的土层应用10mm×10mm的网筛过1遍,以确保杂物除净。

6. 整理绿化用地

(1)工作内容:排地表水;土方挖、运;耙细、过筛;回填;找平,找坡;拍实;废弃物运输。

(2)工程量计算规则:以整理绿化用的面积,按"m^2"计算。

(3)工作内容释义。

1)排地表水。平整绿化用地要有一定倾斜度,以利排除过多的雨水。

在施工前,根据施工地形特点在场地内及其周围挖排水沟,并防止场地外的水流入。在低洼处或挖湖施工时,除挖好排水沟降低地下水位,防止返碱外,有时还应筑围堰或设防水堤。围堰可随施工进度分段建筑,高度以能满足堰水即可。堆筑后必须压实,以使其稳固。对于山地土方施工,应在离边坡上沿5~6m处设置截水沟、排洪沟,防止坡顶雨水流入。另外,在施工区域内设置临时排水设施时,应注意与原排水方式相适应,并且应尽量与永久性排水设施相结合,以降低工程造价。为了排水通畅,排水沟的纵坡不应小于0.2%,沟的边坡取1:1.5,沟底宽及沟深不小于50cm。

2)土方挖运。在土方工程中,槽宽大于3m或坑底面积大于20m^2或±30cm以上的场地平整称为挖土方。

人工挖土:人工用铁锹、耙、锄等工具挖土方。人工挖土具有灵活机动、细致,适应多种复杂条件下施工的优点,但也有工效低、施工时间长、施工安全性稍低的缺点。

人工运土：一般为短途的小搬运。搬运方式有用人力车拉、用手推车或由人力肩挑背扛等。这种转运方式在一些园林局部或小型土方工程中常被采用。

土方运输：包括余土外运和取土。余土外运是指单位工程总挖方量大于总填方量时，将多余土方运至堆土场；取土是指单位工程总填方量大于总挖方量时，将不足土方从堆土场取回运至填土地点。其运输方法有人工运土方和单轮双轮车运土方。人工运土方是人工用铁锹、耙、锄等工具装土，用手推车送土。单轮双轮车运土方是指用手推车进行水平运输，也能在脚手架、施工栈道上使用，还可与塔式起重机、井架等配合使用，解决垂直运输的问题。

余(亏)土运输：余土运输是指单位工程总挖方量大于总填方量时，将多余土方运至堆土场；亏土运输是指单位工程总填方量大于总挖方量时，将不足土方从堆土场取回运到填土地点。

3）耙细过筛。筛土在土壤条件不能满足栽植条件时，需对土壤进行筛选。所用的工具有人工筛子和机械筛斗，通过筛土，使一部分土分离出来并配以适当成分，使其达到栽植要求。

将原坑中刨出来的土经过人工或机械筛土再加以利用的过程称为原土过筛。其目的在于保证工程质量前提下，充分利用原土以降低造价，但原土的瓦砾、杂物含量不得超过30%，且土质理化性质要符合种植土要求。

4）回填。回填是指把挖出来的土重新填回去。

在施工中，回填土可分为人工回填土和机械回填土碾压两种。人工回填土可分为松填和夯填两种。夯填包括碎土、平土和打夯。松填则不包括打夯工序。夯实填土和松填土方的工程量分别以 m^3 为计量单位。室外地槽、地坑回填土，按地槽、地坑挖土量减去地槽、地坑内设计室外地坪以下建筑物被埋置部分所占体积。设计室外标高以下埋设的基础及垫层等体积一般包括：基础垫层、墙基础、柱基础和管道基础等砌筑工程体积。

5）找平、找坡。找平：通过搬运土方使高低不平的地表面变平。

找坡：挖、填方工程基本完成后，对挖填出的新地面进行整理。要铲平地面，使地面平整度变化限制在2cm以内。根据各坐标桩标明的该点填挖高度数据和设计的坡度数据,对场地进行找坡,保证场内各处地面都基本达到设计的坡度。土层松软的局部区域还要作地基加固处理。

6)拍实。在山脚线范围内砌筑第一层山石,做出垫底的山石层称为拍底。

7. 屋顶花园基底处理

(1)工作内容:抹找平层;防水层铺设;排水层铺设;过滤层铺设;填轻质土壤;阻根层铺设;运输。

(2)工程量计算规则:以屋顶花园基底处理的面积,按"m^2"计算。

(3)工作内容释义。屋顶花园基底处理的构造剖面图如图5-1所示。在施工前,要对屋顶进行清理,平整顶面,有龟裂或凹凸不平之处应修补平整,有条件上一层水泥砂浆。若原屋顶为预制空心板,先在其上铺三层沥青,两层油毡作隔水层,以防渗漏。屋顶花园绿化种植区构造层由上至下分别由植被层、基质层、隔离过滤层、排(蓄)水层、隔根层、分离滑动层等组成。

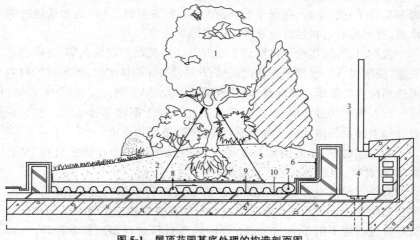

图5-1 屋顶花园基底处理的构造剖面图
1—乔木;2—地下树木支架;
3—与围护墙之间留出适当间隔或围护墙防水层高度与基质上表面间距不小于15cm;
4—排水口;5—基质层;6—隔离过滤层;7—渗水管;
8—排(蓄)水层;9—隔根层;10—分离滑动层

1)抹找平层。

①洒水湿润:抹找平层水泥砂浆前,应适当洒水湿润基层表面,主要是利于基层与找平层的结合,但不可洒水过量,以免影响找平层表面的干

燥,防水层施工后窝住水汽,使防水层产生空鼓。因此,洒水以达到基层和找平层能牢固结合为宜。

②贴点标高、冲筋:根据坡度要求,拉线找坡,一般按1~2m贴点标高(贴灰饼),铺抹找平砂浆时,先按流水方向以间距1~2m冲筋,并设置找平层分格缝,宽度一般为20mm,并且将缝与保温层连通,分格缝最大间距为6m。

③铺装水泥砂浆:按分格块装灰、铺平,用刮扛靠冲筋条刮平,找坡后用木抹子搓平,铁抹子压光。待浮水沉失后,人踏上去有脚印但不下陷为度,再用铁抹子压第二遍即可。找平层水泥砂浆一般配合比为1∶3,拌和稠度控制在7cm。

④养护:找平层抹平、压实以后24h可浇水养护,一般养护期为7天,经干燥后铺设防水层。

2)防水层铺设。种植屋面应先做防水层,防水层材料应选用耐腐蚀、耐碱、耐霉烂和耐穿刺性好的材料,为提高防水设防的可靠性,宜采用涂料和高分子卷材复合,高分子卷材强度高、耐穿刺好,涂料是无接缝的防水层,可以弥补卷材接缝可靠性差的缺陷。

施工时,首先用粉笔在屋面上根据设计要求划出花坛花架、道路排水孔道、浇灌设备的位置。先在屋面铺设5~10cm的排水层,排水层的材料可选用废弃的聚苯乙烯珠粒、煤渣或稻壳,排水层上铺尼龙窗纱或玻璃纤维布与石棉布的过滤层,以防轻质人造土颗粒下漏堵塞排水层。然后在过滤层上铺设轻质人造土种植层,厚度依栽植植物而定。

防水层材料:屋面防水层基本上使用的材料有沥青嵌缝材料、聚合物-沥青卷材、塑料卷材和橡胶卷材。

3)排水层铺设。屋顶花园的排水层设在防水层之上、过滤层之下。屋顶花园种植土积水的渗水可通过排水层有组织地排出屋顶。通常的做法是在过滤层下用100~200mm厚的轻质骨料材料铺成排水层,骨料可用砾石、焦渣和陶粒等。屋顶种植土的下渗水和雨水,通过排水层排入暗沟或管网,此排水系统可与屋顶雨水管道统一考虑。雨水管应是较大的管径,以利清除堵塞。在排水层骨料选择上要尽量采用轻质材料,以减轻屋顶自重,并能起到一定的屋顶保温作用。

用于排水层的矿质排水材料有石屑和碎石、砂子和砾石、熔岩、浮石、没破碎的膨胀黏土、破碎的膨胀黏土、没破碎的膨胀页岩、破碎的膨胀页岩、再循环的瓦、碎煤渣、泡沫玻璃。

4) 过滤层铺设。过滤层的材料很多,有稻草、玻璃化纤布、粗砂等材料。其中,玻璃化纤布,既能渗漏水分又能隔绝种植土中的细小颗粒,而且耐腐蚀、易施工,工程造价也低廉。

5) 填轻质土壤。人工轻质土壤是使用不含天然土壤,以保湿性强的珍珠岩轻质混凝土为主要成分的土壤。在潮湿状态下的堆积密度为 0.6~0.8。人工轻质土壤泥泞程度小,可在雨天施工,施工条件非常好。使用轻质土壤,因其干燥时易飞散,应边洒水边施工。施工中遇强风,则应中止作业。

为减轻屋顶的附加荷重,种植土常选用经过人工配置的,既含有植物生长所必需的各类元素,又含有比露地耕土密度小的种植土。国内外用于屋顶花园的种植土种类很多,如日本采用人工轻质土壤,其土壤与轻骨料(蛭石、珍珠岩、煤渣和泥炭等)的体积比为 3:1;密度约为 1400kg/m³。根据不同植物的种植要求,轻质土壤的厚度为 15~150cm。

常用的轻质人造土壤材料的物理性质,见表 5-2。

表 5-2　　　　　常用的轻质人造土壤材料的物理性质

材料名称	密　度(t/m³)		水量(%)	孔隙度(%)
	干	湿		
砂壤土	1.58	1.95	35.7	1.8
木屑	0.18	0.68	49.3	27.9
蛭石	0.11	0.65	53.0	27.5
珍珠石	0.10	0.29	19.5	53.9
稻壳	0.10	0.23	12.3	68.7

6) 运输。

① 散装材料的运输。在使用量大时采用这种形式,用料斗车和特殊的运输工具,一次运输就可以把 26~28m³ 的散装材料运送到指定地点,而且可以通过橡皮管把它吹到 50m 高的屋顶上。30mm 的建筑材料和粗绿化的基层一般情况下都可以吹上去。预先应考虑的是应在分配管里喷水以防尘,操作者还要进行呼吸预防。在精绿化时,特别是制备的表土,大部分情况下向上吹是不可以的。当不能用风吹起时,屋顶上散装材料的运输应当通过起重机或倾斜式升降机来实现。这样就需要必要的运输容器。

② 袋装货物和大袋材料的运输。大袋包装对小和中等面积的屋顶绿化来说,材料使用应在运输时用起重机直接提取和放置。起重机在屋顶

上可以提起单个大袋。

二、栽植花木清单工程量计算

(一)清单工程量计算规则

栽植花木清单工程量计算规则见表 5-3。

表 5-3　　　　　　　栽植花木(编码:050102)

项目编码	项目名称	项目特征	计量单位	工程量计算规则	工作内容
050102001	栽植乔木	1. 种类 2. 胸径或干径 3. 株高、冠径 4. 起挖方式 5. 养护期	株	按设计图示数量计算	1. 起挖 2. 运输 3. 栽植 4. 养护
050102002	栽植灌木	1. 种类 2. 根盘直径 3. 冠丛高 4. 蓬径 5. 起挖方式 6. 养护期	1. 株 2. m²	1. 以株计量,按设计图示数量计算 2. 以平方米计量,按设计图示尺寸以绿化水平投影面积计算	
050102003	栽植竹类	1. 竹种类 2. 竹胸径或根盘丛径 3. 养护期	株(丛)	按设计图示数量计算	
050102004	栽植棕榈类	1. 种类 2. 株高、地径 3. 养护期	株		
050102005	栽植绿篱	1. 种类 2. 篱高 3. 行数、蓬径 4. 单位面积株数 5. 养护期	1. m 2. m²	1. 以米计量,按设计图示长度以延长米计算 2. 以平方米计量,按设计图示尺寸以绿化水平投影面积计算	

第五章 绿化工程工程量计算

续一

项目编码	项目名称	项目特征	计量单位	工程量计算规则	工作内容
050102006	栽植攀缘植物	1. 植物种类 2. 地径 3. 单位长度株数 4. 养护期	1. 株 2. m	1. 以株计量,按设计图示数量计算 2. 以米计量,按设计图示种植长度以延长米计算	1. 起挖 2. 运输 3. 栽植 4. 养护
050102007	栽植色带	1. 苗木、花卉种类 2. 株高或蓬径 3. 单位面积株数 4. 养护期	m²	按设计图示尺寸以绿化水平投影面积计算	
050102008	栽植花卉	1. 花卉种类 2. 株高或蓬径 3. 单位面积株数 4. 养护期	1. 株(丛、缸) 2. m²	1. 以株(丛、缸)计量,按设计图示数量计算 2. 以平方米计量,按设计图示尺寸以水平投影面积计算	
050102009	栽植水生植物	1. 种植种类 2. 株高或蓬径或芽数/株 3. 单位面积株数 4. 养护期	1. 丛(缸) 2. m²		
050102010	垂直墙体绿化种植	1. 种植种类 2. 生长年数或地(干)径 3. 栽植容器材质、规格 4. 栽植基质种类、厚度 5. 养护期	1. m² 2. m	1. 以平方米计量,按设计图示尺寸以绿化水平投影面积计算 2. 以米计算,按设计图示种植长度以延长米计算	1. 起挖 2. 运输 3. 栽植容器安装 4. 栽植 5. 养护

续二

项目编码	项目名称	项目特征	计量单位	工程量计算规则	工作内容
050102011	花卉立体布置	1. 草木花卉种类 2. 高度或蓬径 3. 单位面积株数 4. 种植形式 5. 养护期	1. 单体（处） 2. m^2	1. 以单体（处）计量，按设计图示数量计算 2. 以平方米计量，按设计图示尺寸以面积计算	1. 起挖 2. 运输 3. 栽植 4. 养护
050102012	铺种草皮	1. 草皮种类 2. 铺种方式 3. 养护期	m^2	按设计图示尺寸以绿化投影面积计算	1. 起挖 2. 运输 3. 铺底砂（土） 4. 栽植 5. 养护
050102013	喷播植草（灌木）籽	1. 基层材料种类规格 2. 草（灌木）籽种类 3. 养护期	m^2	按设计图示尺寸以绿化投影面积计算	1. 基层处理 2. 坡地细整 3. 喷播 4. 覆盖 5. 养护
050102014	植草砖内植草	1. 草坪种类 2. 养护期			1. 起挖 2. 运输 3. 覆土（砂） 4. 铺设 5. 养护
050102015	挂网	1. 种类 2. 规格		按设计图示尺寸以挂网投影面积计算	1. 制作 2. 运输 3. 安放

第五章　绿化工程工程量计算

续三

项目编码	项目名称	项目特征	计量单位	工程量计算规则	工作内容
050102016	箱/钵栽植	1. 箱/钵体材料品种 2. 箱/钵外形尺寸 3. 栽植植物种类、规格 4. 土质要求 5. 防护材料种类 6. 养护期	个	按设计图示箱/钵数量计算	1. 制作 2. 运输 3. 安放 4. 栽植 5. 养护

注：1. 挖土外运、借土回填、挖(凿)土(石)方应包括在相关项目内。
  2. 苗木计算应符合下列规定：
  1)胸径应为地表面向上 1.2m 高处树干直径。
  2)冠径又称冠幅，应为苗木冠丛垂直投影面的最大直径和最小直径之间的平均值。
  3)蓬径应为灌木、灌丛垂直投影面的直径。
  4)地径应为地表面向上 0.1m 高处树干直径。
  5)干径应为地表面向上 0.3m 高处树干直径。
  6)株高应为地表面至树顶端的高度。
  7)冠丛高应为地表面至乔(灌)木顶端的高度。
  8)篱高应为地表面至绿篱顶端的高度。
  9)养护期应为招标文件中要求苗木种植结束后承包人负责养护的时间。
  3. 苗木移(假)植应按花木栽植相关项目单独编码列项。
  4. 土球包裹材料、树体输液保湿及喷洒生根剂等费用包含在相应项目内。
  5. 墙体绿化浇灌系统按《园林绿化工程工程量计算规范》(GB 50858—2013)绿地喷灌相关项目单独编码列项。
  6. 发包人如有成活率要求时，应在特征描述中加以描述。

(二)清单项目释义
1. 栽植乔木

(1)工作内容：起挖；运输；栽植；养护。

(2)工程量计算规则：以栽植乔木的数量，按"株"计算。

(3)工作内容释义。栽植乔木是指栽植树体高大而具有明显主干的树种。按其树体高大程度可分为伟乔(特大乔木树高超过 30m 以上)、大乔(树高 20～30m 之间)、中乔(树高 10～20m 之间)、小乔(树高 6～

10m)。乔木分类还有落叶乔木和常绿乔木的划分方法。常见乔木树种有银杏、雪松、云杉、松、柏、杉、杨、柳、桂花、榕树等。栽植的乔木,其树干高度要合适。杨柳及快长树胸径应在4～6cm,国槐、银杏、元宝枫及慢长树胸径在5～8cm(大规格苗木除外)。分支点高度一致,具有3～5个分布均匀、角度适宜的主枝。枝叶茂密,树冠完整。树木养护是指城市园林乔木及灌木的整形修剪及越冬防护。城市园林乔木修剪的目的在于调节养分,扩大树冠,尽快发挥绿化功能;整理树形,整顺枝条,使树冠枝繁叶茂,疏密适宜,充分发挥观赏效果;同时又能通风透光,减少病虫害的发生。有些行道树还需要解决好与交通、电线等的矛盾。

1)起挖。掘苗时间和栽植时间最好能紧密配合,做到随起随栽。为了挖掘方便,掘苗前1～3天可适当浇水使泥土松软,对起裸根苗来说也便于多带宿土,少伤根系。掘苗时,常绿苗应当带有完整的根团土球,土球散落的苗木成活率会降低。土球的大小一般可按树木胸径的10倍左右确定。

挖掘应先根据树干的种类、株行距和干径的大小确定在植株根部留土台的大小。一般按苗胸高直径的8～10倍确定土台。按着比土台大10cm左右,划一正方形,然后沿线印外缘挖一宽为60～80cm的沟,沟深应与土台高度相等。挖掘树木时,应随时用箱板进行校正,保证土台的上端尺寸与箱板尺寸完全符合,土台下端可比上端略小。挖掘时如遇有较大的侧根,可用手锯或剪子切断。

2)运输。把掘来的植株进行合理的包装并运到种植地点叫作运苗。

①装运乔木时,应将树根朝前,树梢向后,顺序安(码)放。

②车后厢板,应铺垫草袋、蒲包等物,以防碰伤树根、干皮。

③树梢不得拖地,必要时要用绳子围绕吊起,捆绳子的地方也要用蒲包垫上,不要使其勒伤树皮。

④装车不得超高,不要压得太紧。

⑤装完后用苫布将树根盖严、捆好,以防树根失水。

押运:苗木在运输过程中须有专人看护,一般运输苗木的人员站在车上树干附近,负责使车上的苗木安全平稳抵达施工现场,并处理一些特殊情况,如刹车时绳松散、树梢拖地等。

3)栽植。苗木运到现场后应及时栽植。凡是苗木运到后在几天以内不能按时栽种,或是栽种后苗木有剩余的,都要进行假植。假植是指苗木

第五章 绿化工程工程量计算

或树木掘起或搬运后没能及时种时,为了保护根系,维持生命活动而采取的短期或临时的将根系埋于湿土中的措施。

栽植往往理解为树木的"种植"。其实,"栽植"包括掘起、搬运、种植三个基本环节。栽植按其目的不同可分为"移植"和"定植"。

定植的步骤如下:

①将苗木的土球或根蔸放入种植穴内,使其居中。

②将树干立起扶正,使其保持垂直。

③分层回填种植土,填土后将树根稍向上提一提,使根群舒展开,每填一层土就要用锄把将土压紧实,直到填满穴坑,并使土面能够盖住树木的根茎部位。

④检查扶正后,把余下的穴土绕根茎一周进行培土,做成环形的拦水围堰。其围堰的直径应略大于种植穴的直径。堰土要拍压紧实,不能松散。

4)养护。根据不同园林树木的生长需要和某些特定要求,及时对树木采取如施肥、灌水、中耕除、修剪、防治病虫害等园艺技术措施。

①施肥。以有机肥为主,适当施用化学肥料。施肥以基肥为主,与追肥兼施。

②灌水。树木定植后 24h 内必须浇上第 1 遍水,定植后第 1 次灌水称为头水。水要浇透,使泥土充分吸收水分,灌头水主要目的是通过灌水将土壤缝隙填实,保证树根与土壤紧密结合以利根系发育,故亦称为压水。

树木栽植后应时常注意树干四周泥土是否下沉或开裂,如有这种情况应及时加土填平踩实。此外,还应进行及时的中耕,扶直歪斜树木,并进行封堰。封堰时要使泥土略高于地面,要注意防寒,其措施应按树木的耐寒性及当地气候而定。

③中耕除草。中耕是采用人工方法增加土壤透气性,提高土温,促进肥料的分解等使土壤表层松动。杂草消耗大量水分和养分,影响植物生长,所以除草要遵循"除草、除小、除了"的原则。

④修剪、整形。修剪可以调节控制植物的生长发育,而且可以通过修剪对植物进行整形,达到美观的效果。

⑤防治病虫害。病虫害对植物的危害是相当大的,必须引起足够的重视。

2. 栽植灌木

(1)工作内容:起挖;运输;栽植;养护。

(2)工程量计算规则:以栽植灌木的数量按"株"计算或以栽植灌木绿化水平投影面积以"m^2"计算。

(3)工作内容释义。

1)树丛栽植:风景树丛一般是用几株或十几株乔木灌木配置在一起,树丛可以由1个树种构成,也可以由2~8个树种构成。选择构成树丛的材料时,要注意选择树形有对比的树木,如柱状的、伞形的、球形的、垂树形的树木,各自都要有一些,在配成完整树丛时才好使用。

2)灌木种类:灌木是树形较为矮小,无明显主干,从根茎部位分枝成丛的木本植物。灌木分为常绿灌木和落叶灌木两大类。常绿灌木如杜鹃、夹竹桃、栀子等;落叶灌木如牡丹、榆叶梅、贴梗海棠等。

3)栽植花灌木规格:苗木高在1m左右,有主干或主枝3~6个,分布均匀,根际有分枝,冠形丰满。

4)冠丛高:地表面至灌木顶端的高度。

3. 栽植竹类

(1)工作内容:起挖;运输;栽植;养护。

(2)工程量计算规则:以栽植竹类的数量,按"株(丛)"计算。

(3)工作内容释义。竹类属于木本科植物,是常绿植物,茎呈圆柱形或微呈四方形,中空、有节,叶子有平行脉,嫩芽叫笋。种类很多,有毛竹、桂竹、刚竹、罗汉竹等。

1)运输。搬运母竹:短距离搬运母竹,无需包装,但应防止鞭茎上的鞭芽及根蒂受伤以及宿土脱落。在搬运时竹秆宜直立。如将秆部放置肩上背扛母竹,易使根蒂受伤,宿土脱落。远程运输时,母竹必须用草包或蒲包滑鞭包扎。装卸时应防止损伤。运输时间越短越好,运到后应立即栽植。

2)栽植。散生竹母竹的栽植:母竹运到造林地后,应立即栽植。在已经整地的穴上,先将表土垫于穴底,一般厚度10~15cm。然后,解去捆扎母竹的稻草,将母竹放入穴中,使鞭根舒展,下部与土密接,先填表土,后填心土(除去土中石块、树根等),分层踏实,使鞭根与土壤密接。填土时要防止踏伤鞭根和笋芽。在天气干旱或土壤干燥的地方,还要先行适当灌水,再行覆土。覆土深度比母竹原来入土部分稍深3~5cm,上部培成馒头形,加盖一层松土,周围开好排水沟,以免积水烂鞭。

丛生竹母竹的栽植:丛生茎竹类对土壤及地势的要求与散生茎竹类相似。宜选择土质松软肥沃、排水条件较好且湿润的砂质壤土。一般竹种多属于浅根性,缺乏由茎根发育的主根,常易被风吹倒,故宜栽植于东南向或南向,西向因阳光强烈,影响笋的生长。

4. 栽植棕榈类

(1)工作内容:起挖;运输;栽植;养护。

(2)工程量计算规则:以栽植棕榈类的数量,按"株"计算。

(3)工作内容释义。棕榈为常绿乔木。树干圆柱形,高达10m,干径达24cm。叶簇竖干顶,近圆形,径50~70cm,掌状裂深达中下部;叶柄长40~100cm,两侧细齿明显。雌雄异株,圆锥状肉穗花序腋生,花小而黄色。核果肾状球形,径约1cm,蓝黑色,被白粉。花期4~5月,10~11月果熟。

株高是指树顶端距地坪高度。

棕榈喜温暖环境,我国南方地区一般不受冻害。入冬后,在比较寒冷地区的棕榈,应加缚草绳或薄膜防寒,特别要保护好顶芽。棕榈要求有充足的光照,喜湿润环境,夏秋两季,天气干热时,要经常给植株喷水。入秋后,追施一次磷钾肥,以增加植株的抗寒性。

5. 栽植绿篱

(1)工作内容:起挖;运输;栽植;养护。

(2)工程量计算规则:以栽植绿篱的长度或面积,按"m"或"m^2"计算。

(3)工作内容释义。绿篱又称植篱或树篱,其功能与作用是范围和防范,或用来分隔空间和作为屏障以及美化环境等。

1)选择绿篱的树种要求。耐整形修剪,萌发性强,分枝丛生,枝叶茂密;耐阴、耐寒;外界机械损伤抗性强;耐密植,生长力强。

作为绿篱的树种,在形态上常以枝细、叶小、常绿为佳,在习性上还要具有"一慢三强"的特性,即枝叶密集,生长缓慢,下枝不易枯萎;基部萌芽力或再生力强;能适应或抵抗不良环境,生命力强。

2)绿篱的分类。

①按高度分为:高篱(1.2m以上)、中篱(1~1.2m)和矮篱(0.4m左右)。

②按树种习性分为:常绿绿篱和落叶绿篱。

③按形式分为:自然式和规则式。

④按观赏性质分为:花篱、果篱、刺篱、绿篱等。

3)绿篱的形式。根据人们的不同要求,绿篱可修剪成不同的形式。

①梯形绿篱。这种篱体上窄下宽,有利于地基部侧枝的生长和发育,

不会因得不到光照而枯死稀疏。

②矩形绿篱。这种篱体造型比较呆板,顶端容易积雪而受压变形,下部枝条也不易接受到充足的光照,以致部分枯死而稀疏。

③圆顶绿篱。这种篱体适合在降雪量大的地区使用,便于积雪向地面滑落,防止积雪将篱体压变形。

④自然式绿篱。一些灌木或小乔木在密植的情况下,如果不进行规整式修剪,常长成这种形态。

4)绿篱的养护要点。

①新植绿篱,如苗木较好,栽植的第一年,任其自由生长,以免因修剪过早影响根系生长。第二年开始,按照预定的高度进行截顶,凡是超过规定高度的老枝或嫩枝一律剪去。同一条绿篱应统一高度和宽度,两侧过长的枝条也应将梢剪去,使整条篱体平整、通直,并促使萌发大量的新枝,形成紧密的篱带。修剪时在绿篱带的两头各插一根竹竿,再沿绿篱上口和下沿拉绳子,作为修剪的准绳,这样才能把篱修得平整,高度、宽度一致。

②衰老绿篱的更新修剪时,应当强剪更新,将绿篱从基部平茬,只留4~5cm的主干,其余全部剪去,一年之后由于侧枝大量的萌发,初步形成篱体,两年之后即恢复成原来的形状,达到更新复壮的目的。这种方法只适用于萌芽力与成枝能力强,耐修剪的阔叶树种。大部分常绿针叶树,萌发能力不是很强,平茬不能起到复壮作用,应将老株全部挖掉,重新栽植幼株再行培养。如果调整空间能改善植物长势,也可采用间隔挖掘的办法,挖掉一些植株,加大株行距,让其自然生长,不再整形,仅起防护作用,直至完全衰老后再重新栽植。

6. 栽植攀缘植物

(1)工作内容:起挖;运输;栽植;养护。

(2)工程量计算规则:以栽植攀缘植物的数量或长度,按"株"或"m"计算。

(3)工作内容释义。

1)攀缘植物自身不能直立生长,需要依附他物。由于适应环境而长期演化,形成了不同的攀缘习性,攀缘能力各不相同,因而有着不同的园林用途。有些植物具有两种以上的攀缘方式,称为复式攀缘,如倒地铃既具有卷须又能自身缠绕他物。

①缠绕类。依靠自身缠绕支持物而攀缘。常见的有紫藤属、崖豆藤属、木通属、五味子属、铁线莲属、忍冬属、猕猴桃属、牵牛属、月光花属、茑萝属等,以及乌头属、茄属等的部分种类。缠绕类植物的攀缘能力都很强。

②卷须类。以枝或叶的变态形成的卷须缠绕在他物上使茎向上生长;枝变态的卷须如葡萄、包敛莓;叶变态的卷须如香豌豆、葫芦。

③蔓生类。此类植物为蔓生悬垂植物,无特殊的攀缘器官,仅靠细柔而蔓生的枝条攀缘,有的种类枝条具有倒钩刺,在攀缘中起一定作用,个别种类的枝条先端偶尔缠绕。主要有蔷薇属、悬钩子属、叶子花属、胡颓子属的种类等。相对而言,此类植物的攀缘能力最弱。

④吸附类。靠枝叶变态形成吸盘或茎上生出气根吸附于他物上,借此引伸茎蔓向高处生长。前者如地锦,后者如常春藤。

2)起挖、运输。攀缘植掘苗,分为带土球与不带土球两类。然后将掘出的植株进行合理的包装,装车运输到种植地点种植。

3)栽植:攀缘植物的地面栽植程序第一步是定点放样。大量栽种的,需要根据事先绘制的设计图纸,用石灰粉在定点位置做出标志。零星种植的可以不经过此步骤,现场决定种植点。在定植穴中填些好土,把苗木竖置于穴中,根茎与地面平,边培土边以脚踏实。应注意带土球的苗木种植时要小心勿使土球松散,裸根苗要在培土时轻轻抖动,略为提起向上,使根在土中舒展。草本攀缘植物的种苗种植时,只需在整好的地上用种花刀边挖浅穴边种,用种花刀柄在四周轻轻镇压即可。

4)养护:在藤蔓枝条生长过程中,要随时抹去花架顶面以下主藤茎上的新芽,剪掉其上萌生的新枝,促使藤条长得更长,藤端分枝更多。对花架顶上藤枝分布不均匀的,要作人工牵引,使其排布均匀。以后每年还要进行一定的修剪,剪掉病虫枝、衰老枝和枯枝。

7. 栽植色带

(1)工作内容:起挖;运输;栽植;养护。

(2)工程量计量规则:以栽植色带的面积,按"m^2"计算。

(3)工作内容释义。

1)色带:一定地带同种或不同种花卉及观叶植物配合起来所形成的具有一定面积的有观赏价值的风景带。栽植色带最需要注意的是将所栽植苗木栽成带状,并且配置有序,使之具有一定的观赏价值。色带苗木包括花卉及常绿植物。

2)苗木:就是在苗圃中培养出一定规格用于栽植的幼小苗。苗木有土球苗木和木箱苗木之分。

土球苗木:指一般常绿树、名贵树种和较大的花灌木常采用带土球掘苗。土球的大小,因苗木大小、根系分布情况、树种成活难易、土壤质地等条件而异。在包装运输过程中应进行单株包装。挖好的土球可用蒲包和草绳进行包装。装运之前,除要仔细检查有无散包处,还需用草绳将树干从基部往上逐圈绕干(高度 $1\sim2m$),以避免在运输、吊装时损伤树皮。在运输过程中,要注意检查苗木的温度和湿度。温度过高时,要把包装打开通风降温;湿度不够时,要适当喷水。

木箱苗木:放在木制箱中贮藏运输的规格较小树体和需要保护的裸树苗木,叫作木箱苗木。

苗高:指从地面起到顶梢的高度。

3)起挖:起挖时注意保护主根周围的须根系。

4)运输:为使出圃苗木的根系在运输过程中不致失水和折断,并保护幼苗的树体免受机械损伤,对出圃苗木要加以保护,必要时进行包装。

苗木的运输方式如下:

①装篓筐运输。规格较小的苗木散放在篓筐中,在筐底放一层湿润物,再将苗木根对根地分层放在湿铺垫物上,并在根间稍填充些湿润物,将筐装满后,最后在苗木上再放一层湿润物即可。

②带土球包装运输。带土球的大苗应单株包装。此法适用于根系恢复困难而树冠蒸腾量较大的苗木或在生长期需出圃的苗木以及珍贵树种。挖好的土球可用蒲包和草绳进行包装。装运之前,除要仔细检查有无散包外,还需用草绳将树干从基部往上逐圈绕开,装土球在车内固定好,不能使其滚动,土球应朝头,树冠拢好,以避免运输、吊装时损伤树皮。

③装箱运输。在已制好的木箱内,各面覆以塑料薄膜,然后在箱底铺一层湿润物,把苗木分层摆好,不可过于压紧压实。在摆好的每一层苗木根部中间,都需放湿润物以保护苗木体内水分,在最后一层苗木放好后,再在上面覆盖一层湿润物即可封箱。

④卷包包装运输。把规格较小的裸根苗木运送到较远的地方时,要求细致地包装,以防失水。生产上常用的包装材料有草包、草片、蒲包、塑

第五章 绿化工程工程量计算

料薄膜等。苗木在运输途中,要注意检查苗木的温度和湿度。

⑤装卸。即苗木装车及卸车。苗木装车,首先须验苗,了解所运苗木的树种、规格和卸苗地点。装车时,树冠应向后,土台上口应与卡车后轴在一直线上。木箱在车厢中落实后,再用两根较粗的木棍交叉成支架,放在树干下面,用以支撑树干,在树干与支架相接处应垫上蒲包片,以防磨伤树皮。卸车时,应先将围拢树冠的小绳解开,对于损伤的枝条进行修剪。要轻拿轻放,裸根苗卸车时应从上到下,从后到前,顺序取下,不准乱抽乱取,更不准整车推卸。带土球苗卸车时要双手轻托土球,不准提拉枝干。较大土球最好用起重机卸车,应轻吊轻放,不得损伤苗木和使土球散开,起吊带土球的苗时,应在土球外部套钢丝缆起吊。

8. 栽植花卉

(1)工作内容:起挖;运输;栽植;养护。

(2)工程量计算规则:以栽植花卉的数量或面积,按"株(丛、缸)"或"m^2"计算。

(3)工作内容释义。狭义的花卉是指有观赏价值的草本植物,如牵牛花、翠菊等。广义的花卉除指有观赏价值的草本植物外,还包括草本或木本的地被植物、花灌木、开花乔木以及盆景等。分布于温暖地区的高大乔木和灌木,移至我国北方寒冷地区,只能做温室盆栽观赏。

1)花卉的分类,见表5-4。

表5-4 花卉的分类

分 类	内 容
按形态特征分类	一般可分为草本花卉、木本花卉、多肉花卉和水生花卉。茎干质地柔软的谓之草本花卉。茎干木质坚硬的谓之木本花卉
按生长习性分类	草本花卉按其生长发育周期等的不同,又可分为一年生草花、二年生草花、宿根花卉、球根花卉以及草坪植物等
按观赏部分分类	分为观花类、观叶类、观果类、观茎类和观芽类
按用途分类	分为切花花卉、室内花卉、庭院花卉、药用花卉、香料花卉、食用花卉及环境保护用花卉
按栽培方式分类	分为露地栽培花卉和温室栽培花卉

2)花卉的栽植方式,见表 5-5。

表 5-5　　　　　　　　　花卉的栽植方式

方式	内容
露地花卉的栽植	露地花卉是指栽植在室外的花卉。栽花前首先要根据花卉的习性选择地点,或者根据空地的条件选择花卉
盆钵栽植	在城市中盆栽花卉是家庭养花的主要形式。它不受地形、空间条件的制约,也不占用土地,只需阳台、走廊等,是很好的室内外装饰品。由于盆钵的容积有限,土壤易干易湿,养料也受到一定限制,所以要求一定技术、细心和耐心

①浇水。浇花的水质以软水为好,一般使用河水为好,其次为池水及湖水,不宜用泉水。城市栽花可以使用自来水,但不宜直接从水龙头上接水来浇花,而应在浇花前先将水存放几个小时或在太阳下晒一段时间。更不宜用污水浇花。

②施肥。肥料是花卉植物的养料来源之一,对花卉的生长具有极重要的影响。肥料通常分为有机肥和无机肥两大类。

③中耕除草。中耕除草是花卉养护的重要环节,中耕不宜在土壤太湿时进行。要使用小花锄和小竹片等工具进行,花锄用于成片花坛的中耕,小竹片用于盆栽花卉。中耕也可同时进行施肥。

在中耕同时要拔除杂草,平时进行其他管理时看见杂草也应及时拔除,杂草应连根去尽,尤其不能拖过杂草结实成熟以后才除草,以免留下后患。一般普通家庭栽培花卉,宜用手拔除杂草。如果栽植面积较大,杂草较多,也可以使用化学除草剂。

④修剪。为了调节植株各部的生长,促进开花,以及防止病虫害,就要对其进行修剪。一般从修枝、摘叶、摘心、除芽、去蕾五个方面进行。

⑤整形。为了提高花卉的观赏价值,保持植株的外形美观,需对其进行整形植株的外观造型整形。

9. 栽植水生植物

(1)工作内容:起挖;运输;栽植;养护。

(2)工程量计算规则:以栽植水生植物的数量或面积,按"丛"(缸)或

"m^2"计算。

(3)工作内容释义。

1)水生植物。自然生长于水中,在旱地不能生存或生长不良时;多数为宿根或球茎、地下根状茎的多年生植物,其中许多有供观赏的水生花卉。水生植物的分类见表5-6。

表5-6　　　　　　　　　水生植物的分类

类型	内容
浅水植物	生长于水深不超过0.5m的浅沼地上,如菖蒲、石菖蒲、泽泻、慈姑、水葱、香蒲、旱伞草等
挺水植物	一般在水深0.5～1.5m左右条件下生长,如荷花、王莲及莼菜是挺水植物的代表
沉水植物	一般根着生于水底的泥中,整个植物体全部浸泡在水里面,无任何部分露出水面,或仅有花朵刚刚露出水面,如水鳖、水蕴藻、眼子菜等。还有一类是没有根,但茎细长,整个植物体都浸在水中
漂浮植物	无论水深浅,均在水面漂浮生长,常见的有凤眼莲(水葫芦)、水浮莲(大薸)及各种浮萍
浮水植物	一般根部悬浮于水中或者生于水底,只有叶及花漂浮于水面上。如田字草、青萍、水萍、布袋莲等

2)水生植物的栽植。

①栽植水生植物。栽植水生植物有两种技术途径:在池底铺至少15cm的培养土,将水生植物植入水中;将水生植物种在容器中,将容器深入水中。

容器放入水中有两种方法:一种方法是水中砌砖石方台,将容器顶托在适当的深度上,稳妥可靠;另一种方法是用两根耐水的绳索捆住容器,然后将绳索固定在岸边(钉桩或压在石下),如水位距岸边很近,岸上又有假山石散点,可以将绳索隐蔽起来。否则会失去自然之趣,大煞风景。

②种植水生植物。

a. 日照:大多数水生植物都需要充足的日照,尤其是在生长期(即每年4～10月之间),如光照不足,则会发生徒长、叶小而薄、不开花等现象。

b. 用土：漂浮植物不需底土，而栽植其他种类的水生植物，须用田土、池塘烂泥等有机黏质土作为底土，在表层铺盖直径 1～2cm 的粗砂。

c. 施肥：以油粕、骨粉的玉肥作为基肥，约放四五个玉肥于容器角落即可，水边植物不需基肥。追肥则以化学肥料代替有机肥，以避免污染水质，用量较一般植物稀薄 10 倍。

d. 水位：水生植物依生长习性不同，对水深的要求也不同。漂浮植物仅须足够的水深使其漂浮；沉水植物则水的高度必须超过植株，使茎叶自然伸展。水边植物则要保持土壤湿润、稍呈积水状态。挺水植物因茎叶会挺出水面，须保持 50～100cm 左右的水深。浮水植物水位高低须依茎梗长短调整，使叶浮于水面呈自然状态为佳。

e. 疏除：若同一水池中混合栽植各类水生植物，必须定时疏除繁殖快速的种类，以免覆满水面，影响沉水植物的生长；浮水植物过大时，叶面互相遮盖时，也必须进行分株。

f. 换水：当用水发生混浊时，必须换水，夏季则须增加换水次数，以免蚊虫滋生或水质恶化等现象发生。

3）水生植物的养护。水生植物的养护主要是水分管理，沉水、浮水、浮叶植物从起苗到种植过程都不能长时间离开水，尤其是炎热的夏天施工，苗木在运输过程中要做好降温保湿工作，确保植物体表湿润，做到先灌水，后种植。如不能及时灌水，则只能延期种植。挺水植物和湿生植物种植后要及时灌水，如水系不能及时灌水时，要经常浇水，使土壤水分保持过饱和状态。

10. 铺种草皮

(1)工作内容：起挖；运输；栽植；铺底砂（土）；养护。

(2)工程量计算规则：以铺种草皮的面积，按"m^2"计算。

(3)工作内容释义。

1）草坪又称草地，是城市绿化的重要组成部分，是园林中清洁舒适的绿色地面，为休憩活动提供良好的场地。草坪可与乔木、灌木、草木花卉构成多层次的绿化布置，形成绿荫覆盖、高低错落、繁花似锦的优美景观。

2）草皮是指把草坪平铲为板状或剥离成不同大小的各种形状并附带一定量的土壤，以营养繁殖方式快速建造草坪和草坪造型的原材料。草皮的分类见表 5-7。

表 5-7 草皮的分类

分类	内容
按来源分类	①天然草皮。这类草皮取自于天然草地上。一般是将自然生长的草地修剪平整,然后平铲为不同大小、不同形状的草皮,以供出售或自己铺设草坪。这类草皮管理比较粗放,一般用于铺设水土保持地或道路绿化。 ②人工草皮。人工种子直播或用营养繁殖体建成的草皮。人工草皮成本要比天然草皮的高,管理较精细,但草皮质量好,整齐美观,能满足不同客户的需要
按区域分类	①冷季型草皮。由冷季型草坪草繁殖生产的草皮,也叫作"冬绿型草皮"。这类草皮的耐寒性较强,在部分地区冬期常绿,但夏季不耐炎热,在春、秋两季生长旺盛,非常适合在我国北方地区铺植。如早熟禾草皮、高羊茅草皮、黑麦草草皮等。 ②暖季型草皮。由暖季型草坪草繁殖生产的草皮,也叫作"夏绿型草皮"。这类草皮冬期呈休眠状态,早春开始返青,复苏后生长旺盛。进入晚秋,一经霜害,其草的茎叶就会枯萎退绿,如天鹅绒草皮、狗牙根草皮、地毯草草皮等
按培植年限分布	①一年生草皮。指草皮的生产与销售在同一年进行。一般来说,是春季播种,经过 3~4 个月的生长后,就可于夏季出圃。 ②越年生草皮。指在第一年夏末播种,于第二年春天出售的草皮,越年生产草皮既可以减少杂草的危害,降低养护成本;又可以在早春就出售草皮,满足春季建植草坪绿地的需要
按使用目的分类	①观赏草皮。这类草皮主要是在园林绿地中专门用于供欣赏的装饰性草坪。观赏草坪是一种封闭式草坪,一般不允许游人入内游憩或践踏,专供观赏用所选草种多是低矮、纤细、绿期长的草坪植物,以细叶草类为最佳。 ②休闲草皮,是指用来铺植休息性质草坪的草皮,这种草坪的绿地中没有固定的形状,面积可大可小,管理粗放,通常允许人们入内游憩活动。选用的草皮草种多具有生长低矮,叶片纤细、叶质高、草姿美的特性。 ③运动场草皮,是指供体育活动的场所,如足球场、网球场、高尔夫球场、儿童游戏场等地用的草皮。如草地早熟禾草皮、高羊茅草皮等。 ④水土保持草皮,是指在坡地、水岸、公路、堤坝、陡坡等地植的草皮。这类草皮的作用主要是保持水土,因此,一般所选草种需适应性强、根系发达、草层紧密、耐旱、耐寒、抗病虫害能力强等

续表

分类	内容
按栽培基质分类	①普通草皮是指以壤土为栽培基质的草皮。普通草皮具有生产成本较低的特点,但因为每出售一茬草皮,就要带走一层表土,如此下去,就会使土壤的生产能力大大减弱,因此对土壤破坏力比较大。这也是草皮生产中有待解决的问题。 ②轻质草皮又叫无土草皮,主要采用轻质材料或容易消除的材料如河砂、泥炭、半分解的纤维素、蛭石、炉渣等为栽培基质的草皮。具有重量轻、便于运输、根系保存完好、移植恢复生长快等特点,而且能保护土壤耕作层,所以,将是我国发展优质草皮的一个方向
按草皮组合分类	①单纯草皮,又称为单一草皮,是指由一种草本植物组成的草皮,单一草皮具有整齐美观、低矮稠密、叶色一致的特点,需要的养护管理比较精细。在我国北方一般选用冷季型草坪草来生产草皮,而对暖季型草坪草的应用还不多,目前只有结缕草等几个少数的草种。但在我国南方地区,生产草皮时不仅可用暖季型草坪草,还可用一些抗热性比较强的冷季型草坪草。 ②混合草皮,是指由多种草本植物混合建植而形成的草皮。在我国北方主要是草地早熟禾＋紫羊茅＋多年生黑麦草,而在我国南方则主要以狗牙根、地毯草或结缕草为主体草种,混入多年生黑麦草等作为保护草种。混合草皮的适应性和抗撕拉性都很强,非常适合于管理比较粗放的草坪绿地

3)草皮起挖。铲运草块即将选定的优良草坪,使用薄形平板状的钢质铲,先向下垂直切3cm深,然后再用铲横切。草块的厚度约3cm,整块必须均匀一致。这样就可以一块又一块地连泥带草根重叠堆起,并可随时装车运出。上述方形草块搬运铺设方法,在国外已改变为长条状草皮,像蛋卷似的,成卷铲起运走。

4)栽植。草坪铺种分为播茎法、分栽法、铺设法等几种方法。

草块铺栽:草块搬运至铺设场地后,应立即进行栽种。铺设草块前,应先清除场地上的石块、垃圾等杂物,增施基肥,力求表土层疏松、平整。草块铺前,场地再次拉平,并增加1~2次压平,以免铺后出现泥土下所带来的不平或者积水等不良现场。铺栽草块时,块与块之间,应保留0.5~1cm的间隙,以防在搬运途中干缩的草块,遇水浸泥后膨胀,形成边缘重叠。块与块间的隙缝应填入细土,然后滚压,并进行浇水,要求灌透。一般浇水后2~3天再次滚压,则能促进块与块之间的平整。一般说来,新设的块状草坪,压滚一两次不平的,以后每隔一周浇水滚压一次,直到草坪完全平整为止。

方块草坪铺设,不论是冷地型草种还是暖地型草种,都忌在冬季进行。因为禾草在冬季大部分停止生长或者休眠,铺后容易遭干冻。入春后新萌发的嫩芽,移栽后,亦影响其正常进行。最适宜的草块铺移时间是春末夏初,或者秋季进行,如果因需要在夏季进行,则必须增加灌溉次数。

5) 养护。

① 草地铺设后,新铺草块必须加强护理,防止人畜车辆入内,靠近道路、路口的应设置临时性指示牌,减少和防止人为破坏所造成的损失。新铺草坪返青后,可增设一次尿素氮肥,每公顷施用量 120~150kg 左右。当年的冬季可适当增堆肥土或土屑土等疏松肥料,则能迅速促进新铺草坪的平整度。

② 新建草坪建植后,应加强养护管理,做到及时修剪、合理施肥、及时灌溉。新植草坪灌水应做到:使用灌溉强度较小的喷灌系统。以雾状喷灌为好,灌水速度不应超过土壤有效吸水速度,灌水应持续到土壤 2.5~5cm 深处完全湿润为止;避免土壤过涝,特别是在床面上产生积水小坑时,要缓慢排除积水。

③ 对新建的草坪应及时进行修剪,一般新生植株高达 5cm 时即可进行。未完全成熟的草坪应遵循"1/3 原则",每次修剪时,剪掉的部分不能超过叶片自然高度(未剪前的高度)的 1/3,直至草坪草完全覆盖床面为止。新建公共草坪高度一般为 3~4cm,修剪工作常在土壤较硬时进行,剪草机刀刃应锋利,调整应适当。为避免对幼苗的过度伤害,修剪工作应在草坪上无露水时进行,最好是在叶子不发生膨胀的下午进行。

④ 草坪建成后的后期养护管理内容主要有修剪、施肥、灌水与排水等。

11. 喷播植草(灌木)籽

(1) 工作内容:基层处理;坡地细整;喷播;覆盖;养护。

(2) 工程量计算规则:以喷播植草的投影面积,按"m^2"计算。

(3) 工作内容释义。

1) 喷薄植草的喷播技术是结合喷播和免灌两种技术而成的新型绿化方法,将绿化用草籽与保水剂、胶粘剂、绿色纤维覆盖物及肥料等,在搅拌容器中与水混合成胶状的混合浆液,用压力泵将其喷播于待播土地上。

适合于大面积的绿化作业,尤其是较为干旱缺少浇灌设施的地区,与传统机械作业相比,效率高成本低,对播种环境要求低,由于使用材料均为环保材料,所以可确保其安全、无污染。

2)液压喷播:液压喷播法是坡地绿化中最有效的方法之一。主要是通过高压水泵将水、种子和其他肥料、纤维、保水剂、胶粘剂混合物喷向坪床,从而达到建植的目的。

3)液压喷播技术:草坪液压喷播是利用液体即液体播种原理把催芽后的草坪种子装入混有一定比例的水、纤维覆盖物、胶粘剂、肥料、染色剂的容器内,利用离心泵把混合浆料通过软管输送喷播到待播的土壤上,形成均匀覆盖层保护下的草种层,多余的水分渗入土表。此时,纤维、胶体形成半渗透的保湿表层,这种保湿表层上面又形成胶体薄膜,大大减少水分蒸发,给种子发芽提供水分、养分和遮阴条件,关键的是纤维胶体和土表粘合,使种子在遇风、降雨、浇水等情况下不流失,具有良好的固种保苗作用。

4)草坪植物(草坪草):适合于草坪应用的一些种类,一般称草坪草。具有生长低矮、叶片稠密、叶色美观,具有一定的耐践踏能力或恢复能力强的特点。一般为多年生草本植物。大致可分为暖季型草与冷季型草。冷季型草最适生长温度为17~22℃,开始生长温度为0~5℃;暖季型草最适宜温度是25~35℃,15℃左右开始新生长。冷季型草多用于冷凉、湿润的地区;而暖季型草用于温度较高的地区。

5)坡地:坡地一般与山地、丘陵或水体并存。坡地的高程变化和明显的方向性(朝向)使其在造园用地中具有广泛的用途和设计灵活性。如用于种植,提供界面、视线和视点,塑造多级平台、围合空间等。但坡地坡角超过土壤的自然安息角时,为保持土体稳定,应当采取护坡措施。如砌挡土墙、种植地被植物等。

6)覆盖:覆盖是新生草坪管理中十分重要的内容。覆盖的目的是稳定土壤中的种子,防止暴雨冲刷,避免造成地表径流,抗风;调节坪床地表温度,夏天防止幼苗暴晒,冬天可增加坪床温度;保持土壤水分。

7)苗期养护:种子一旦铺植完毕即可喷水,喷水要细,避免水柱直冲,每天喷水2~3次,保持地表湿润。多数品种一周之后开始出苗,两周左右基本出齐。此后逐渐减少喷水次数,加大浇水量,一次渗透为宜。苗出齐后,可以适当进行叶面追肥,以促壮苗,40天左右就可以形成郁闭的草坪。

三、绿地喷灌清单工程量计算

(一)清单工程量计算规则

绿地喷灌清单项目工程量计算规则,见表 5-8。

表 5-8　　　　　　　　　绿地喷灌(编码:050103)

项目编码	项目名称	项目特征	计量单位	工程量计算规则	工作内容
050103001	喷灌管线安装	1. 管道品种、规格 2. 管件品种、规格 3. 管道固定方式 4. 防护材料种类 5. 油漆品种、刷漆遍数	m	按设计图示管道中心线长度以延长米计算,不扣除检查(阀门)井、阀门、管件及附件所占的长度	1. 管道铺设 2. 管道固筑 3. 水压试验 4. 刷防护材料、油漆
050103002	喷灌配件安装	1. 管道附件、阀门、喷头品种、规格 2. 管道附件、阀门、喷头固定方式 3. 防护材料种类 4. 油漆品种、刷漆遍数	个	按设计图示数量计算	1. 管道附件、阀门、喷头安装 2. 水压试验 3. 刷防护材料、油漆

注:1. 挖填土石方应按现行国家标准《房屋建筑与装饰工程工程量计算规范》(GB 50854—2013)附录 A 相关项目编码列项。
　2. 阀门井应按现行国家标准《市政工程工程量计算规范》(GB 50857—2013)相关项目编码列项。

(二)喷灌管线安装清单项目释义

(1)工作内容:管道铺设;管道固筑;水压试验;刷防护材料、油漆。

(2)工程量计算规则:以喷灌设施中心线的长度,按"m"计算。

(3)工作内容释义。

1)喷灌是适用范围广又较为节约用水的园林和苗圃温室的灌溉手段。由于喷灌可以使水均匀地渗入地下避免径流,因而特别适用于灌溉草坪和坡地,对于希望增加空气湿度和淋湿植物叶片的场所尤为适宜;对于一些不宜经常淋湿叶面的植物则不应使用。适量的喷灌还可避免土壤中的养分流失。

2)绿地喷灌是一种模拟天然降水对植物提供的控制性灌水。其具有节水、保土、省工和适应性强等诸多优点,逐渐得到人们的普遍重视,并将成为园林绿地和运动场草坪灌溉的主要方式。

3)喷灌设备及布置。喷灌机主要是由压水、输水和喷头三个主要结构部分构成的。

4)给水阀门井:一般为砖砌圆形,由井底、井身和井盖组成。

5)排水阀门井:排水阀门井的作用是连接由水池引出的泄水管和溢水管在井内交汇,然后再排入排水管网。排水阀门井的构造同给水阀门井。

6)管道品种及规格,见表5-9。

表5-9 管道品种及规格

品种	规格
铸铁管	承压能力强,一般为1MPa。工作可靠,寿命长(30～60年),管体齐全,加工安全方便
钢管	承压能力强,工作压力1MPa以上,韧性好、不易断裂、品种齐全、铺设安装方便。但价格高、易腐蚀、寿命比铸铁管短,为20年左右
硬塑料管	喷灌常用的硬塑料管有聚氯乙烯管、聚乙烯管、聚丙烯管等。承压能力随壁厚和管径不同而不同,一般为0.4～0.6MPa
钢筋混凝土管	有自应力和预应力两种。可承受0.4～0.7MPa的压力,使用寿命长、节省钢材、运输安装施工方便、输水能力稳定、接头密封性好、使用可靠
铝合金管	承压能力较强,一般为0.8MPa,韧性好、不易断裂、耐酸性腐蚀、不易生锈、使用寿命较长,水性能好、内壁光滑

第三节 绿化工程工程量计算示例

一、土(石)方工程量计算

1. 大型土(石)方工程工程量横截面计算法

横截面计算法适用于地形起伏变化较大或形状狭长地带。其方法为:首先,根据地形图及总平面图,将要计算的场地划分成若干个横截

第五章　绿化工程工程量计算

面,相邻两个横截面距离视地形变化而定。在起伏变化大的地段,布置密一些(即距离短一些);反之则可适当长一些。如线路横断面在平坦地区,可取 50m 一个,山坡地区可取 20m 一个,遇到变化大的地段再加测断面。然后,实测每个横截面特征点的标高,量出各点之间距离(如果测区已有比较精确的大比例尺地形图,也可在图上设置横截面,用比例尺直接量取距离,按等高线求算高程,方法简捷,就其精度来说,没有实测的高),按比例尺把每个横截面绘制到厘米方格纸上,并套上相应的设计断面,则自然地面和设计地面两轮廓线之间的部分,即是需要计算的施工部分。

具体计算步骤如下:

(1)划分横截面:根据地形图(或直接测量)及竖向布置图,将要计算的场地划分横截面 $A-A'$、$B-B'$、$C-C'$、……划分原则为垂直等高线,或垂直主要建筑物边长,横截面之间的间距可不等,地形变化复杂的间距宜小;反之宜大一些,但最大不宜大于 100m。

(2)画截面图形:按比例划制每个横截面的自然地面和设计地面的轮廓线。设计地面轮廓线之间的部分,即为填方和挖方的截面。

(3)计算横截面面积:按表 5-10 中面积计算公式,计算每个截面的填方或挖方截面面积。

表 5-10　　　　　　　常用横截面面积计算公式

图　　示	面积计算公式
	$A=h(b+nh)$
	$A=h\left[b+\dfrac{h(m+n)}{2}\right]$
	$A=b\dfrac{(h_1+h_2)}{2}+nh_1h_2$

续表

图 示	面积计算公式
	$F = h_1 \dfrac{a_1+a_2}{2} + h_2 \dfrac{a_2+a_3}{2} + h_3 \dfrac{a_3+a_4}{2} + h_4 \dfrac{a_4+a_5}{2}$
	$F = \dfrac{1}{2} a (h_0 + 2h + h_n)$ $h = h_1 + h_2 + h_3 + \cdots + h_n$

(4)计算土方量：根据截面面积计算土方量。其计算公式为：

$$V = \frac{1}{2}(F_1 + F_2)L \tag{5-1}$$

式中　V——相邻两截面间的土方量(m^3)；

F_1、F_2——相邻两截面的挖(填)方截面面积(m^2)；

L——相邻截面间的间距(m)。

(5)按土方量汇总：如图 5-2 中 $A-A'$ 所示，设桩号 $0+0.00$ 的填方横截面面积为 $2.80m^2$，挖方横截面面积为 $3.90m^2$；图 5-2 中 $B-B'$ 中，桩号 $0+0.20$ 的填方横截面面积为 $2.35m^2$，挖方横截面面面积为 $6.75m^2$，两桩间的距离为 20m，则其挖填方量分别为：

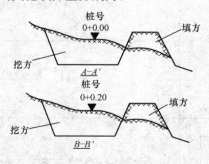

图 5-2　横截面示意图

第五章　绿化工程工程量计算

$$V_{挖方} = \frac{1}{2} \times (3.90+6.75) \times 20 = 106.5 \text{m}^3$$

$$V_{填方} = \frac{1}{2} \times (2.80+2.35) \times 20 = 51.5 \text{m}^3$$

土方量计算结果见表 5-11。

表 5-11　　　　　　　　土方量汇总

断面	填方面积 (m²)	挖方面积 (m²)	截面间距 (m)	填方体积 (m³)	挖方体积 (m³)
$A-A'$	2.80	3.90	20	28	39
$B-B'$	2.35	6.75	20	23.5	67.5
合　计				51.5	106.5

2. 大型土（石）方工程工程量方格网计算法

方格网法是把平整场地的设计工作和土方量计算工作结合在一起进行的。

(1)划分方格网。在附有等高线的地形图（图纸常用比例为 1∶500）上作方格网，方格各边最好与测量的纵、横坐标系统对应，并对方格及各角点进行编号。方格边长在园林中一般为 20m×20m 或 40m×40m。然后将各点设计标高和原地形标高分别标注于方格桩点的右上角和右下角，再将原地形标高与设计地面标高的差值（即各角点的施工标高）填在方格点的左上角，挖方为（+）、填方为（-）。

其中原地形标高用插入法求得，方法是：设 H_x 为欲求角点的原地面高程，过此点作相邻两等高线间最小距离 L。其计算公式为：

则
$$H_x = H_a \pm \frac{xh}{L} \tag{5-2}$$

式中　H_a——低边等高线的高程；

　　　x——角点至低边等高线的距离；

　　　h——等高差。

采用插入法求某点地面高程通常会遇到以下三种情况（图 5-3）。

1)待求点标高 H_x 在两等高线之间，如图 5-3 中①所示：

$$H_x = H_a + \frac{xh}{L}$$

2)待求点标高 H_x 在低边等高线的下方，如图 5-3 中②所示：

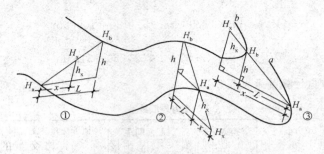

图 5-3 插入法求任意点高程示意图

$$H_x = H_a - \frac{xh}{L}$$

3)待求点标高 H_x 在低边等高线的上方,如图 5-3 中③所示:

$$H_x = H_a + \frac{xh}{L}$$

在平面图上线段 $H_a \sim H_b$ 是过待求点所做的相邻两等高线间最小水平距离 L。求出的标高数值——标记在图上。

(2)求施工标高。施工标高指方格网各角点挖方或填方的施工高度,其导出式为:

$$施工标高 = 原地形标高 - 设计标高$$

从上式可以看出,要求出施工标高,必须先确定角点的设计标高。为此,具体计算时,要通过平整标高反推出设计标高。设计中通常取原地面高程的平均值(算术平均或加权平均)作为平整标高。将一块高低不平的地面在保证土方平衡的条件下,挖高垫低使地面水平,这个水平地面的高程就是平整标高。平整标高是根据平整前和平整后土方数量相等的原理求出的。当平整标高求出后,就可用图解法或数学分析法来确定平整标高的位置,再通过地形设计坡度,算出各角点的设计标高,最后将施工标高求出。

(3)零点位置。零点是指不挖不填的点,零点的连线即为零点线,是填方与挖方的界定线。因而零点线是进行土方计算和土方施工的重要依据之一。要识别是否有零点存在,只要看一个方格内是否同时有填方与挖方,如果同时有,则说明一定存在零点线。为此,应将此方格的零点求出,并标于方格网上,再将零点相连,即可分出填挖方区域,该连线即为零点线。

第五章 绿化工程工程量计算

零点可通过式(5-3)求得[图 5-4(a)],即:

$$x=\frac{h_1}{h_1+h_2}a \tag{5-3}$$

式中 x——零点距 h_1 一端的水平距离(m);

h_1、h_2——方格相邻两角点的施工标高绝对值(m);

a——方格边长。

零点的求法还可采用图解法,如图 5-4(b)所示。其方法是将直尺放在各角点上标出相应的比例,然后用尺相接,凡与方格交点的为零点位置。

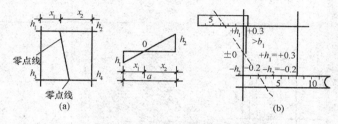

图 5-4 求零点位置示意图
(a)解析法求零点线;(b)图解法求零点线

(4)计算土方工程量。根据各方格网底面积图形以及相应的体积计算公式(表 5-12)来逐一求出方格内的挖方量或填方量。

(5)计算土方总量。将填方区所有方格的土方量(或挖方区所有方格的土方量)累计汇总,即得到该场地填方和挖方的总土方量,最后填入汇总表。

表 5-12 方格网法计算土方量的计算公式

项 目	图 式	计 算 公 式
一点填方或挖方(三角形)		$V=\dfrac{1}{2}bc\dfrac{\sum h}{3}=\dfrac{bch_3}{6}$ 当 $b=c=a$ 时,$V=\dfrac{a^2h_3}{6}$

续表

项 目	图 式	计 算 公 式
二点填方或挖方（梯形）	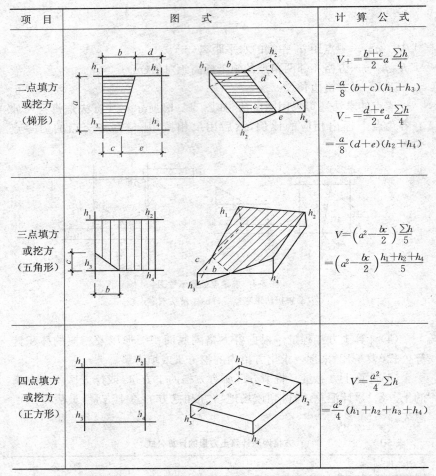	$V_+ = \dfrac{b+c}{2}a\dfrac{\sum h}{4}$ $= \dfrac{a}{8}(b+c)(h_1+h_3)$ $V_- = \dfrac{d+e}{2}a\dfrac{\sum h}{4}$ $= \dfrac{a}{8}(d+e)(h_2+h_4)$
三点填方或挖方（五角形）		$V = \left(a^2 - \dfrac{bc}{2}\right)\dfrac{\sum h}{5}$ $= \left(a^2 - \dfrac{bc}{2}\right)\dfrac{h_1+h_2+h_4}{5}$
四点填方或挖方（正方形）		$V = \dfrac{a^2}{4}\sum h$ $= \dfrac{a^2}{4}(h_1+h_2+h_3+h_4)$

注：1. a 为方格网的边长（m）；b、c 为零点到一角的边长（m）；h_1、h_2、h_3、h_4 为方格网四角点的施工高程（m），用绝对值代入；$\sum h$ 为填方或挖方施工高程的总和（m），用绝对值代入；V 为挖方或填方体积（m³）。

2. 本表公式是按各计算图形底面积乘以平均施工高程而得出的。

3. 土（石）方工程工程量计算示例

【例 5-1】 某公园绿地整理施工场地的地形方格网如图 5-5 所示，方格网边长为 20m，试计算土方量。

	44.72		44.76		44.80		44.84		44.88
1	44.26	2	44.51	3	44.84	4	45.59	5	45.86
	I		II		III		IV		
	44.67		44.71		44.75		44.79		44.83
6	44.18	7	44.43	8	44.55	9	45.25	10	45.64
	V		VI		VII		VIII		
	44.61		44.65		44.69		44.73		44.77
11	44.09	12	44.23	13	44.39	14	44.48	15	45.54

图 5-5 绿地整理施工场地方格网

【解】 (1)根据方格网各角点地面标高和设计标高,计算施工高度,如图 5-6 所示。

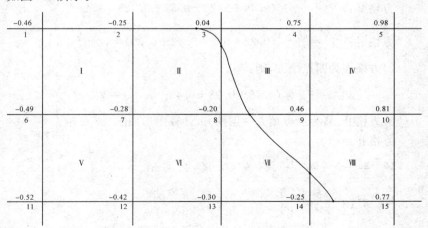

图 5-6 方格网各角点的施工高度及零线

(2)计算零点,求零线。由图 5-6 可见,边线 2-3,3-8,8-9,9-14,14-15 上,角点的施工高度符号改变,说明这些边线上必有零点存在,按下列公

式可计算各零点位置。即

2-3 线,$x_{2\text{-}3} = \dfrac{0.25}{0.25+0.04} \times 20 = 17.24\text{m}$

3-8 线,$x_{3\text{-}8} = \dfrac{0.04}{0.04+0.20} \times 20 = 3.33\text{m}$

8-9 线,$x_{8\text{-}9} = \dfrac{0.20}{0.20+0.46} \times 20 = 6.06\text{m}$

9-14 线,$x_{9\text{-}14} = \dfrac{0.46}{0.46+0.25} \times 20 = 12.96\text{m}$

14-15 线,$x_{14\text{-}15} = \dfrac{0.25}{0.25+0.77} \times 20 = 4.9\text{m}$

将所求各零点位置连接起来,便是零线,即表示挖方与填方的分界线,如图 5-6 所示。

(3)计算各方格网的土方量。

1)方格网Ⅰ、Ⅴ、Ⅵ均为四点填方,则:

方格Ⅰ:$V_{\text{I}}^{(-)} = \dfrac{a^2}{4}\sum h = \dfrac{20^2}{4} \times (0.46+0.25+0.49+0.28) = 148\text{m}^3$

方格Ⅴ:$V_{\text{V}}^{(-)} = \dfrac{20^2}{4} \times (0.49+0.28+0.52+0.42) = 171\text{m}^3$

方格Ⅵ:$V_{\text{Ⅵ}}^{(-)} = \dfrac{20^2}{4} \times (0.28+0.2+0.42+0.30) = 120\text{m}^3$

2)方格Ⅳ为四点挖方,则:

$$V_{\text{Ⅳ}}^{(+)} = \dfrac{20^2}{4} \times (0.75+0.98+0.46+0.81) = 300\text{m}^3$$

3)方格Ⅱ、Ⅶ为三点填方一点挖方,计算图形如图 5-7 所示。

方格Ⅱ:

$V_{\text{Ⅱ}}^{(+)} = \dfrac{bc}{6}\sum h = \dfrac{2.76 \times 3.33}{6} \times 0.04 = 0.06\text{m}^3$

$V_{\text{Ⅱ}}^{(-)} = \left(a^2 - \dfrac{bc}{2}\right)\dfrac{\sum h}{5}$

$\quad = \left(20^2 - \dfrac{2.76 \times 3.33}{2}\right) \times \left(\dfrac{0.25+0.28+0.20}{5}\right)$

$\quad = 57.73\text{m}^3$

方格Ⅶ:

$V_{\text{Ⅶ}}^{(+)} = \dfrac{13.94 \times 12.96}{6} \times 0.46 = 13.85\text{m}^3$

$$V_{\text{VII}}^{(-)} = \left(20^2 - \frac{13.94 \times 12.96}{2}\right) \times \left(\frac{0.2+0.3+0.25}{5}\right) = 46.45 \text{m}^3$$

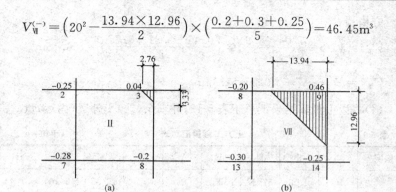

图 5-7 三填一挖方格网
(a)方格Ⅱ挖填方示意图;(b)方格Ⅶ挖填方示意图

4)方格Ⅲ、Ⅷ为三点挖方一点填方,如图 5-8 所示。

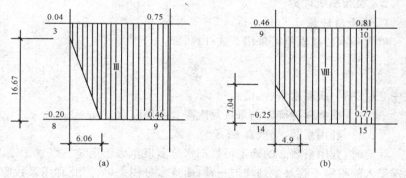

图 5-8 三挖一填方格网
(a)方格Ⅲ挖填方示意图;(b)方格Ⅷ挖填方示意图

方格Ⅲ:

$$V_{\text{III}}^{(+)} = \left(a^2 - \frac{bc}{2}\right)\frac{\sum h}{5}$$

$$= \left(20^2 - \frac{16.67 \times 6.06}{2}\right) \times \left(\frac{0.04+0.75+0.46}{5}\right)$$

$$= 87.37 \text{m}^3$$

$$V_{\text{III}}^{(-)} = \frac{bc}{6}h = \frac{16.67 \times 6.06}{6} \times 0.2 = 3.37 \text{m}^3$$

方格Ⅷ：

$$V_{Ⅷ}^{(+)} = \left(20^2 - \frac{7.04 \times 4.9}{2}\right) \times \left(\frac{0.46 + 0.81 + 0.77}{5}\right) = 156.16\text{m}^3$$

$$V_{Ⅷ}^{(-)} = \frac{7.04 \times 4.9}{6} \times 0.25 = 1.44\text{m}^3$$

(4) 将以上计算结果汇总于表 5-13，并求余（缺）土外运（内运）量。

表 5-13　　　　　　　　土方工程量汇总表　　　　　　　（单位：m³）

方格网号	Ⅰ	Ⅱ	Ⅲ	Ⅳ	Ⅴ	Ⅵ	Ⅶ	Ⅷ	合计
挖　方		0.06	87.37	300			13.85	156.16	557.44
填　方	148	57.73	3.37		171	120	46.45	1.44	547.99
土方外运	\multicolumn{9}{c}{$V = 557.44 - 547.99 = +9.45$}

二、喷灌系统计算

1. 灌水量计算

喷灌一次的灌水量可采用下式计算，即：

$$h = \frac{h_{净}}{\varphi} \tag{5-4}$$

式中　h——一次灌水量（mm）；

　　　$h_{净}$——根据树种确定的每日每次需要的纯灌水量（mm）；

　　　φ——利用系数，一般在 65%～85%之间。

计算时，利用系数 φ 的确定可根据水分蒸发量大小而定。气候干燥，蒸发量大的喷灌不容易做到均匀一致，而且水分损失多，因此利用系数应选较小值，具体设计时常取 $\varphi = 70\%$；如果是在湿润环境中，水分蒸发较少则应取较大的系数值。

2. 灌溉时间计算

灌水量多少和灌溉时间的长短有关系。每次灌溉的时间长短可以按照下式来确定。即：

$$T = \frac{h}{\rho} \tag{5-5}$$

式中　T——支管或喷头每次喷灌纯工作时间（h）；

　　　h——一次灌水量（mm）；

　　　ρ——喷灌强度（mm/h）。

3. 喷灌系统的用水量计算

整个喷灌系统需要的用水量数据,是确定给水管管径及水泵选择所必需的设计依据。这个数据可用下式求出。即:

$$Q = nq \tag{5-6}$$

式中　Q——用水量(m^3/h);
　　　n——同时喷灌的喷头数;
　　　q——喷头流量(m^3/h)。

$$q = \frac{LbP}{1000} \tag{5-7}$$

式中　L——相邻喷头的间距(m);
　　　b——支管的间距(m);
　　　P——设计喷灌强度(mm/h)。

在采用水泵供水时,用水量 Q 实际上就是水泵的流量。

4. 水头计算

水头要求是设计喷灌系统不可缺少的依据之一。喷灌系统中管径的确定、引水时对水压的要求及对水泵的选择等,都离不开水头数据。以城市给水系统为水源的喷灌系统,其设计水头可用下式计算。即:

$$H = H_{管} + H_{弯} + H_{喷} + H_{立管高度} + H_{地形高差} \tag{5-8}$$

式中　H——设计水头(m);
　　　$H_{管}$——管道沿程水头损失(m);
　　　$H_{弯}$——管道中各弯道、阀门的水头损失(m);
　　　$H_{喷}$——最后一个喷头的工作水头(m)。

如果公园内是自设水泵的独立给水系统,则水头(水泵扬程)可按下式算出。即:

$$H = H_{实} + H_{管} + H_{弯} + H_{喷} \tag{5-9}$$

式中　H——水泵的扬程(m);
　　　$H_{实}$——实际扬程等于水泵的扬程与水泵轴到最末一个喷头的垂直高度之和。

喷灌系统设计流量应大于全部同时工作的喷头流量之和。$Q = n\rho$[Q 为喷灌系统设计流量,ρ 为一个喷头的流量(mm^3/h),n 为喷头数量]。水泵选择中,功率大小可采用下列公式计算:

$$N = \frac{1000\gamma K}{75\eta_{泵}\ \eta_{传动}} Q_{泵}\ H_{泵} \tag{5-10}$$

式中　N——动力功率(hp);

K——动力备用系数,1.1~1.3;

$\eta_{泵}$——水泵的效率;

$\eta_{传动}$——传动效率,0.8~0.95;

$Q_{泵}$——水泵的流量(m^3/h);

$H_{泵}$——水泵扬程(m);

γ——水的堆积密度(t/m^3)。

因为 1hp=0.736kW,所以上式可改为:

$$N = \frac{9.81K}{\eta_{泵}\ \eta_{传动}} Q_{泵}\ H_{泵}$$

于是,两点之间的水头损失 H_t,如图 5-9 所示。

伯努力定理的数学表达式为:

$$H_t = h_1 + \frac{v_1^2}{2g} + Z_1 + H_{t(0-1)}$$

$$= h_2 + \frac{v_2^2}{2g} + Z_2 + H_{t(0-2)}$$

$$= h_3 + \frac{v_3^2}{2g} + Z_3 + H_{t(0-3)}$$

式中 H_t——断面(0)处的总水头,或高程基准面以上的总高度(m);

h_1、h_2、h_3——断面(1)、(2)、(3)处的静水头,即测压管水柱高度(m);

v_1、v_2、v_3——断面(1)、(2)、(3)处管道中的平均流速(m/s);

Z_1、Z_2、Z_3——断面(1)、(2)、(3)处管道轴线高;

$H_{t(0-1)}$、$H_{t(0-2)}$、$H_{t(0-3)}$——断面(0)-(1)、(0)-(2)、(0)-(3)之间的水头损失,它包括沿程水头损失和局部水头损失(m)。

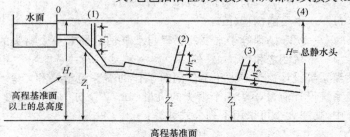

图 5-9 有压管流"能量守恒"原理

第五章　绿化工程工程量计算

沿程水头损失的计算公式如下:

(1)有压管流程水头损失的计算通常采用达西-魏斯巴赫公式:

$$h_f = \lambda \frac{lv^2}{d \times 2g} \tag{5-11}$$

式中　h_f——管道沿程水头损失(m);
　　　λ——管道沿程阻力系数;
　　　l——管道长度(m);
　　　d——管道内径(m);
　　　v——管道断面平均流速(m/s);
　　　g——重力加速度,取 9.81m/s^2。

(2)管道沿程阻力系数 λ 随管道中水的流态不同而异。

对于层流($Re<2300$),沿程阻力系数可由下式求得:

$$\lambda = \frac{64}{Re} \tag{5-12}$$

式中　λ——管道沿程阻力系数;
　　　Re——雷诺数。

对于紊流($Re \geq 2300$),沿程阻力系数由试验研究确定。

(3)为了便于实际应用,通常将沿程水头损失表示为流量(或流速)的指数函数和管径的指数函数的单项式,即:

$$h_f = f \frac{Q^m}{d^b} l = S_0 Q^m l \tag{5-13}$$

式中　h_f——管道沿程水头损失(m);
　　　f——摩阻系数;
　　　l——管道长度(m);
　　　Q——流量(m^3/s);
　　　d——管道内径(m);
　　　m——流量指数,与沿程阻力系数有关;
　　　b——管径指数,与沿程阻力系数有关;
　　　S_0——比阻,即单位管长、单位流量时的沿程水头损失。

比阻 S_0 可用下式表示:

$$S_0 = \frac{f}{d^b} = \frac{8\lambda}{\pi^2 g d^5}$$

式中符号的意义同前。其中,摩阻系数、流量指数和管径指数均与管道材质及其内壁糙度有关。

第六章 园路、园桥工程工程量计算

第一节 园路、园桥工程定额工程量计算

一、园路工程定额工程量计算

1. 土基整理路床

(1)工作内容:厚度在 30cm 以挖、填、找平、夯实、整修、弃土 2m 以外。

(2)工程量:园路土基整理路床的工程量按路床的面积计算。计量单位:$10m^2$。

2. 垫层

(1)工作内容:筛土、浇水、拌和、铺设、找平、灌浆、捣实、养护。

(2)工程量:园路垫层的工程量按不同垫层材料,以垫层的体积计算,计量单位:m^3。垫层计算宽度应比设计宽度大 10cm,即两边各放宽 5cm。

3. 面层

(1)工作内容:放线、整修路槽、夯实、修平垫层、调浆、铺面层、嵌缝、清扫。

(2)工程量:按不同面层材料、厚度,以园路面层的面积计算。计量单位:$10m^2$。

1)卵石面层:按拼花、彩边素色分别列项,以 $10m^2$ 计算。

2)混凝土面层:按纹形、水刷纹形、预制方格、预制异形、预制混背靠土大块面层、预制混凝土假冰片面层、水刷混凝土路面分别列项,以 $10m^2$ 计算。

3)八五砖面层:按平铺、侧铺分别列项,以 $10m^2$ 计算。

4)石板面层:按方整石板面层、乱铺冰片石面层、瓦片、碎缸片、弹石片、小方碎石、六角板分别列项,以 $10m^2$ 计算。

4. 甬路

(1)工作内容:园林建筑及公园绿地内的小型甬路、路牙、侧石等工程。定额中不包括刨槽、垫层及运土,可按相应项目定额执行。墁砌侧

石、路缘、砖、石及树穴是按1:3白灰砂浆铺底、1:3水泥砂浆勾缝考虑的。

(2)工程量。

1)侧石、路缘、路牙按实铺尺寸以延长米计算。

2)庭园工程中的园路垫层按图示尺寸以 m^3 计算。带路牙者,园路垫层宽度按路面宽度加 20cm 计算;无路牙者,园路垫层宽度按路面宽度加 10cm 计算;蹬道带山石挡土墙者,园路垫层宽度按蹬道宽度加 120cm 计算;蹬道无山石挡土墙者,园路垫层宽度按蹬道宽度加 40cm 计算。

3)庭园工程中的园路定额是指庭院内的行人甬路、蹬道和带有部分踏步的坡道,不适用于厂、院及住宅小区内的道路,由垫层、路面、地面、路牙、台阶等组成。

4)山丘坡道所包括的垫层、路面、路牙等项目,分别按相应定额子目的人工费乘以系数 1.4 计算,材料费不变。

5)室外道路宽度在 14m 以内的混凝土路、停车场(厂、院)及住宅小区内的道路执行"建筑工程"预算定额;室外道路宽度在 14m 以外的混凝土路、停车场执行"市政道路工程"预算定额,沥青所有路面执行"市政道路工程"预算定额;庭院内的行人甬路、蹬道和带有部分踏步的坡道适用于"庭院工程"预算定额。

6)绿化工程中的住宅小区、公园中的园路执行"建筑工程"预算定额,园路路面面层以 m^2 计算,垫层以 m^3 计算;别墅中的园路大部分套用"庭园工程"预算定额。

二、园桥工程定额工程量计算

(1)工作内容:选石、修石、运石,调、运、铺砂浆,砌石,安装桥面。

(2)工程量。

1)园桥的毛石基础、条石桥墩的工程量按其体积计算。计量单位: m^3。

2)园桥的桥台、护坡的工程量按不同石料(毛石或条石),以其体积计算。计量单位: m^3。

3)园桥的石桥面的工程量按其面积计算。计量单位: $10m^2$。

4)石桥桥身的砖石背里和毛石金刚墙,分别执行砖石工程的砖石挡土墙和毛石墙相应定额子目。其工程量均按图示尺寸以 m^3 计算。

5)河底海墁、桥面石安装,按设计图示面积、不同厚度以 m^2 计算;石栏板(含抱鼓)安装,按设计底边(斜栏板按斜长)长度,分别按块计算;石望柱按设计高度,分别以根计算。

6)定额中规定了钢筋加工和制作(包括了2.5%的操作损失),$\phi 10$以内的钢筋按手工绑扎编制,$\phi 10$以外的钢筋按焊接编制。钢筋加工、制作按不同规格和不同的混凝土制作方法分别按设计长度乘以理论质量以吨计算。

7)石桥的金刚墙细石安装项目中,已综合了桥身的各部位金刚墙的因素,不分雁翅金刚墙、分水金刚墙和两边的金刚墙,均套用相应的定额。

定额中的细石安装是按青白石和花岗石两种石料编制的,如实际使用砖碴石、汉白玉石料时,执行青白石相应定额子目,使用其他石料时,应另行计算。

第二节 园路、园桥工程清单工程量计算

一、园路、园桥清单工程量计算

(一)清单工程量计算规则

园路、园桥工程清单项目工程量计算规则,见表6-1。

表6-1　　　　　园路、园桥工程(编码:050201)

项目编码	项目名称	项目特征	计量单位	工程量计算规则	工作内容
050201001	园路	1. 路床土石类别 2. 垫层厚度、宽度、材料种类 3. 路面厚度、宽度、材料种类 4. 砂浆强度等级	m^2	按设计图示尺寸以面积计算,不包括路牙	1. 路基、路床整理 2. 垫层铺筑 3. 路面铺筑 4. 路面养护
050201002	踏(蹬)道			按设计图示尺寸以水平投影面积计算,不包括路牙	
050201003	路牙铺设	1. 垫层厚度、材料种类 2. 路牙材料种类、规格 3. 砂浆强度等级	m	按设计图示尺寸以长度计算	1. 基层清理 2. 垫层铺设 3. 路牙铺设

第六章 园路、园桥工程工程量计算

续一

项目编码	项目名称	项目特征	计量单位	工程量计算规则	工作内容
050201004	树池围牙、盖板（箅子）	1. 围牙材料种类、规格 2. 铺设方式 3. 盖板材料种类、规格	1. m 2. 套	1. 以米计量，按设计图示尺寸以长度计算 2. 以套计量，按设计图示数量计算	1. 清理基层 2. 围牙、盖板运输 3. 围牙、盖板铺设
050201005	嵌草砖（格）铺装	1. 垫层厚度 2. 铺设方式 3. 嵌草砖（格）品种、规格、颜色 4. 漏空部分填土要求	m²	按设计图示尺寸以面积计算	1. 原土夯实 2. 垫层铺设 3. 铺砖 4. 填土
050201006	桥基础	1. 基础类型 2. 垫层及基础材料种类、规格 3. 砂浆强度等级	m³	按设计图示尺寸以体积计算	1. 垫层铺筑 2. 起重架搭、拆 3. 基础砌筑 4. 砌石
050201007	石桥墩、石桥台	1. 石料种类、规格 2. 勾缝要求 3. 砂浆强度等级、配合比	m³	按设计图示尺寸以体积计算	1. 石料加工 2. 起重架搭、拆 3. 墩、台、券脸、券脸砌筑 4. 勾缝
050201008	拱券石				
050201009	石券脸	1. 石料种类、规格 2. 券脸雕刻要求 3. 勾缝要求 4. 砂浆强度等级、配合比	m²	按设计图示尺寸以面积计算	
050201010	金刚墙砌筑		m³	按设计图示尺寸以体积计算	1. 石料加工 2. 起重架搭、拆 3. 砌石 4. 填土夯实

续二

项目编码	项目名称	项目特征	计量单位	工程量计算规则	工作内容
050201011	石桥面铺筑	1. 石料种类、规格 2. 找平层厚度、材料种类 3. 勾缝要求 4. 混凝土强度等级 5. 砂浆强度等级	m^2	按设计图示尺寸以面积计算	1. 石材加工 2. 抹找平层 3. 起重架搭、拆 4. 桥面、桥面踏步铺设 5. 勾缝
050201012	石桥面檐板	1. 石料种类、规格 2. 勾缝要求 3. 砂浆强度等级、配合比			1. 石材加工 2. 檐板铺设 3. 铁锔、银锭安装 4. 勾缝
050201013	石汀步（步石、飞石）	1. 石料种类、规格 2. 砂浆强度等级、配合比	m^3	按设计图示尺寸以体积计算	1. 基层整理 2. 石材加工 3. 砂浆调运 4. 砌石
050201014	木制步桥	1. 桥宽度 2. 桥长度 3. 木材种类 4. 各部位截面长度 5. 防护材料种类	m^2	按桥面板设计图示尺寸以面积计算	1. 木桩加工 2. 打木桩基础 3. 木梁、木桥板、木桥栏杆、木扶手制作、安装 4. 连接铁件、螺栓安装 5. 刷防护材料

第六章 园路、园桥工程工程量计算

续三

项目编码	项目名称	项目特征	计量单位	工程量计算规则	工作内容
050201015	栈道	1. 栈道宽度 2. 支架材料种类 3. 面层材料种类 4. 防护材料种类	m²	按栈道面板设计图示尺寸以面积计算	1. 凿洞 2. 安装支架 3. 铺设面板 4. 刷防护材料

注：1. 园路、园桥工程的挖土方、开凿石方、回填等应按现行国家标准《市政工程工程量计算规范》(GB 50857—2013)相关项目编码列项。
2. 如遇某些构配件使用钢筋混凝土或金属构件时，应按现行国家标准《房屋建筑与装饰工程工程量计算规范》(GB 50854—2013)或《市政工程工程量计算规范》(GB 50857—2013)相关项目编码列项。
3. 地伏石、石望柱、石栏杆、石栏板、扶手、撑鼓等应按现行国家标准《仿古建筑工程工程量计算规范》(GB 50855—2013)相关项目编码列项。
4. 亲水(小)码头各分部分项项目按照园桥相应项目编码列项。
5. 台阶项目应按现行国家标准《房屋建筑与装饰工程工程量计算规范》(GB 50854—2013)相关项目编码列项。
6. 混合类构件园桥应按现行国家标准《房屋建筑与装饰工程工程量计算规范》(GB 50854—2013)或《通用安装工程工程量计算规范》(GB 50856—2013)相关项目编码列项。

(二)清单项目释义

1. 园路

(1)工作内容：路基、路床整理；垫层铺筑；路面铺筑；路面养护。

(2)工程量计算规则：以园路的面积，按"m²"计算。

(3)工作内容释义。园路是园林绿地构图中的重要组成部分，是联系各景区、景点以及活动中心的纽带，具有引导游览、分散人流的功能，同时也可供游人散步和休息。

1)园路结构。园路结构形式多种，典型的园路面层结构如图 6-1 所示。

①面层。面层是路面最上的一层。对沥青面层来说，又可分为保护层、磨耗层、承重层。面层直接承受人流、车辆的荷载和风、雨、寒、暑等气候作用的影响。因此，要求坚固、平稳、耐磨，有一定的粗糙度，少尘土，便于清扫。

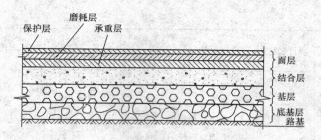

图 6-1 典型的园路面层结构示意图

②结合层。结合层是采用块料铺筑面层时在面层和基层之间的一层,用于结合、找平、排水。

③基层。基层在路基之上,一方面承受由面层传下来的荷载;另一方面把荷载传给路基。因此,基层要有一定的强度,一般用碎(砾)石、灰土或各种矿物废渣等筑成。

④路基是路面的基础,并为园路提供了一个平整的基面,承受路面传下来的荷载,并保证路面有足够的强度和稳定性。如果路基的稳定性不良,应采取措施,以保证路面的使用寿命。此外,应根据需要,进行道牙、雨水井、明沟、台阶、种植地等附属工程的设计。

园路路基的分类,见表 6-2。

表 6-2 园路路基的分类

类型	内容
填土路基	填土路基是在比较低洼的场地上,填筑土方或石方做成的路基。这种路基一般都高于两旁场地的地坪,因此也通常被称为路堤。园林中的湖堤道路、洼地车道等,有采用路堤式路基
挖土路基	沿着路线挖方后,其基面标高低于两侧地坪,如同沟堑一样的路基,因而这种路基又被叫作路堑。当道路纵坡过大时,采用路堑式路基可以减小纵坡。在这种路基上,人、车所产生的噪声对环境影响较小,其消声减噪的作用十分明显
半挖半填土路基	在山坡地形条件下,多采用挖高处填低处的方式筑成半挖半填土路基。这种路基上,道路两侧是一侧屏蔽另一侧开敞,施工上也容易做到土石方工程量的平衡

2)垫层铺筑。垫层铺筑的形式有砂垫层铺筑、灰土垫层铺筑、天然级配砂石垫层铺筑、素混凝土垫层铺筑等。

3)路面。路面就是道路的表层,用土、小石块、混凝土或沥青等材料铺成。由于铺砌材料不同,图案和纹样极丰富。传统的铺砌方法如下:

①用砖铺砌可铺成席纹、人字纹、间方纹及斗纹式。

②以砖瓦为图案界线,镶以各色卵石或碎瓷片,可以拼合成的图案有六方式、攒六方式、八方间六方、套六方式、长八方式、海棠式、八方式、四方间十字方式。

③砖卵石路面被誉为"石字画",是选用精雕的砖、细磨的瓦和经过严格挑选的各色卵石拼凑成的路面,图案内容丰富,美不胜收,成为我国园林艺术的特点之一。

④块料路面是指用石块、砖、预制水泥板等铺筑的路面。此类路面花纹变化较多,铺设方便。因此,在园林中应用较广。

⑤整体路面是用水泥混凝土或沥青混凝土铺砌而成的,平整度较好,耐压、耐磨,便于清扫,适用于大公园的主干道。但大多为灰色和黑色,色彩不够理想。

⑥嵌草路面用预制混凝土铺路板。实心砌块、空心砌块、平整白石块等,都可以铺装嵌草路面。

4)路面养护。路面养护是在水泥砂浆面层刷好后采取相应的措施以确保水泥砂浆面层的顺利形成。

5)园路的分类,见表 6-3。

表 6-3　　　　　　　　园路的分类

类型	内　　容
主要道路	主要道路是联系园内各个景区、主要风景点和活动设施的路。通过对园内外景色进行剪辑,以引导游人欣赏景色。主要道路联系全园,必须考虑通行、生产、救护、消防、游览车辆。道宽 7~8m
次要道路	次要道路是设在各个景区内的路,用于联系各个景点、建筑,对主路起辅助作用。考虑到游人的不同需要,在园路布局中,还应为游人由一个景区到另一个景区开辟捷径。一般要求能通轻型车辆及人力车。道宽 3~4m
小路	小路又称游步道,是深入到山间、水际、林中、花丛供人们漫步游赏的路,含林荫道、滨江道和各种休闲小径、健康步道。双人行走的小路宽为 1.2~1.5m,单人行走为 0.6~1m。健康步道是近年来最为流行的足底按摩健身方式,通过行走卵石路上按摩足底穴位达到健身目的,且又不失为园林一景

类型	内容
园务路	为便于园务运输、养护管理等的需要而建造的路。这种路往往有专门的入口,直通公园的仓库、餐馆、管理处、杂物院等处,并与主环路相通,以便把物资直接运往各景点。在有古建筑、风景名胜处,园路的设置还应考虑消防的要求
停车场	园林及风景旅游区中的停车场应设在重要景点进出口边缘地带及通向尽端式景点的道路附近,同时,也应按照不同类型及性质的车辆分别安排场地停车,其交通路线必须明确。在设计时要综合考虑场内路面结构、绿化、照明、排水及停车场的性质,配置相应的附属设施

2. 路牙铺设

(1)工作内容:基层清理;垫层铺设;路牙铺设。

(2)工程量计算规则:以路牙铺设的长度,按"m"计算。

(3)工作内容释义。

1)路牙。

①路牙是指用凿打成长条形的石材、混凝土预制的长条形砌块或砖,铺装在道路边缘,起保护路面的作用构件。

②路牙铺筑:先挖槽沟,然后放石。槽沟的挖土深度,均按自然地坪平均标高减去地槽或槽沟底面平均标高之差计算。自然地坪标高是指工程开挖前施工场地原有地坪。

③路缘石:设置在路面边缘与其他构造带分界的条石称为路缘石。

路缘石是一种为确保行人及路面安全,进行交通诱导,保留水土,保护植栽,以及区分路面铺装等而设置在车道与人行道分界处、路面与绿地分界处、不同铺装路面分界处等位置的构筑物。路缘石的种类很多,有标明道路边缘类的预制混凝土路缘石、砖路缘石、石头路缘石。此外,还有对路缘进行模糊处理的合成树脂路缘石。几种常见路缘结构如图 6-2~图 6-5 所示。

④砌路牙:道路边缘铺装路牙,有石材凿打成整形的长条形,有混凝土预制的,还有砖砌路牙。路牙砌好后,把挖起来的土重新填回去。最后,用勾缝器将水泥砂浆填塞于砖墙灰缝之内。

混凝土块路牙:指按设计用混凝土预制的长条形砌块铺装在道路边缘,起保护路面的作用。机制标准砖铺装路牙,有立栽和侧栽两种形式。

2)清理底层:清除底层上存在的一些有机杂质和粒径较大的物件,应进行下一道工序。

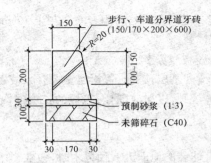

图 6-2 步行道、车行道分界道牙砖路缘

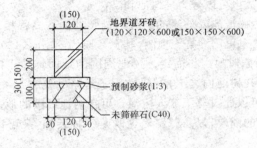

图 6-3 地界道牙砖路缘

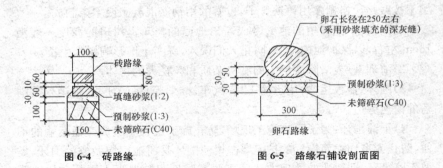

图 6-4 砖路缘　　图 6-5 路缘石铺设剖面图

3)垫层铺设:垫层铺设就是将上面拌和好的垫层材料铺垫在素土基础上。

4)道牙安装:有道牙的路面,道牙的基础应与路床同时挖填碾压,以保证密度均匀,具有整体性。弯道处最好事先预制成弧形。道牙的结合层常用 M5.0 水泥砂浆 2cm 厚,应安装平稳牢固。道牙间隙为 1cm,用

M10 水泥砂浆勾缝。道牙背后路肩用夯实白灰土 10cm 厚、15cm 宽保护，也可用自然土夯实代替。

3. 树池围牙、盖板（箅子）

(1) 工作内容：清理基层；围牙、盖板运输；围牙、盖板铺设。

(2) 工程量计算规则：以树池围牙、盖板的长度或数量，按"m"或"套"计算。

(3) 工作内容释义。

1) 树池：当在有铺装的地面上栽种树木时，应在树木的周围保留一块没有铺装的土地，通常称为树池或树穴。常见树池的形状有方形、圆形或多边形等。树池也可以分为平树池和高树池。

①平树池：树池池壁外缘的高程与铺装地面的高程相平。池壁可用普通机砖直埋，也可用混凝土预制，其宽×厚为 60cm×120cm 或 80cm×220cm，长度根据树池大小而定。树池周围的地面铺装可向树池方向做排水坡。最好在树池内装上格栅（铁箅子），格栅要有足够的强度、不易折断，地面水可以通过箅子流入树池。可在树池周围的地面做成与其他地面不同颜色的铺装，以防踩踏。这既是一种装饰，又可以起到提示的作用。

格栅是置于树池之上的箅子，其作用是覆盖在树池上，保护池内的土壤不被践踏。格栅多用铸铁箅子，也有的用钢筋混凝土或木条制成。

②高树池：把种植的池壁做成高出地面的树珥。树珥的高度一般为 15cm 左右，以保护池内土壤，防止人们误入，踩实土壤影响树木生长。

2) 清理基层：清除底层上的有机杂质和粒径大的物体。

3) 围牙、盖板运输：用运输工具（汽车、推车等）将围牙、盖板运到需围盖的树池旁边。

4) 干铺围牙：为了隔离施工现场，防止施工过程中造成交通运输的不便，防止人畜伤亡而设置的护卫墙。树池围牙是树池四周做成的围牙，类似于路缘石，即树池的处理方法。主要有绿地预制混凝土围牙和树池预制混凝土围牙两种。

①绿地预制混凝土围牙：将预制的混凝土块（混凝土块的形状、大小、规格依具体情况而定）埋在种植有花草树木的地段，对种植有花草树木的地段有围护作用，以防止人员、牲畜和其他可能的外界因素对花草树木造成伤害的保护性设施。

②树池预制混凝土围牙:将预制的混凝土块(混凝土块的形状、规格、大小依树的大小和装饰的需要而定)埋置于树池的边缘,对树池起围护作用和保护性设施。

5)围牙勾缝:是指砌好围牙后,先用砖凿刻修砖缝,然后用勾缝器将水泥砂浆填塞于灰缝之间。围牙勾缝主要有平缝、凹缝和凸缝三种形状。

勾缝施工步骤如下:

①清除围牙黏结的砂浆、泥浆和杂物等,并洒水润湿。

②开凿眼缝,并对缺棱掉角的部位用与墙面相同颜色的砂浆修补平整。

③将脚手眼内清理干净并洒水湿润,用与围牙相同的砖补砌严密。

4. 嵌草砖(格)铺装

(1)工作内容:原土夯实;垫层铺设;铺砖;填土。

(2)工程量计算规则:以嵌草砖(格)铺装的面积,按"m^2"计算。

(3)工作内容释义。嵌草路面:一种是在块料路面铺装时,在块料与块料之间,留有空隙,在其间种草,如冰裂纹嵌草路、空心砖纹嵌草路、人字纹嵌草路等;另一种是制作成可以种草的各种纹样的混凝土路面砖。

1)嵌草砖。

①嵌草砖品种:嵌草砖品种如图 6-6 所示。

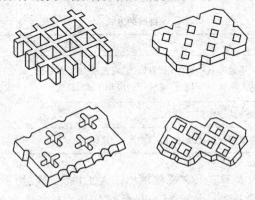

图 6-6 嵌草砖品种

②嵌草砖规格、颜色：预制混凝土砌块按照设计可有多种形状，大小规格也有很多种，还可做成各种彩色的砌块。砌块的形状基本可分为实心的和空心的两类，但其厚度都不小于80mm，一般厚度都设计为100~150mm。

③嵌草砖以材料分类，见表6-4。

表6-4　　　　　　　　　　　嵌草砖的分类

类型	内容
红砖	红砖的主要原料是砂质黏土，其主要化学成分为二氧化硅、氧化铝及氧化铁等
青砖	若砖在氧化气氛中烧成后，再在还原气氛中闷窑，促使砖内的红色高价氧化铁还原成低价氧化铁，即得青砖。青砖较红砖结实、耐碱、耐久，但价格较红砖贵。青砖一般在土窑中烧成
普通黏土砖	普通黏土砖的尺寸规定为240mm×115mm×53mm，若加上砌筑灰缝的厚度，则四块砖长、八块砖宽或十六块砖厚都恰好是1m，故砖砌体1m^3需砖512块

2）原土打夯：按设计规定的铺土厚度回填沟槽，使用压实机具夯实，使之具有一定的密实性、均匀性。

3）垫层铺设：将预先拌和好的垫层材料铺垫在素土基础之上。

4）铺砖：铺砖方式有平铺、倒铺、砌砖等，见表6-5。

表6-5　　　　　　　　　　　铺砖的方式

方式	内容
平铺	砖的平铺形式一般采用"直行"、"对角线"或"人字形"铺法。在通道宜铺成纵向的人字纹，同时在边缘的行砖应加工成45°角
倒铺	采用砖的侧面形式铺砌
砌砖	一般采用三一砌筑法，即一铲灰，一块砖，一揉压

5）填土分为人工填土和机械填土。人工填土一般用手推车运土，人工用锹、耙、锄等工具进行填筑，由最低部分开始从一端向另一端自下而上分层铺填。机械填土可用推土机、铲运机或自卸汽车进行。用自卸汽车填土，需用推土机推开推平。采用机械填土时，可利用行驶的机械进行

第六章 园路、园桥工程工程量计算

部分压实工作。

5. 桥基础

(1)工作内容:垫层铺筑;起重架搭、拆;基础砌筑;砌石。

(2)工程量计算规则:以石桥基础的体积,按"m^3"计算。

(3)工作内容释义。石桥基础是把桥梁自重以及作用于桥梁上的各种荷载传至地基的构件。

1)垫层铺筑:在夯实的土基上,可用60~80mm厚碎石作垫层。

2)基础。

①基础的类型主要有条形基础、独立基础、杯形基础及桩基础等,见表6-6。

表6-6 基础的类型

类型	内容
条形基础	条形基础又称带形基础,是由柱下独立基础沿纵向串联而成。可将上部框架结构连成整体,从而减少上部结构的沉降差。与独立基础相比,条形基础具有较大的基础底面积,能承受较大的荷载
独立基础	凡现浇钢筋混凝土独立柱下的基础都称为独立基础,其断面有四种形式:阶梯形、平板形、角锥形和圆锥形
杯形基础	独立基础中心预留有安装钢筋混凝土预制柱的孔洞时,则称为杯形基础(其形如水杯)
桩基础	由若干根设置于地基中的桩柱和承接建筑物(或构筑物)上部结构荷载的承台构成的一种基础,称为桩基础。 桩基础分类:按受力及作用性质,可分为端承桩和摩擦桩;按构成材料,可分为钢筋混凝土预制桩、钢筋混凝土离心管桩、混凝土灌注桩、灰土挤压桩、振动水冲桩、砂(或碎石)桩;按施工方法,可分为打入桩和灌注桩两种

②基础按用料可分为毛石基础与料石基础。毛石基础用毛石与砂浆砌筑而成。毛石是由爆破直接获得的石块。其形状不规则,石块中部厚度应不少于150mm。毛石有乱毛石或平毛石,乱毛石是指形状不规则的石块;平毛石是指形状不规则,但有两个平面大致平行的石块。毛石基础的断面形式有阶梯形和梯形等。

3)砌筑。

①石料的种类主要有花岗石、汉白玉和青白石三种,见表6-7。

表6-7　　　　　　　　　　　石料的种类

类型	内容
花岗石	花岗石属于酸性结晶深成岩,是火成岩中分布最广的岩石,其主要矿物组成为长石、石英和少量云母
汉白玉	汉白玉是一种纯白色大理石,因其石质晶莹纯净,洁白如玉、熠熠生辉而得名。汉白玉石料就是指的这种大理石
青白石	颜色为青白色,是石灰岩的俗称

②石料规格:片石厚度不得小于15cm,不得有尖锐棱角,施工时应敲去其尖锐凸出部分;块石应有两个较大的平行面,厚度为20~30cm,形状大致方正,宽度约为厚度的1~1.5倍,长度约为厚度的1.5~3倍;粗料石厚度不小于20cm,宽度为厚度的1~1.5倍,长度为厚度的1.5~4倍,错缝砌筑。

③料石砌筑:砌筑时,料石砌体应上、下错缝,内外搭砌料石基础第一皮应用丁砌,坐浆砌筑,踏步形基础,上级料石应压下级料石至少1/3;料石砌体水平灰缝厚度,应按料石种类确定,细料石砌体不宜大于5mm,半细料石砌体不宜大于10mm,粗料石砌体不宜大于20mm;料石墙长度超过设计规定时,应按设计要求设置变形缝,料石墙分段砌筑时,其砌筑高低差不得超过1.2m。

6. 石桥墩、石桥台

(1)工作内容:石料加工;起重架搭、拆;墩、台、券石、券脸砌筑;勾缝。

(2)工程量计算规则:以石桥墩、石桥台的体积,按"m^3"计算。

(3)工作内容释义。石桥墩是指多跨桥梁的中间支承结构物,除承受上部结构的荷重外,还要承受流水压力、水面以上的风力以及可能出现的冰荷载,船只、排筏和漂浮物的撞击力;石桥台是将桥梁与路堤衔接的构筑物,除了承受上部结构的荷载外,还要承受桥头填土的水平土压力及直接作用在桥台上的车辆荷载等。

1)石料加工工作内容。

①制作工序:准备工具、搭拆烘炉、运料、做样板、制作、剁斧成活,带

雕饰的石活还包括画样子、雕凿花饰等。

②安装包括调制灰浆、运料、搭拆烘炉、打拼缝头、稳安垫塞、灌浆、净面剁斧、搭拆小型起重机架、挂倒链等。

③石料平面加工类型，即打荒、一步做糙、二步做糙、一遍剁斧、二遍剁斧、三遍剁斧、扁光，见表 6-8。

表 6-8　　　　　　　　　　　石料平面加工类型

类型	内　　　容
打荒	将采石场中所开采出来的石料,根据使用要求经过选择后,用铁锤和铁凿将棱角高低不平之处打剥到基本均匀一致的程度。因采石场是提供建筑用的最原始材料,故称为"荒料",加工荒料的过程称为"打荒"
一步做糙	做糙是指粗加工,一步做糙是指将荒料,按照所需要尺寸加预留尺寸的规格进行画线,然后用锤和凿将线外部分打剥去,使荒料形成所需规格的初步轮廓,即所谓的毛坯
二步做糙	在一步做糙的基础上,用锤、凿轮廓表面进行细加工,使石料表面凿痕变浅,凸凹深浅均匀一致
一遍剁斧	剁斧是专门用于砍剁石料表面的斧子,类似于木工斧但斧刃较钝,经剁打后的表面无明显凸凹凿痕,因此,一遍剁斧是消除凸凹凿痕,使石料表面平整的加工。要求剁斧的剁痕间隙小于 3mm
二遍剁斧	二遍剁斧是在一遍剁斧的基础上再加以细剁,使剁痕间隙小于 1mm,让表面进一步平整
三遍剁斧	三遍剁斧是一种精剁,剁痕间隙小于 0.5mm,使石料表面达到完全平整
扁光	即将三遍剁斧之石用磨头(如砂石、金刚石、油石)等,加水磨光,使其表面平整光滑

2)起重架搭、拆。由一根主杆和一根臂杆组合成的可作大幅度旋转的吊装设备。架设这种杆架时,先要在距离主山中心点适宜位置的地面挖一个深为 30~50cm 的浅窝,然后将直径 150mm 以上的杉杆直立在其上作为主杆。主杆的基脚用较大石块围住压紧,杆的上端用大麻绳拉向周围地面上的固定铁桩并拴牢绞紧。固定铁桩粗度应在 30mm 以上,长

50cm左右,其下端为尖头,朝着主杆的外方斜着打入地面,只留出顶端供固定铅丝。然后在主杆上部适当位置吊拴直径在120mm以上的臂杆,利用杠杆作用吊起大石并安放到合适的位置上。

3)桥墩砌筑。桥墩是桥孔的向下延续部分,用整形石条砌筑,砌筑形状要与桥孔一致。

4)勾缝。勾缝是指用勾缝器将水泥砂浆填塞于砖墙灰缝之内。

在桥两端的边墙上,应各设一道变形缝(含伸缩缝),缝宽为15～20mm,缝内用浸过沥青的毛毡填塞,表面加做防水层,以防雨水浸入或异物阻塞。

墙面勾缝:指在砌砖墙时,利用砌砖的砂浆随砌随勾,墙面勾缝分为原浆勾缝和加浆勾缝。

7. 拱券石

(1)工作内容:石料加工;起重架搭、拆;墩、台、券石砌筑;勾缝。

(2)工程量计算规则:以拱券石的体积,按"m^3"计算。

(3)工作内容释义。拱券石应选用细密质地的花岗石、砂岩石等,加工成上宽下窄的楔形石块。石块一侧做有榫头,另一侧有榫眼,拱券时相互扣合,再用1:2水泥砂浆砌筑连接。

8. 石券脸

(1)工作内容:石料加工;起重架搭、拆;券脸砌筑;勾缝。

(2)工程量计算:以石券脸的面积,按"m^2"计算。

(3)工作内容释义。石券脸是指石券最外端的一圈旋石的外面部位。碹脸石可雕刻花纹,也可加工成光面。

9. 金刚墙砌筑

(1)工作内容:石料加工;起重架搭、拆;砌石;填土夯实。

(2)工程量计算规则:以金刚墙砌筑的体积,按"m^3"计算。

(3)工作内容释义。

1)金刚墙是一种加固性质的墙,一般在装饰面墙的背后保证其稳固性。因此,古建筑对凡是看不见的加固墙都称为金刚墙。

2)金刚墙砌筑是将砂浆作为胶结材料将石材结合成墙体的整体,以满足正常使用要求及承受各种荷载。

3)填土的压实方法有碾压、夯实和振动压实等,见表6-9。

表 6-9　　　　　　　　　　　填土压实的方法

方法	内　　容
碾压	碾压适用于大面积填土工程。羊足碾需要有较大的牵引力且只能用于压实黏性土,因为在砂土中碾压时,土的颗粒受到"羊足"较大的单位压力后会向四面移动,而使土的结构破坏。气胎碾在工作时是弹性体,给土的压力较均匀,填土质量较好。平碾应用普遍。利用运土工具碾压土壤也可取得较大的密实度,但必须很好地组织土方施工,利用运土过程进行碾压
夯实	夯实主要用于小面积填土,可以夯实黏性土或非黏性土。夯实的优点是可以压实较厚的土层。夯实机械有夯锤、内燃夯土机和蛙式打夯机等。夯锤借助起重机提起并落下,其质量大于 1.5t,落距为 2.5～4.5m,夯土影响深度可超过 1m,常用于夯实湿陷性黄土、杂填土以及含有石块的填土。内燃夯土机作用深度为 0.4～0.7m,内燃夯土机和蛙式打夯机都是应用较广的夯实机械。人力夯土(木夯、石硪)方法则已很少使用
振动压实	振动压实主要用于压实非黏性土,目前使用尚不够普遍

10. 石桥面铺筑

(1)工作内容:石材加工;抹找平层;起重架搭、拆;桥面、桥面踏步铺设;勾缝。

(2)工程量计算规则:以石桥面铺筑的面积,按"m^2"计算。

(3)工作内容释义。

1)桥面是指桥梁构件上的上表面。通常布置要求为线型平顺,与路线顺利搭接。桥梁平面布置应尽量采用正交方式,避免与河流或桥上路线斜交。若受条件限制时,跨线桥斜度不宜超过 15°,在通航河流上不宜超过 15°。

2)桥面铺装一般采用水泥混凝土或沥青混凝土,厚 6～8cm。在不设防水层的桥梁上,可在桥面上铺装厚 8～10cm 有横坡的防水混凝土。桥面铺装的作用是防止车轮轮胎或履带直接磨耗行车道板;保护梁免受雨水浸蚀,分散车轮的集中荷载。因此,桥面铺装要求具有一定强度,耐磨,防止开裂。

3)石桥面铺筑是指桥面一般用石板、石条铺砌。在桥面铺石层下应做防水层,采用1mm厚沥青和石棉沥青各一层作底。石棉沥青用七级石棉30%、60号石油沥青70%混合而成。在其上铺沥青麻布一层,再敷石棉沥青和纯沥青各一道作防水面层。

4)找平层是指在垫层上起整平、找坡或加强作用的构造层。找平层一般包括水泥砂浆找平层和细石混凝土找平层。

5)踏步是形成楼梯坡度的构造。踏步又分为踏面(供行走时踏脚的水平部分)和踢面(形成踏步高差的垂直部分)。

11. 石桥面檐板

(1)工作内容:石材加工;檐板铺设;铁锔、银锭安装;勾缝。

(2)工程量计算规则:以石桥面檐板的面积,按"m^2"计算。

(3)工作内容释义。钉在石桥面檐口处起封闭作用的板称为石桥面檐板。

桥面板铺设:桥面板一般用石板铺设。铺设石板时,要求横梁间距比较小,一般不大于1.8m。石板厚度应在80mm以上。

12. 木制步桥

(1)工作内容:木桩加工;打木桩基础;木梁、木桥板、木桥栏杆、木扶手制作、安装;连接铁件、螺栓安装;刷防护材料。

(2)工程量计算规则:以木制步桥的桥面面积,按"m^2"计算。

(3)工作内容释义。

1)木制步桥是指庭园内的、由木材加工制作的、主桥孔洞5m以内,供游人通行兼有观赏价值的桥梁。

木桥是用木材经过加工后建成的桥。这种桥易与园林周边环境融为一体,但其承载量有限,且不宜长期保持完好状态,木材易腐蚀,因此,必须注意经常检查,及时修缮。木桥一般可用于小水面和临时性的桥位上。在我国南方地区,还可以竹材为建桥材料。

2)木材的品种主要分为天然木材和人造板材。

①天然木材按用途和加工的不同可分为原条、原木、锯材和枕木四类。原条是已经去皮、根、树梢的木料。原木是由原条进行加工过的木材。由原木再经加工成一定规格要求的锯材、枕木。原条在建筑工程中可作为脚手杆使用。原木可用作屋架、檩、椽、木柱、电杆等。

②人造板材是利用小规格材和碎木、废料等生产出的板材。常用的人造板材,见表6-10。

第六章 园路、园桥工程工程量计算

表 6-10　　　　　　　　　　常用的人造板材种类

种类	内　　　容
胶合板	胶合板是用水曲柳、柳桉、椴木、桦木等木材,利用原木经过旋切成薄板,用三层以上成奇数的单板顺纹、横纹 90°垂直交错相叠,采用胶粘剂粘合,在热压机上加压而成。 　　普通胶合板分为三类。 　　Ⅰ类胶合板,即耐气候胶合板,供室外条件下使用,能通过煮沸试验。 　　Ⅱ类胶合板,即耐水胶合板,供潮湿条件下使用,能通过 63℃±3℃ 热水浸渍试验。 　　Ⅲ类胶合板,即不耐潮胶合板,供干燥条件下使用,能通过干燥试验
纤维板	纤维板是将废木材用机械法分离成木纤维或预先经化学处理,然后用机械法分离成木浆,再将木浆经过成型、预压、热压而成的板材。纤维板没有木色与花纹,其他特点和性能与胶合板大致相同。在构造上比天然木材均匀,而且无节疤、腐朽等缺陷。 　　纤维板可分为硬质、半硬质和软质三种。硬质纤维板表面密度大、强度高,半硬质纤维板次之。硬质纤维板可用作地板、隔墙板、夹板门、面板、门心板、天花板、定型模板和家具等。软质纤维板表面密度小、结构疏松,是保温、隔热、吸声和绝缘的良好材料。 　　其规格尺寸,长度方向有 1220mm、1830mm、2000mm、2135mm、2440mm、3050mm;宽度有 610mm、915mm、1000mm、1220mm;厚度有 3mm、4mm、5mm

3)打桩。

①打桩宜重锤低击,锤重的选择应根据工程地质条件、桩的类型、结构、密集程度及施工条件来选用。

②打桩顺序根据基础的设计标高,先深后浅,依桩的规格宜先大后小,先长后短,由于桩的密集程度不同,可自中间向两个方向对称进行或向四周进行;也可由一侧向单一方向进行。

4)木梁、木栏杆的制作与安装。

①木梁:是承受屋顶重量的主要水平构件。

②木栏杆:木栏杆在园林建筑中的楼阁亭台、游廊水榭上广泛应用。常用的木栏杆有:寻仗栏杆、花栏杆、靠背栏杆等,见表 6-11。

表 6-11　　　　　　　　　　木栏杆的分类

分类	内容
寻仗栏杆	寻仗即巡仗之意,指圆形的扶手横仗,它是栏杆中最早出现的一种形式,在寻仗以下的装饰,由开始简单的直条结构,逐渐变成复杂多样的棍条花格。灵仗栏杆由望柱、寻仗扶手、折柱、中枋、下枋、绦环板或棍条花格等基本构件所组成
花栏杆	花栏杆是一种构造比较简单的栏杆,它由望柱、横枋和棍条花格等组成。其中,棍条花格最简单的是用几根竖木条做成,称此为"直挡栏杆"。其余常见的花格有:盘肠、井字、龟背、万字和拐子纹等
靠背栏杆	靠背栏杆依其靠背的雏形又称鹅颈靠、美人靠、吴王靠等,它是将栏杆与丛凳结合起来,既有围护作用,又可供游人休息的一种栏杆。靠背栏杆由靠背、丛凳和栏杆等组成

5)螺栓:螺栓按加工方法不同,可分为粗制和精制两种。

①粗制螺栓的毛坯用冲制或锻压方法制成,钉头和栓杆都不加工;螺纹用切削或滚压方法制戒,这种螺栓因精度较差,用于土建钢、木结构中。

②精制螺栓用六角奉料车制成螺纹且所有表面均经过加工,精制螺栓又分普通精制螺栓和配合螺栓。

6)刷防护材料。刷涂料、油涂等防护材料,以延长木桥的使用寿命。

二、驳岸、护岸清单工程量计算

(一)清单工程量计算规则

驳岸、护岸清单项目工程量计算规则,见表 6-12。

表 6-12　　　　　　　驳岸、护岸(编码:050202)

项目编码	项目名称	项目特征	计量单位	工程量计算规则	工作内容
050202001	石(卵石)砌驳岸	1. 石料种类、规格 2. 驳岸截面、长度 3. 勾缝要求 4. 砂浆强度等级、配合比	1. m^3 2. t	1. 以立方米计量,按设计图示尺寸以体积计算 2. 以吨计量,按质量计算	1. 石料加工 2. 砌石(卵石) 3. 勾缝

续表

项目编码	项目名称	项目特征	计量单位	工程量计算规则	工作内容
050202002	原木桩驳岸	1. 木材种类 2. 桩直径 3. 桩单根长度 4. 防护材料种类	1. m 2. 根	1. 以米计量,按设计图示桩长(包括桩尖)计算 2. 以根计量,按设计图示数量计算	1. 木桩加工 2. 打木桩 3. 刷防护材料
050202003	满(散)铺砂卵石护岸(自然护岸)	1. 护岸平均宽度 2. 粗细砂比例 3. 卵石粒径	1. m² 2. t	1. 以平方米计量,按设计图示尺寸以护岸展开面积计算 2. 以吨计量,按卵石使用质量计算	1. 修边坡 2. 铺卵石
050202004	点(散)布大卵石	1. 大卵石粒径 2. 数量	1. 块(个) 2. t	1. 以块(个)计量,按设计图示数量计算 2. 以吨计量,按卵石使用质量计算	1. 布石 2. 安砌 3. 成型
050202005	框格花木护岸	1. 展开宽度 2. 护坡材质 3. 框格种类与规格	m²	按设计图示尺寸展开宽度乘以长度以面积计算	1. 修边坡 2. 安放框格

注：1. 驳岸工程的挖土方、开凿石方、回填等应按现行国家标准《房屋建筑与装饰工程工程量计算规范》(GB 50854—2013)附录 A 相关项目编码列项。

2. 木桩钎(梅花桩)按原木桩驳岸项目单独编码列项。

3. 钢筋混凝土仿木桩驳岸,其钢筋混凝土及表面装饰应按现行国家标准《房屋建筑与装饰工程工程量计算规范》(GB 50854—2013)相关项目编码列项,若表面"塑松皮"按《园林绿化工程工程量计算规范》(GB 50858—2013)附录 C"园林景观工程"相关项目编码列项。

4. 框格花木护岸的铺草皮、撒草籽等应按《园林绿化工程工程量计算规范》(GB 50858—2013)附录 A"绿化工程"相关项目编码列项。

(二)清单项目释义

1. 石(卵石)砌驳岸

(1)工作内容：石料加工；砌石(卵石)；勾缝。

(2)工程量计算规则：以石(卵石)砌驳岸的体积或质量，按"m^3"或"t"计算。

(3)工作内容释义。

1)石(卵石)砌驳岸是先将水岸整成斜坡，用不规则的岩石砌成虎皮状的护坡，用以加固水岸或用条石护坡，修成整齐的坡面。驳岸结构由基础、墙身和压顶三部分组成。

2)园林中常见的驳岸材料有花岗石、虎皮石、青石、浆砌块石、毛竹、混凝土、木材、碎石、钢筋、碎砖、碎混凝土块、大城砖等。

3)驳岸截面、长度：驳岸要求基础坚固，埋入湖底深度不得小于50cm，基础宽度要求在驳岸高度的0.6~0.8倍范围内。墙身要确保一定厚度。墙体高度根据最高水位和水面浪高来确定。

4)浆砌块石岸墙的墙面应平整、美观；砌筑砂浆饱满、勾缝严密。每隔25~30m做伸缩缝，缝宽3cm，可用板条、沥青、石棉绳、橡胶、止水带或塑料等防水材料填充。填充时应略低于砌石墙面，缝用水泥砂浆勾满。

5)石(卵石)砌驳岸的施工工序如下：

①放线。布点放线应依据设计图上的常水位线，确定驳岸的平面位置，并在基础两侧各加宽20cm放线。

②挖槽。一般由人工开挖，工程量较大时采用机械开挖。为了保证施工安全，对需要放坡的地段，应根据规定进行放坡。

③夯实地基。开槽后应将地基夯实。遇土层软弱时需进行加固处理。

④浇筑基础。一般为块石混凝土，浇筑时应将块石分隔，不得互相靠紧，也不得置于边缘。

⑤砌筑岸墙。浆砌块石岸墙的墙面应平整、美观；砌筑砂浆饱满，勾缝严密。

⑥砌筑压顶。可采用预制混凝土板块压顶，也可采用大块方整石压顶。顶石应向水中至少挑出5~6cm，并使顶面高出最高水位50cm为宜。

2. 原木桩驳岸

(1)工作内容：木桩加工；打木桩；刷防护材料。

(2)工程量计算规则:以原木桩驳岸的长度(包括桩尖)或数量,按"m"或"根"计算。

(3)工作内容释义。

1)原木桩驳岸是取伐倒木的树干或适用的粗枝,按树种、树径和作用的不同,横向截断成规定长度的木材打桩成的驳岸。其主要作用是增强驳岸的稳定,防止驳岸的滑移或倒塌,同时可加强土基的承载力。

2)木桩要求耐腐、耐湿、坚固、无虫蛀,如柏木、松木、橡树、榆树、杉木等。桩木的规格取决于驳岸的要求和地基的土质情况,一般直径10~15cm,长1~2m,弯曲度(d/l)小于1‰。

3)桩:沉入、打入、压入或浇筑于地基中的桩状支承构件。

4)桩基:这是一种古老的基础做法,但至今仍有实用价值,特别是在水中的假山或山石驳岸应用十分地广泛,因其较平直又耐水湿。木桩多选用柏木桩或杉木桩。

5)木桩加工:木桩类型有方桩、原木桩、桩尖等。加工时,按所需木桩直径、高度等要求制成相应规格。通常,在木桩表面刷防护材料,起防水、防腐、防虫等作用。

6)木桩防护:木桩防护常采用清油。清油又名熟油、鱼油,是以干性植物油(即亚麻仁油、梓油)或混合植物油为主加催干剂等经熬炼加工而成,适用于调制厚漆和防锈油的油料,还可单独用于木质表面的涂刷,作防水、防锈之用。

7)原木桩驳岸的施工要点。

①施工前,应先对木桩进行处理,例如,按设计图示尺寸将木桩的一头切削成尖锥状,以便于打入河岸的泥土中;或按河岸的标高和水平面的标高,计算出木桩的长度,再进行截料、削尖。

②木桩入土前,还应在入土的一端涂刷防腐剂,如涂刷沥青(水柏油),或为整根木桩涂刷防火、防腐、防蛀的溶剂。

③最好选用耐腐蚀的杉木作为木桩的材料。

④在施打木桩前,还应对原有河岸的边缘进行修整,挖去一些泥土,修整原有河岸的泥土,便于木桩的打入。如果原有的河岸边缘土质较松,存在塌方的可能,那么还应进行适当的加固处理。

3. 满(散)铺砂卵石护岸(自然护岸)

(1)工作内容:修边坡;铺卵石。

(2)工程量计算规则:以满(散)铺砂卵石护岸(自然护岸)的展开面积或卵石使用质量,按"m^2"或"t"计算。

(3)工作内容释义。

1)满(散)铺砂卵石护岸:岸坡散铺砂卵石,使坡面土壤的密实度增大,抗坍塌的能力也随之增强。在水体岸坡上采用这种护岸方式,在固定坡土上能起一定的作用,还能够使坡面得到很好的绿化和美化。

护坡在园林绿化工程中得到广泛应用,原因在于水体的自然缓坡能产生自然、亲水的效果。护坡方法的选择应依据坡岸用途、构景透视效果、水岸地质状况和水流冲刷程度而定。护坡不允许土壤从护面石下面流失。为此应作过滤层,并且护坡应预留排水孔,每隔25m左右作一伸缩缝。

护坡石料要求:石料要求比重大、吸水率小。先整理岸坡,选用10~25cm直径的块石。最好是边长比1:2的长方形石料,块石护坡还应有足够的透水性,以减少土壤从护坡上面流失。这就需要块石下面设倒滤层垫底,并在护坡坡脚设挡板。

2)修边坡:为使岸坡更具有自然风格,并供游人观赏,在铺卵石前要进行修整。可采用人工修边坡和机械修边坡两种形式。

3)栽卵石:在墁好的砖上钉出的花饰空白的地方,抹上油灰(或水泥),按设计纹样的要求,栽上石子。选石子时,卵石的色彩对比要强烈,石子要排齐码顺,拍打平整。最后用生灰粉面将表面的油灰揉搓清扫干净,或用草酸刷洗干净,用湿麻袋盖好,养护数日。

第七章 园林景观工程工程量计算

第一节 园林景观工程定额工程量计算

一、堆塑假山工程定额工程量计算

1. 假山工程

(1)工作内容:假山工程量一般以设计的山石实用吨位数为基数来推算,并以工日数来表示。假山采用的山石种类不同、假山造型不同、假山砌筑方式不同都会影响工程量。由于假山工程的变化因素太多,每工日的施工定额也不容易统一,因此,准确计算工程量有一定难度。根据数十项假山工程施工资料统计的结果,包括放样、选石、配制水泥砂浆及混凝土、吊装山石、堆砌、剁垫、搭拆脚手架、抹缝、清理、养护等全部施工工作在内的山石施工平均工日定额,在精细施工条件下,应为 0.1~0.2t/工日,在大批量粗放施工情况下,则应为 0.3~0.4t/工日。

(2)工程量。假山工程量计算公式为:

$$W = AHRK_n \tag{7-1}$$

式中　W——石料质量(t);
　　　A——假山平面轮廓的水平投影面积(m^2);
　　　H——假山着地点至最高顶点的垂直距离(m);
　　　R——石料密度,黄(杂)石为 $2.6t/m^3$,湖石为 $2.2t/m^3$;
　　　K_n——折算系数,高度在 2m 以内 $K_n=0.65$,高度在 4m 以内 $K_n=0.54$。

假山顶部突出的石块,不得执行人造独立峰定额。人造独立峰(仿孤块峰石)是指人工叠造的独立峰石。

2. 景石、散点石工程

(1)工作内容:景石是指不具备山形但以奇特的形状为审美特征的石质观赏品。散点石是指无呼应联系的一些自然山石分散布置在草坪、山坡等处，主要起点缀环境、烘托野地氛围的作用。

(2)工程量。其工程量计算公式为：

$$W_单 = LBHR \tag{7-2}$$

式中　$W_单$——山石单体质量(t)；

　　　L——长度方向的平均值(m)；

　　　B——宽度方向的平均值(m)；

　　　H——高度方向的平均值(m)；

　　　R——石料密度。

3. 堆砌假山工程

(1)工作内容：放样、选石、运石、调制及运送混凝土(砂浆)、堆砌、搭及拆脚手架、塞垫嵌缝、清理、养护。

(2)工程量。堆砌湖石假山、黄石假山、整块湖石峰、人造湖石峰、人造黄石峰以及石笋安装、土山点石的工程量均按不同山、峰高度，以堆砌石料的质量计算。计量单位：t。

布置景石的工程量按不同单块景石，以布置景石的质量计算。计量单位：t。

自然式护岸的工程量按护岸石料质量计算。计量单位：t。

4. 塑假石山工程

(1)工作内容：放样画线、挖土方、浇捣混凝土垫层、砌骨架或焊接骨架、挂钢网、堆筑成形。

(2)工程量：砖骨架塑假石山的工程量按不同高度，以塑假石山的外围表面积计算，计量单位：10m²。

钢骨架钢网塑假石山的工程量按其外围表面积计算，计量单位：10m²。

二、土方定额工程量计算

1. 工作内容

包括平整场地、挖地槽、挖地坑、挖土方、回填土、运土等。

2. 工程量计算

(1)工程量除注明者外，均按图示尺寸以实体积计算。

(2)挖土方：凡平整场地厚度在30cm以上，槽底宽度在3m以上和坑底面积在20m²以上的挖土，均按挖土方计算。

(3)挖地槽：凡槽宽在3m以内，槽长为槽宽3倍以上的挖土，均按挖

第七章 园林景观工程工程量计算

地槽计算。外墙地槽长度按其中心线长度计算,内墙地槽长度以内墙地槽的净长计算,宽度按图示宽度计算,突出部分挖土量应予增加。

(4)挖地坑:凡挖土底面积在 20m² 以内,槽宽在 3m 以内,槽长小于槽宽 3 倍者按挖地坑计算。

(5)挖土方、地槽、地坑的高度,按室外自然地坪至槽底计算。

(6)挖管沟槽,按规定尺寸计算,槽宽如无规定者可按表 7-1 计算,沟槽长度不扣除检查井,检查井的突出管道部分的土方也不增加。

表 7-1　　　　　　　　　管沟底宽度

管径(mm)	铸铁管、钢管、石棉水泥管	混凝土管 钢筋混凝土管	缸瓦管	附　　注
50~75	0.6	0.8	0.7	(1)本表为埋深在 1.5m 以内沟槽底宽度,单位:m。 (2)当深度在 2m 以内,有支撑时,表中数值适当增加 0.1m。 (3)当深度在 3m 以内,有支撑时,表中数值适当增加 0.2m
100~200	0.7	0.9	0.8	
250~350	0.8	1.0	0.9	
400~450	1.0	1.3	1.1	
500~600	1.3	1.5	1.4	

(7)平整场地是指厚度在±30cm 以内的就地挖、填、找平工程,其工程量按建筑物的首层建筑面积计算。

(8)回填土、场地填土,分松填和夯填,以立方米计算。挖地槽原土回填的工程量,可按地槽挖土工程量乘以系数 0.6 计算。

1)满堂红挖土方,其设计室外地坪以下部分如采用原土者,此部分不计取原土价值的措施费和各项间接费用。

2)大开槽四周的填土,按回填土定额执行。

3)地槽、地坑回填土的工程量,可按地槽地坑的挖土工程量系以系数 0.6 计算。

4)管道回填土按挖土体积减去垫层和直径大于 500mm(包括 500mm)的管道体积计算,管道直径小于 500mm 的可不扣除其所占体积,管道在 500mm 以上的应减除管道体积,可按表 7-2 计算。

表 7-2　　　　　　　　　每米管道应减土方量

减土方量(m³) \ 管道种类 \ 管径(mm)	500～600	700～800	900～1000	1100～1200	1300～1400	1500～1600
钢管	0.24	0.44	0.71			
铸铁管	0.27	0.49	0.77			
钢筋混凝土管及缸瓦管	0.33	0.60	0.92	1.15	1.35	1.55

5)用挖槽余土作填土时,应套用相应的填土定额,结算时应减除其利用部分的土的价值,但措施费和各项间接费不予扣除。

三、砖石定额工程量计算

1. 工作内容

砖石工程工作内容包括砖基础与砌体、其他砌体、毛石基础及护坡等。

2. 工程量计算

(1)一般规定。

1)砌体砂浆强度等级为综合强度等级,编排预算时不得调整。

2)砌墙综合了墙的厚度,划分为外墙和内墙。

3)砌体内采用钢筋加固者,按设计规定的质量,套用"砖砌体加固钢筋"定额。

4)檐高是指由设计室外地坪至前后檐口滴水的高度。

(2)计算规则。

1)标准砖墙体厚度,按表 7-3 计算。

表 7-3　　　　　　　　　标准砖墙体计算厚度

墙体	1/4	1/2	3/4	1	1.5	2	2.5	3
计算厚度(mm)	53	115	180	240	365	490	615	740

2)基础与墙身的划分:砖基础与砖墙以设计室内地坪为界,设计室内地坪以下为基础、以上为墙身,如墙身与基础为两种不同材料时以材料为

分界线。砖围墙以设计室外地坪为分界线。

3)外墙基础长度,按外墙中心线计算。内墙基础长度,按内墙净长计算,墙基大放脚重叠处因素已综合在定额内;突出墙外的墙垛的基础大放脚宽出部分不增加,嵌入基础的钢筋、铁杆、管件等所占的体积不予扣除。

4)砖基础工程量不扣除 $0.3m^2$ 以内的孔洞,基础内混凝土的体积应扣除,但砖过梁应另列项目计算。

5)基础抹隔潮层按实抹面积计算。

6)外墙长度按外墙中心线长度计算,内墙长度按内墙净长计算。女儿墙工程量并入外墙计算。

7)计算实砌砖墙身时,应扣除门窗洞口(门窗框外围面积)、过人洞空圈、嵌入墙身的钢筋砖柱、梁、过梁、圈梁的体积,但不扣除每个面积在 $0.3m^2$ 以内的孔洞梁头、梁垫、檩头、垫木、木砖、砌墙内的加固钢筋、墙基抹隔潮层等及内墙板头压 1/2 墙者所占的体积。突出墙面窗台虎头砖、压顶线、门窗套、三皮砖以下的腰线、挑檐等体积也不增加。嵌入外墙的钢筋混凝土板头已在定额中考虑,计算工程量时不再扣除。

8)墙身高度从首层设计室内地坪算至设计要求高度。

9)砖垛,三皮砖以上的檐槽,砖砌腰线的体积,并入所附的墙身体积内计算。

10)附墙烟囱(包括附墙通风道、垃圾道)按其外形体积计算,并入所依附的墙体积内,不扣除每一孔洞横断面积在 $0.1m^2$ 以内的体积,但孔洞内的抹灰工料也不增加。如每一孔洞横断面积超过 $0.1m^2$ 时,应扣除孔洞所占体积,孔洞内的抹灰应另列项目计算。如砂浆强度等级不同时,可按相应墙体定额执行。附墙烟囱如带缸瓦管、除灰门以及垃圾道带有垃圾道门、垃圾斗、通风百叶窗、铁算子以及钢筋混凝土预制盖等,均应另列项目计算。

11)框架结构间砌墙,分为内、外墙,以框架间的净空面积乘墙厚度按相应的砖墙定额计算,框架外表面镶包砖部分也并入框架结构间砌墙的工程量内一并计算。

12)围墙以 m^3 计算,按相应外墙定额执行,砖垛和压顶等工程量应入墙身内计算。

13)暖气沟及其他砖砌沟道不分墙身和墙基,其工程量合并计算。

14)砖砌地下室内外墙身工程量与砌砖计算方法相同,但基础与墙身的工程量合并计算,按相应内外墙定额执行。

15)砖柱不分柱身和柱基,其工程量合并计算,按砖柱定额执行。

16)空花墙按带有空花部分的局部外形体积以 m^3 计算,空花所占体积不扣除,实砌部分另按相应定额计算。

17)半圆旋按图示尺寸以 m^3 计算,执行相应定额。

18)零星砌体定额适用于厕所蹲台、小便槽、水池腿、煤箱、垃圾箱、台阶、台阶挡墙、花台、花池、房上烟囱、阳台隔断墙、小型池槽、楼梯基础等,以 m^3 计算。

19)炉灶按外形体积以 m^3 计算,不扣除各种空洞的体积,定额中只考虑了一般的铁件及炉灶台面抹灰,如炉灶面镶贴块料面层者应另列项目计算。

20)毛石砌体按图示尺寸,以 m^3 计算。

21)砌体内通风铁算子的用量按设计规定计算,但安装工已包括在相应定额内,不另计算。

四、混凝土及钢筋混凝土定额工程量计算

1. 工作内容

混凝土及钢筋混凝土工程工作内容包括现浇、预制、接头灌缝混凝土及混凝土安装、运输等。

2. 工程量计算

(1)一般规定。

1)混凝土及钢筋混凝土工程预算定额是综合定额,包括了模板、钢筋和混凝土各工序的工料及施工机械的耗用量。模板、钢筋不需单独计算。如与施工图规定的用量另加损耗后的数量不同时,可按实调整。

2)定额中模板是按木模板、工具式钢模板、定型钢模板等综合考虑的,实际采用模板不同时,不得换算。

3)钢筋按手工绑扎,部分焊接及点焊编制的,实际施工与定额不同时,不得换算。

4)混凝土设计强度等级与定额不同时,应以定额中选定的石子粒径,按相应的混凝土配合比换算,但混凝土搅拌用水不换算。

(2)计算规则。

1)混凝土和钢筋混凝土。以体积为计算单位的各种构件,均根据图示尺寸以构件的实体积计算,不扣除其中的钢筋、铁件、螺栓和预留螺栓孔洞所占的体积。

2)基础垫层。混凝土的厚度在 12cm 以内者为垫层,执行基础定额。

3)基础。

①带形基础。凡在墙下的基础或柱与柱之间与单独基础相连接的带形结构,统称为带形基础。与带形基础相连的杯形基础,执行杯形基础定额。

②独立基础。包括各种形式的独立柱和柱墩,独立基础的高度按图示尺寸计算。

③满堂基础。底板定额适用于无梁式和有梁式满堂基础的底板。有梁式满堂基础中的梁、柱另按相应的基础梁或柱定额执行。梁只计算突出基础的部分,伸入基础底板部分,并入满堂基础底板工程量内。

4)柱。

①柱高按柱基上表面算至柱顶面的高度。

②依附于柱上的云头、梁垫的体积另列项目计算。

③多边形柱,按相应的圆柱定额执行,其规格按断面对角线长套用定额。

④依附于柱上的牛腿的体积,应并入柱身体积计算。

5)梁。

①梁的长度:梁与柱交接时,梁长应按柱与柱之间的净距计算,次梁与主梁或柱交接时,次梁的长度算至柱侧面或主梁侧面的净距。梁与墙交接时,伸入墙内的梁头应包括在梁的长度内计算。

②梁头处如有浇制垫块者,其体积并入梁内一起计算。

③凡加固墙身的梁均按圈梁计算。

④戗梁按设计图示尺寸,以 m^3 计算。

6)板。

①有梁板是指带有梁的板,按其形式可分为梁式楼板、井式楼板和密肋形楼板。梁与板的体积合并计算,应扣除大于 $0.3m^2$ 的孔洞所占的体积。

②平板是指无柱、无梁,直接由墙承重的板。

③亭屋面板(曲形)是指古典建筑中亭面板,为曲形状。其工程量按设计图示尺寸,以实体积立方米计算。

④凡不同类型的楼板交接时,均以墙的中心线划为分界。

⑤伸入墙内的板头,其体积应并入板内计算。

⑥现浇混凝土挑檐、天沟与现浇屋面板连接时,按外墙皮为分界线,与圈梁连接时,按圈梁外皮为分界线。

⑦戗翼板是指古建筑中的翘角部位,并连有飞椽的翼角板。椽望板是指古建筑中的飞沿部位,并连有飞椽和出沿椽重叠之板。其工程量按设计图示尺寸,以实体积立方米计算。

⑧中式屋架是指古典建筑中立贴式屋架。其工程量(包括立柱、童柱、大梁)按设计图示尺寸,以实体积立方米计算。

7)枋、桁。

①枋子、桁条、梁垫、梓桁、云头、斗拱、椽子等构件,均按设计图示尺寸,以实体积立方米计算。

②枋与柱交接时,枋的长度应按柱与柱间的净距计算。

8)其他。

①整体楼梯。应分层按其水平投影面积计算。楼梯井宽度超过50cm时的面积应扣除。伸入墙内部分的体积已包括在定额内,不另计算,但楼梯基础、栏杆、栏板、扶手应另列项目套相应定额计算。

楼梯的水平投影面积包括踏步、斜梁、休息平台、平台梁以及楼梯及楼板连接的梁。

楼梯与楼板的划分以楼梯梁的外侧面为分界。

②阳台、雨篷。均按伸出墙外的水平投影面积计算,伸出墙外的牛腿已包括在定额内不再计算,但嵌入墙内的梁应按相应定额另列项目计算。阳台上的栏板、栏杆及扶手均应另列项目计算,楼梯、阳台的栏杆、栏板、吴王靠(美人靠)、挂落均按延长米计算(包括楼梯伸入墙内的部分)。楼梯斜长部分的栏板长度,可按其水平长度乘系数1.15计算。

③小型构件。小型构件是指单位体积小于 $0.1m^3$ 以内未列入项目的构件。

④古式零件。古式零件是指梁垫、云头、插角、宝顶、莲花头子、花饰块等以及单件体积小于 $0.05m^3$ 未列入的古式小构件。

⑤池槽。按实体积计算。

9)装配式构件制作、安装、运输。

①装配式构件一律按施工图示尺寸以实体积计算,空腹构件应扣除空腹体积。

②预制混凝土板或补现浇板缝时,按平板定额执行。

③预制混凝土花漏窗按其外围面积以 m^2 计算,边框线抹灰另按抹灰工程规定计算。

五、木结构定额工程量计算

1. 工作内容

木结构工程工作内容包括门窗制作及安装、木装修、间壁墙、天棚、地板、屋架等。

2. 工程量计算

(1)一般规定。

1)定额中凡包括玻璃安装项目的,其玻璃品种及厚度均为参考规格,如实际使用的玻璃品种及厚度与定额不同时,玻璃厚度及单价应按实调整,但定额中的玻璃用量不变。

2)凡综合刷油者,定额中除在项目中已注明者外,均为底油一遍,调和漆两遍,木门窗的底油包括在制作定额中。

3)一玻一纱窗,不分纱扇所占的面积大小,均按定额执行。

4)木墙裙项目中已包括制作安装踢脚板在内,不另计算。

(2)计算规则。

1)定额中的普通窗适用于:平开式,上、中、下悬式,中转式及推拉式。均按框外围面积计算。

2)定额中的门框料是按无下坎计算的,如设计有下坎时,应按相应"门下坎"定额执行,其工程量按门框外围宽度以延长米计算。

3)各种门如亮子或门扇安纱扇时,纱门扇或纱亮子按框外围面积另列项目计算,纱门扇与纱亮子以门框中坎的上皮为分界。

4)木窗台板按平方米计算,如图纸未注明窗台板长度和宽度时,可按窗框的外围宽度两边共加 10cm 计算,凸出墙面的宽度按抹灰面增加 3cm 计算。

5)木楼梯(包括休息平台和靠墙踢脚板)按水平投影面积以 m^2 计算(不计伸入墙内部分的面积)。

6)挂镜线按延长米计算,如与窗帘盒相连接时,应扣除窗帘盒长度。

7)门窗贴脸的长度,按门窗框的外围尺寸以延长米计算。

8)暖气罩、玻璃黑板按边框外围尺寸以垂直投影面积计算。

9)木隔板按图示尺寸以 m^2 计算。定额内按一般固定考虑,如用角钢托架者,角钢应另行计算。

10) 间壁墙的高度按图示尺寸,长度按净长计算,应扣除门窗洞口,但不扣除面积在 0.3m² 以内的孔洞。

11) 厕所浴室木隔断,其高度自下横枋底面算至上横枋顶面,以 m² 计算,门扇面积并入隔断面积内计算。

12) 预制钢筋混凝土厕浴隔断上的门扇,按扇外围面积计算,套用厕所浴室隔断门定额。

13) 半截玻璃间壁。是指上部为玻璃间壁、下部为半砖墙或其他间壁,应分别计算工程量,套用相应定额。

14) 天棚面积以主墙实际面积计算,不扣除间壁墙、检查洞、穿过天棚的柱、垛、附墙烟囱及水平投影面积 1m² 以内的柱帽等所占的面积。

15) 木地板以主墙间的净面积计算,不扣除间壁墙、穿过木地板的柱、垛和附墙烟囱等所占的面积,但门和空圈的开口部分也不增加。

16) 木地板定额中,木踢脚板数量不同时,均按定额执行,如设计不用时,可以扣除其数量但人工不变。

17) 栏杆的扶手均以延长米计算。楼梯踏步部分的栏杆、扶手的长度可按全部水平投影长度乘以 1.15 系数计算。

18) 屋架分不同跨度按架计算,屋架跨度按墙、柱中心线计算。

19) 楼梯底钉天棚的工程量均以楼梯水平投影面积乘以系数 1.10,按天棚面层定额计算。

六、地面定额工程量计算

1. 工作内容

地面工程工作内容包括垫层、防潮层、整体面层、块料面层等。

2. 工程量计算

(1) 一般规定。

1) 混凝土强度等级及灰土、白灰焦渣、水泥焦渣的配合比与设计要求不同时,允许换算。但整体面层与块料面层的结合层或底层砂层的砂浆厚度,除定额注明允许换算外一律不得换算。

2) 散水、斜坡、台阶、明沟均已包括了土方、垫层、面层及沟壁。如垫层、面层的材料品种、含量与设计不同时,可以换算,但土方量和人工、机械费一律不得调整。

3) 随打随抹地面只适用于设计中无厚度要求的随打随抹面层,如设计中有厚度要求时,应按水泥砂浆抹地面定额执行。

(2)计算规则。

1)楼地面层。

①水泥砂浆随打随抹、砖地面及混凝土面层,按主墙间的净空面积计算,应扣除凸出地面的构筑物,设备基础所占的面积(不需做面层的沟盖板所占的面积也应扣除),不扣除柱、垛、间壁墙、附墙烟囱以及 $0.3m^2$ 以内孔洞所占的面积,但门洞、空圈也不增加。

②水磨石面层及块料面层均按图示尺寸以 m^2 计算。

2)防潮层。

①平面。地面防潮层同地面面层,与墙面连接处高在 50cm 以内展开面积的工程量,按平面定额计算,超过 50cm 者,其立面部分的全部工程量按立面定额计算。墙基防潮层,外墙长以外墙中心线,内墙按内墙净长乘宽度计算。

②立面。墙身防潮层按图示尺寸以 m^2 计算,不扣除 $0.3m^2$ 以内的孔洞。

3)伸缩缝。各类伸缩缝,按不同用料以延长米计算。外墙伸缩缝如内外双面填缝者,工程量加倍计算。伸缩缝项目,适用于屋面、墙面及地面等部位。

4)踢脚板。

①水泥砂浆踢脚板以延长米计算,不扣除门洞及空圈的长度,但门洞、空圈和垛的侧壁也不增加。

②水磨石踢脚板、预制水磨石及其他块料面层踢脚板,均按图示尺寸以净长计算。

5)水泥砂浆及水磨石楼梯面层。以水平投影面积计算,定额内已包括踢脚板及底面抹灰、刷浆工料。楼梯井在 50cm 以内者不予扣除。

6)散水。按外墙外边线的长度乘以宽度,以 m^2 计算(台阶、坡道所占的长度不扣除,四角延伸部分也不增加)。

7)坡道。按水平投影面积计算。

8)各类台阶。均以水平投影面积计算,定额内已包括面层及面层下的砌砖或混凝土的工料。

七、屋面定额工程量计算

1. 工作内容

屋面工程工作内容包括保温层、找平层、卷材屋面及屋面排水等。

2. 工程量计算

(1)一般规定。

1)水泥瓦、黏土瓦的规格与定额不同时,除瓦的数量可以换算外,其他工料均不得调整。

2)铁皮屋面及铁皮排水项目,铁皮咬口和搭接的工料包括在定额内不得另计,铁皮厚度如定额规定不同时,允许换算,其他工料不变。刷冷底子油一遍已综合在定额内,不另计算。

(2)计算规则。

1)保温层。按图示尺寸的面积乘平均厚度以 m^3 计算,不扣除烟囱、风帽及水斗斜沟所占面积。

2)瓦屋面。按图示尺寸的屋面投影面积乘屋面坡度延尺系数以 m^2 计算,不扣除房上烟囱、风帽底座、风道、屋面小气窗和斜沟等所占面积,而屋面小气窗出檐与屋面重叠部分的面积也不增加,但天窗出檐部分重叠的面积应计入相应屋面工程量内。瓦屋面的出线、披水、梢头抹灰、脊瓦、加腮等工料均已综合在定额内,不另计算。

3)卷材屋面。按图示尺寸的水平投影面积乘屋面坡度延尺系数以平方米计算,不扣除房上烟囱、风帽底座、风道斜沟等所占面积,其根部弯起部分不另计算。天窗出沿部分重叠的面积应按图示尺寸以平方米计算,并入卷材屋面工程量内,如图纸未注明尺寸,伸缩缝、女儿墙可按 25cm、天窗处可按 50cm,局部增加层数时,另计增加部分。

4)水落管长度。按图示尺寸展开长度计算,如无图示尺寸时,由沿口下皮算至设计室外地坪以上 15cm 为止,上端与铸铁弯头连接者,算至接头处。

5)屋面抹水泥砂浆找平层。屋面抹水泥砂浆找平层的工程量与卷材屋面相同。

八、装饰定额工程量计算

1. 工作内容

装饰工程工作内容包括抹白灰砂浆、抹水泥砂浆等。

2. 工程量计算

(1)一般规定。

1)抹灰厚度及砂浆种类,一般不得换算。

2)抹灰不分等级,定额水平是根据园林建筑质量要求较高的情况综

3) 阳台、雨篷抹灰定额内已包括底面抹灰及刷浆,不另行计算。

4) 凡室内净高超过 3.6m 以上的内檐装饰其所需脚手架,可另行计算。

5) 内檐墙面抹灰综合考虑了抹水泥窗台板,如设计要求做法与定额不同时可以换算。

6) 设计要求抹灰厚度与定额不同时,定额内砂浆体积应按比例调整,人工、机械不得调整。

(2) 计算规则。

1) 工程量均按设计图示尺寸计算。

2) 天棚抹灰。

①天棚抹灰面积。以主墙内的净空面积计算,不扣除间壁墙、垛、柱、所占的面积,带有钢筋混凝土梁的天棚,梁的两侧抹灰面积应并入天棚抹灰工程量内计算。

②密肋梁和井字梁天棚抹灰面积。以展开面积计算。

③檐口天棚的抹灰。并入相同的天棚抹灰工程量内计算。

④有坡度及拱顶的天棚抹灰面积。按展开面积以 m^2 计算。

3) 内墙面抹灰。

①内墙面抹灰面积。应扣除门、窗洞口和空圈所占的面积,不扣除踢脚线、挂镜线 $0.3m^2$ 以内的孔洞和墙与构件交接处的面积。洞口侧壁和顶面不增加,但垛的侧面抹灰应与内墙面抹灰工程量合并计算。

内墙面抹灰的长度以主墙间的图示净长尺寸计算,其高度确定如下:

a. 无墙裙有踢脚板,其高度由地或楼面算至板或天棚下皮。

b. 有墙裙无踢脚板,其高度按墙裙顶点标至天棚底面另增加 10cm 计算。

②内墙裙抹灰面积。以长度乘高度计算,应扣除门窗洞口和空圈所占面积,并增加窗洞口和空圈的侧壁和顶面的面积,垛的侧壁面积并入墙裙内计算。

③吊顶天棚的内墙面抹灰。其高度自楼地面顶面至天棚下另加 10cm 计算。

④墙中的梁、柱等的抹灰。按墙面抹灰定额计算,其突出墙面的梁、柱抹灰工程量按展开面积计算。

4)外墙面抹灰。

①外墙抹灰。应扣除门、窗洞口和空圈所占的面积,不扣除 $0.3m^2$ 以内的孔洞面积,门窗洞口及空圈的侧壁、垛的侧面抹灰,并入相应的墙面抹灰中计算。

②外墙窗间墙抹灰。以展开面积按外墙抹灰相应定额计算。

③独立柱及单梁等抹灰。应另列项目,其工程量按结构设计尺寸断面计算。

④外墙裙抹灰。按展开面积计算,门口和空圈所占面积应予扣除,侧壁并入相应定额计算。

⑤阳台、雨篷抹灰。按水平投影面积计算,其中定额已包括底面、上面、侧面及牛腿的全部抹灰面积。但阳台的栏杆、栏板抹灰应另列项目,按相应定额计算。

⑥挑檐、天沟、腰线、栏杆扶手、门窗套、窗台线压顶等结构设计尺寸断面,以展开面积按相应定额以 m^2 计算。窗台线与腰线连接时,并入腰线内计算。

外窗台抹灰长度如设计图纸无规定时,可按窗外围宽度两边并加 20cm 计算,窗台展开宽度按 36cm 计算。

⑦水泥字。水泥字按个计算。

⑧栏板、遮阳板抹灰。以展开面积计算。

⑨水泥黑板,布告栏。按框外围面积计算,黑板边框抹灰及粉笔灰槽已考虑在定额内,不得另行计算。

⑩镶贴各种块料面层。均按设计图示尺寸以展开面积计算。

⑪池槽等。按图示尺寸展开面积以 m^2 计算。

5)刷浆,水质涂料工程。

①墙面。按垂直投影面积计算,应扣除墙裙的抹灰面积,不扣除门窗洞口面积,但垛侧壁、门窗洞口侧壁、顶面也不增加。

②天棚。按水平投影面积计算,不扣除间壁墙、垛、柱、附墙烟囱、检查洞所占面积。

6)勾缝。按墙面垂直投影面积计算,应扣除墙面和墙裙抹灰面积,不扣除门窗套和腰线等零星抹灰及门窗洞口所占面积,但垛和门窗洞口侧壁和顶面的勾缝面积也不增加。独立柱、房上烟囱勾缝按图示外形尺寸以 m^2 计算。

7)墙面贴壁纸。按图示尺寸的实铺面积计算。

九、金属结构定额工程量计算

1. 工作内容

金属结构工程工作内容包括柱、梁、屋架等。

2. 工程量计算

(1)一般规定。

1)构件制作是按焊接为主考虑的,对构件局部采用螺栓连接时,已考虑在定额内不再换算,但如果有铆接为主的构件时,应另行补充定额。

2)刷油定额中一般均综合考虑了金属面调和漆两遍,如设计要求与定额不同时,按装饰分部油漆定额换算。

3)定额中的钢材价格是按各种构件的常用材料规格和型号综合测算取定的,编制预算时不得调整,但如设计采用低合金钢时,允许换算定额中的钢材价格。

(2)计算规则。

1)构件制作、安装、运输工程量。均按设计图纸的钢材质量计算,所需的螺栓、电焊条等的质量已包括在定额内,不另增加。

2)钢材质量计算。按设计图纸的主材几何尺寸以吨为计算质量,均不扣除孔眼、切肢、切边的质量,多边形按矩形计算。

3)钢柱工程量。计算钢柱工程量时,依附于柱上的牛腿及悬臂梁的主材质量,应并入柱身主材质量计算,套用钢柱定额。

十、园林小品定额工程量计算

1. 工作内容

(1)园林景观小品是指园林建设中的工艺点缀品,艺术性较强,它包括堆塑装饰和小型钢筋混凝土、金属构件等小型设施。

(2)园林小摆设是指各种仿匾额、花瓶、花盆、石鼓、坐凳及小型水盆、花坛池、花架的制作。

2. 工程量计算

(1)堆塑装饰工程。分别按展开面积以 m^2 计算。

(2)小型设施工程量。预制或现制水磨石景窗、平板凳、花檐、角花、博古架、飞来椅、木纹板的工作内容包括:制作、安装及拆除模板,制作及绑扎钢筋,制作及浇捣混凝土,砂浆抹平,构件养护,面层磨光及现场安装。

1) 预制或现制水磨石景窗、平板凳、花檐、角花、博古架的工程量均按不同水磨石断面面积、预制或现制,以其长度计算。计量单位:10m。

2) 水磨木纹板的工程量按不同水磨与否,以其面积计算,制作工程量计量单位为 m^2。安装工程量计量单位为 $10m^2$。

第二节 园林景观工程清单工程量计算

一、堆塑假山清单工程量计算

(一)清单工程量计算规则

堆塑假山工程清单项目工程量计算规则,见表 7-4。

表 7-4   堆塑假山(编码:050301)

项目编码	项目名称	项目特征	计量单位	工程量计算规则	工作内容
050301001	堆筑土山丘	1. 土丘高度 2. 土丘坡度要求 3. 土丘底外接矩形面积	m^3	按设计图示山丘水平投影外接矩形面积乘以高度的1/3以体积计算	1. 取土、运土 2. 堆砌、夯实 3. 修整
050301002	堆砌石假山	1. 堆砌高度 2. 石料种类、单块重量 3. 混凝土强度等级 4. 砂浆强度等级、配合比	t	按设计图示尺寸以质量计算	1. 选料 2. 起重机搭、拆 3. 堆砌、修整
050301003	塑假山	1. 假山高度 2. 骨架材料种类、规格 3. 山皮料种类 4. 混凝土强度等级 5. 砂浆强度等级、配合比 6. 防护材料种类	m^2	按设计图示尺寸以展开面积计算	1. 骨架制作 2. 假山胎模制作 3. 塑假山 4. 山皮料安装 5. 刷防护材料

第七章 园林景观工程工程量计算

续表

项目编码	项目名称	项目特征	计量单位	工程量计算规则	工作内容
050301004	石笋	1. 石笋高度 2. 石笋材料种类 3. 砂浆强度等级、配合比	支	1. 以块(支、个)计量,按设计图示数量计算 2. 以吨计量,按设计图示石料质量计算	1. 选石料 2. 石笋安装
050301005	点风景石	1. 石料种类 2. 石料规格、重量 3. 砂浆配合比	1. 块 2. t		1. 选石料 2. 起重架搭、拆 3. 点石
050301006	池、盆景置石	1. 底盘种类 2. 山石高度 3. 山石种类 4. 混凝土砂浆强度等级 5. 砂浆强度等级、配合比	1. 座 2. t	1. 以座计量,按设计图示数量计算 2. 以吨计量,按设计图示石料质量计算	1. 底盘制作、安装 2. 池、盆景山石安装、砌筑
050301007	山(卵)石护角	1. 石料种类、规格 2. 砂浆配合比	m³	按设计图示尺寸以体积计算	1. 石料加工 2. 砌石
050301008	山坡(卵)石台阶	1. 石料种类、规格 2. 台阶坡度 3. 砂浆强度等级	m²	按设计图示尺寸以水平投影面积计算	1. 选石料 2. 台阶砌筑

注:1. 假山(堆筑土山丘除外)工程的挖土方、开凿石方、回填等应按现行国家标准《房屋建筑与装饰工程工程量计算规范》(GB 50854—2013)相关项目编码列项。
2. 如遇某些构配件使用钢筋混凝土或金属构件时,应按现行国家标准《房屋建筑与装饰工程工程量计算规范》(GB 50854—2013)或《市政工程工程量计算规范》(GB 50857—2013)相关项目编码列项。
3. 散铺河滩石按点风景石项目单独编码列项。
4. 堆筑土山丘,适用于夯填、堆筑而成。

(二)清单项目释义
1. 堆筑土山丘
(1)工作内容:取土、运土;堆砌、夯实;修整。
(2)工程量计算规则:以堆筑土山丘水平投影外接矩形面积乘以高度的1/3,按"m^3"计算。
(3)工作内容释义。

1)堆筑土山丘是指山体以土壤堆成,或利用原有凸起的地形、土丘,加堆土壤以突出其高耸的山形。为使山体稳固,常需要较宽的山麓。因此布置土山需要较大的园地面积。

①土丘坡度:《公园设计规范》规定"地形设计应以总体设计所确定的各控制点的高程为依据。大高差或大面积填方地段的设计标高,应计入当地土壤的自然沉降系数。改造的地形坡度超过土壤的自然安息角时,应采取护坡、固土或防冲刷的工程措施。植草皮的土山最大坡度为33%,最小坡度为1%。人力剪草机修剪的草坪坡度不应大于25%"。

②土山高度:山的高度可因需要确定,供人登临的山,需有高大感并利于远眺,因此应高于平地树冠线。在这个高度上可以不致使人产生"见林不见山"的感觉。当山的高度难以满足10~30m左右要求时,要尽可能不在主要欣赏面中靠山脚处种植过大的乔木,而应植以低矮灌木突出山的体量。对于那些分隔空间和起障景作用的土山,只需将高度设置在1.5m左右,以能遮挡视线即可。

2)取土、运土。
①取土:在园林绿化工程中取土堆山的土,一般就近取土,土方不够时才远地取土。
②运土:将挖出的土方运到施工现场。
③修整底边:挖土过程中,将散落的碎土清理出来,修理底边。

3)夯实:夯实是用夯锤压实土方,其优点是能夯实较厚的土层。夯实适用于小面积填方,可以夯实黏性土或非黏性土。

4)修整。
①修整找平。填土完工后,填土表面应拉线找平,凡超过标准高程的地方,及时依线铲平;凡低于标准高程的地方,应补土夯实。
②做脚:做脚是指在掇山基本完成以后,在紧贴起脚石的部分拼叠山脚,弥补起脚造型不足的操作技法。做脚又称补脚或做假脚,虽然无须承

担山体的重压,但必须与主山的造型相适应,既要表现出山体余脉延伸之势,如同从土中生出的效果,又要陪衬主山的山势和形态的变化。

2. 堆砌石假山

(1)工作内容:选料;起重架搭、拆;堆砌、修整。

(2)工程量计算规则:以设计图示尺寸计算质量,按"t"计算。

(3)工作内容释义。

1)堆山材料主要是自然山石,只在石间空隙处填土配植植物。这种假山规模一般都比较小,主要用在庭院、水池等比较闭合的环境中,或者作为瀑布、滴泉的山体应用。

堆砌假山的组成材料分类,见表7-5。

表7-5 堆砌假山的组成材料分类

分类	内容
主要材料	堆砌石假山所需的材料种类丰富,主要包括:湖石、黄石、青石、钟乳石、石蛋、黄蜡石、水秀石等
基础材料	①木桩基材料。这是一种古老的基础做法,但至今仍有实用价值,木桩多选用柏木桩或杉木桩,选取其中较平直而又耐水湿的作为桩基材料。木桩顶面的直径为10~15cm,平面布置按梅花形排列,故称"梅花桩"。 ②灰土基础材料。我国北方园林中位于陆地上的假山多采用灰土基础,灰土基础有比较好的凝固条件。灰土一经凝固便不透水,可以减少土壤冻胀的破坏。这种基础的材料主要是用石灰和素土按3:7的比例混合而成。 ③浆砌块石基础材料。这是采用水泥砂浆或石灰砂浆砌筑块石作为假山的基础。可用1:2.5或1:3水泥砂浆砌一层块石,厚度为300~500mm;水下砌筑所用水泥砂浆的比例则应为1:2。 ④混凝土基础材料。现代的假山多采用浆砌块石或混凝土基础。陆地上选用不低于C10的混凝土,水中假山基采用C15水泥砂浆砌块石,或采用C20的素混凝土作基础为妥
填充材料	填充式结构假山的山体内部填充材料主要有:泥土、无用的碎砖、石块、灰块、建筑渣土、废砖石、混凝土。混凝土是采用水泥、砂、石按1:2:4~1:2:6的比例搅拌配制而成

分类	内容
胶结材料	胶结材料是指将山石黏结起来掇石成山的一些常用黏结性材料,如水泥、石灰、砂和颜料等,市场供应比较普遍。水泥砂浆干燥比较快,不怕水;混合砂浆干燥较慢,怕水,但强度较水泥砂浆高,价格也较低廉。 假山所用石材如果是灰色、青灰色山石,则在抹缝完成后直接用扫帚将缝口表面扫干净,同时,也使水泥缝口的抹光表面不再光滑,从而更加接近石面的质地
铁活加固材料	铁活加固材料,必须在山石本身重心稳定的前提下使用铁活用以加固。铁活常用熟铁或钢筋制成。铁活要求用而不露,因此不易发现
勾缝材料	对于假山采用灰白色湖石砌筑的,要用灰白色石灰砂浆抹缝,以使色泽相近。采用灰黑色山石砌筑的假山,可在抹缝的水泥砂浆中加入炭黑,调制成灰黑色浆体后再抹缝。对于土黄色山石的抹缝,则应在水泥砂浆中加进柠檬铬黄。如果是用紫色、红色的山石砌筑假山,可以采用铁红把水泥砂浆调制成紫红色浆体再用来抹缝,等等

2)选石。一般就地取材,这样既经济又可形成地方特色,正所谓"是石堆,遍山可采"。

山石的选用是假山施工中一项很重要的工作,其主要目的就是将不同的山石运用到最合适的位置上,组成最和谐的山石景观。山石的选用包括山石尺度的选择、石形的选择、山石纹路的选择、石态的选择、石质的选择和山石颜色的选择。

3)搭、拆架子:当施工高度超过室外设计地面1.2m时,为继续进行操作,必须搭设相当高度的架子。当施工结束后,将架子拆除。

4)堆砌、修整。

①筑山的地面整理好以后,可按设计图和模型放出山体基部的轮廓线,在轮廓内打桩,木桩和石桩都可使用。桩以一定的间距打下,桩的粗细、长短、距离按所承受的山石大小和轻重具体情况而决定。桩的顶面铺盖石板或预制板,以使整个基础稳定坚固。在基础上筑叠山的立体部分,按山的一般结构从基部山麓到山腰再到山顶,基部常为两层紧密相连的较大石块,以确保坚固平稳。山顶多做成险峻的奇峰,但也常根据其基本的山形而定,比如筑成体现横向体形美的流云式,山顶并不做挺拔的立

第七章 园林景观工程工程量计算

峰,而以状如云片的扁形石块封顶。山体的筑叠常需使用吊车等起重工具,将石块安放在适宜的位置上,这需要具备一定的技法,常用的技法有叠、竖、拼、垫、挑、压、撑、悬等。

②修整:使用叠、竖、拼、垫、挑、压、撑、悬等方法砌筑的石块之间常留有缝隙,需用砂浆黏结加固,也可以阻止大量雨水渗入。这一步骤常被称为勾缝。如果所用砂浆的颜色与石块的颜色不同,就会影响山体色彩和纹理的美观,故在调制砂浆时需要加入与石色类似或调和的颜料,给石灰勾缝的砂浆应加入煤粉,使其呈现出与石块接近的灰色。

3. 塑假山

(1)工作内容:骨架制作;假山胎模制作;塑假山;山皮料安装;刷防护材料。
(2)工程量计算规则:以塑假山的展开面积,按"m^2"计算。
(3)工作内容释义。

1)塑假山:在现代园林中,为了降低假山石景的造价和增强假山石景景物的整体性,通常采用水泥材料以人工塑造的方式来制作假山或石景。做人造山石,一般以铁条或钢筋为骨架做成山石模胚与骨架,然后用小块的英德石贴面,贴英德石面时应注意理顺纹路,并使色泽一致,最后塑造成的山石才会比较逼真。

2)塑假山按材料分类,见表7-6。

表 7-6　　　　　　　塑假山按材料分类

分类	内　　　　容
混凝土塑山	根据其骨架材料的不同,可分为以下两种: ①砖骨架塑山,即以砖作为塑山的骨架,适用于小型塑山。砖骨架采用砖石填充物塑石构造。先按照设计的山石形体,用废旧的山石材料砌筑起来,砌体的形状大致与设计石形差不多。当砌体胚形完全砌筑好后,就用1:2或1:2.5的水泥砂浆,仿照自然山石面进行抹面。以这种结构形式做成的塑石,石内既有空心的,也有实心的。 ②钢骨架塑山,是以钢材作为塑山的骨架,适用于大型塑山。 钢骨架是钢筋铁丝网塑石构造。其结构骨架要先按照设计的岩石或假山形体,用直径12mm左右的钢筋,编扎成山石的模胚形状。钢筋的交叉点最好用电焊焊牢,然后用铁丝网蒙在钢筋滑架外面,并用细铁丝紧紧地扎牢。接着用粗砂配制的1:2水泥砂浆,从石内石外两面进行抹面。一般要抹面2~3遍,使塑石的石壳总厚度达到4~6cm。采用这种结构形式的塑石作品,不能受到猛烈撞击,因为石内一般是空的,否则山石容易遭到破坏

续表

分类	内　　容
GRC塑山	GRC山石构件的生产,与一般塑山、塑石不同,是以天然山石为原形进行制模,因此它能如实地再现天然山岩的各种节理、皴纹。翻模时,在GRC中加入适量的添加剂,用以更好地表现山石的质感和润泽。制作GRC山石构件时,预埋铁件以备拼装时固定
FRP塑山	继GRC现代塑山材料后,目前还出现了一种新型的塑山材料——玻璃纤维强化树脂,简称FRP,是用不饱和树脂及玻璃纤维结合而成的一种复合材料。该种材料具有刚度好、质轻、耐用、价廉、造型逼真等特点,同时可预制分割,方便运输,特别适用于大型的、易地安装的塑山工程
上色材料	石色水泥浆进行面层抹平,抹光修饰成型。根据石色要求刷或喷涂非水溶性颜色,也可在砂浆中添加颜料及石粉调配出所需的石色。例如,要仿造灰黑色的岩石,可以在普通灰色水泥砂浆中加炭黑,以灰黑色的水泥砂浆抹面。要仿造紫色砂岩,就要用氧化铁红将水泥砂浆调制成紫砂色。要仿造黄色砂岩,则应在水泥砂浆中加入柠檬铬黄。而氧化铬绿和钴蓝,则可在仿造青石的水泥砂浆中加进

3)基架设置:根据山形、体量和其他条件选择适宜的基架结构,坐落在地面的塑山地基应作相应的处理,坐落在室内的塑山要根据楼板的结构和荷载条件进行结构计算,基架多以内接的几何形体为桁架,以作为整个山体的支撑体系,并在此基础上进行山体外形的塑造。凡用钢筋混凝土基架的,都应涂防锈漆两遍。

4)泥模制作:按设计要求定样制作泥模。泥模制作应在临时搭设的大棚内进行。制作时要避免泥模脱落或冻裂。因此,温度过低时要注意保温,并在泥模上加盖塑料薄膜。

4. 石笋

(1)工作内容:选石料;石笋安装。

(2)工程量计算规则:以石笋的数量,按"支"计算。

(3)工作内容释义。

1)石笋颜色多为淡灰绿色、土红灰色或灰黑色。质重而脆,是一种长形的砾岩岩石。石形修长呈条柱状,立于地上即为石笋,顺其纹理可竖向劈分。石柱中含有白色的小砾石,如白果般大小。石面上"白果"未风化的,称为龙岩;若石面砾石已风化成一个个小穴窝,则称为凤岩。石面还有不规则的裂纹。常见石笋的种类见表7-7。

表 7-7　　　　　　　　　　　　石笋的分类

类型	内容
白果笋	白果笋是在青灰色的细砂岩中沉积了一些卵石,犹如银杏所产的白果嵌在石中,因此为名。北方则称白果笋为"子母石"或"子母剑"。"剑"喻其形,"子"即卵石,"母"是细砂母岩。这种山石在我国各园林中均有所见。有些假山师傅把大面圆的头向上的称为"虎头笋",把上面尖而小的称为"凤头笋"
乌炭笋	乌炭笋是一种乌黑色的石笋,比煤炭的颜色稍浅而无甚光泽。如用浅色景物作背景,这种石笋的轮廓就更清新
慧剑	慧剑是北京假山师傅的沿称。所指的是一种净面青灰色、水灰青色的石笋,北京颐和园前山东腰有高达数丈的大石笋就是这种"慧剑"
钟乳石笋	钟乳石笋,即石灰岩经熔融形成的钟乳石倒置,或用石笋正放用以点缀绿色。北京故宫御花园中有用这样石笋作特置小品的

2)石笋安装:石笋的安装就是按照一定的方法和规格把石笋固定在设计位置。

5. 点风景石

(1)工作内容:选石料;起重架搭、拆;点石。

(2)工程量计算规则:以点风景石的数量或质量,按"块"或"t"计算。

(3)工作内容释义。

1)景石是一种点布独立不具备山形但以奇特的形状为审美特征的石质观赏品。

石料种类:如太湖石、仲宫石、房山石、英德石和宣石。

零星点布:是按照若干块山石布置石景时"散漫理之"的做法,其布置方式的最大特点是山石的分散、随意布置。采用零星点布的石景,主要是用来点缀地面景观,使地面更具有自然山地的野趣。

散点石:是指无呼应联系的一些自然山石分散布置在草坪、山坡等处,主要起点缀环境,烘托野地氛围的作用。

点风景石是以石材或仿石材布置成自然露岩景观的造景手法。点风景石还可结合它的挡土、护坡和作为种植床等实用功能,用以点缀风景园林空间。

点风景石时要注意石身之形状和纹理,宜立则立,宜卧则卧,纹理和背向需要一致。其选石多半应选具有"瘦、漏、透、皱、丑"特点的具有观赏性的石材。

"瘦",要求山石的长宽比值不宜太小,石形不臃肿,不呈矮墩状,要显得精瘦而有骨力;"漏",是指山石内要有漏空的洞道空穴,石面要有滴漏状的悬垂部分;"透",特指山石上能够透过光线的空透孔眼;"皱",则指山石表面要有天然形成的皱折和皱纹。

2)选石料:一般应选轮廓线凹凸变化大、姿态特别、石体空透的高大山石。

点石:石景与环境之间的关系必须协调,才能达到审美观赏的要求。在规则式水体中,石景一般不在池边布置,而常常布置在池中。在自然式水体中,石景可以布置在水边,做成山石驳岸、散石草坡岸或山石汀岸、石矶、礁石等。在场地中布置石景,其周围空间立面上的景观不可太多,要保持空间的一定单纯性。凡做石景,最好能伴以绿化,否则都成了枯石秃峰。石景也可以利用建筑和围墙等分隔、围合出的独立空间,在空间中占据主景地位,成为该空间中最引人注目的景物。

6. 池、盆景置石

(1)工作内容:底盘制作、安装;池、盆景山石安装、砌筑。

(2)工程量计算规则:以池、盆景山的数量,按"座"或"个"计算。

(3)工作内容释义。

1)池山:池山是假山的一种类型。池山就是堆筑在水池中的假山。池山可单独成景,也可结合水的形状或水饰的形态成景,如瀑布假山。

2)盆景山:盆景山在有的园林露地庭院中,布置成大型的山水盆景。盆景中的山水景观大都是按照真山真水形象塑造的,而且有着显著的小中见大的艺术效果,能够让人领会到咫尺千里的山水意境。

3)池石:池中堆山,则池石,园林第一胜景也。若大若小,更有妙境,就水点其步石,从巅架以飞梁,洞穴潜藏,穿石径水,峰峦缥缈,漏月招云。

4)山石种类:有湖石(太湖石、仲宫石、房山石、英德石、宣石)、黄石、青石、石笋石、钟乳石、水秀石、云母片石、大卵石和黄蜡石。

5)座、盘:特制岩石要配特制的基座,方能作为庭院中的摆设。这种基座,可以是规则式的石座,也可以是自然式的。凡用自然岩石做成的座称为"盘"。

6)池石的山石高度要与环境空间和水池的体量相称,一般石景的高度应小于水池长度的 1/2。

7. 山(卵)石护角

(1)工作内容:石料加工;砌石。

(2)工程量计算规则:以山(卵)石护角的体积,按"m^3"计算。

(3)工作内容释义。山(卵)石护角是为了使假山呈现设计预定的轮廓而在转角用山石设置的保护山体的一种措施。山(卵)石护角是带土假山的一种做法。

8. 山坡(卵)石台阶

(1)工作内容:选石料;台阶砌筑。

(2)工程量计算规则:以山坡(卵)石台阶的水平投影面积,按"m^2"计算。

(3)工作内容释义。

1)山坡石台阶是指随山坡而砌,多使用不规整的块石,砌筑的每步台阶一般无严格统一的高度限制,踏步和踢脚无需石表面加工或有少许加工(打荒)的台阶。

2)台阶:与蹬道的作用基本一致,都是为了解决地势高低差的问题。台阶在园林中,除本身的功能外,还具有装饰的作用。台阶按取材不同,可分为石阶、混凝土阶、竹阶、木阶等。

3)台阶坡度:踏面应做成稍有坡度,其适宜的坡度以 1% 为好,以利于排水、防滑等。踏板突出竖板的宽度不得超过 2.5cm,以防绊跌。

4)山石台阶踏步:假山石台阶常用作建筑与自然式庭院的过渡,有两种方法,一种是用大块顶面较为平整的不规则石板代替整齐的条石作台阶,称为"如意踏垛";另一种是用整齐的条石作台阶,用蹲配代替支撑的梯形基座。为了利于排水,台阶每一级都向下坡方向作 20% 的倾斜,石阶断面要上挑下收,以免人们在上台阶时脚尖碰到石级上沿。用小块山石拼合的石级,拼缝要上下交错,以上石压下缝。

5)许多材料都可以作台阶,以石材来说有六方石、圆石、鹅卵石及整形切石、石板等。木材则有杉、桧等的角材或圆木柱等。其他材料包括红砖、水泥砖、钢铁等都可以选用。除此之外,还有各种贴面材料,如洗石子、瓷砖、磨石子等。选用材料时要从各方面考虑,基本条件是坚固耐用,耐湿耐晒。此外,材料的色彩必须与构筑物协调。

6)台阶标准构造的踢面高度约在8~15cm,长的台阶则宜在10~12cm;台阶之间踏面宽度不宜小于28cm;级数宜在8~11级,最多不超过19级,否则就要在这中间设置休息平台,平台不宜小于1m。使用实践表明,台阶尺寸以15cm×35cm为佳,至少不宜小于12cm×30cm。

7)台阶施工:台阶是解决地形变化、造园地坪高差的重要手段。建造台阶除了必须考虑在机能上及实质上的有关问题外,也要考虑美观与调和的因素。许多材料都可以作台阶。选用材料时要从各方面考虑,基本条件是坚固耐用,耐湿耐晒。此外,材料的色彩必须与构筑物调和。

二、原木、竹构件清单工程量计算

(一)清单工程量计算规则

原木、竹构件工程清单项目工程量计算规则,见表7-8。

表7-8　　　　　　　　原木、竹构件(编码:050302)

项目编码	项目名称	项目特征	计量单位	工程量计算规则	工作内容
050302001	原木(带树皮)柱、梁、檩、椽	1. 原木种类 2. 原木直(梢)径(不含树皮厚度)	m	按设计图示尺寸以长度计算(包括榫长)	1. 构件制作 2. 构件安装 3. 刷防护材料
050302002	原木(带树皮)墙	3. 墙龙骨材料种类、规格 4. 墙底层材料种类、规格 5. 构件联结方式 6. 防护材料种类	m²	按设计图示尺寸以面积计算(不包括柱、梁)	
050302003	树枝吊挂楣子			按设计图示尺寸以框外围面积计算	

续表

项目编码	项目名称	项目特征	计量单位	工程量计算规则	工作内容
050302004	竹柱、梁、檩、椽	1. 竹种类 2. 竹直(梢)径 3. 连接方式 4. 防护材料种类	m	按设计图示尺寸以长度计算	1. 构件制作 2. 构件安装 3. 刷防护材料
050302005	竹编墙	1. 竹种类 2. 墙龙骨材料种类、规格 3. 墙底层材料种类、规格 4. 防护材料种类	m²	按设计图示尺寸以面积计算(不包括柱、梁)	
050302006	竹吊挂楣子	1. 竹种类 2. 竹梢径 3. 防护材料种类		按设计图示尺寸以框外围面积计算	

注:1. 木构件连接方式应包括:开榫连接、铁件连接、扒钉连接、铁钉连接。
   2. 竹构件连接方式应包括:竹钉固定、竹篾绑扎、铁丝连接。

(二)清单项目释义

1. 原木(带树皮)柱、梁、檩、椽

(1)工作内容:构件制作;构件安装;刷防护材料。

(2)工程量计算规则:以原木(带树皮)柱、梁、檩、椽的长度(包括榫长),按"m"计算。

(3)工作内容释义。

1)原木是主要取伐倒木的树干或适用的粗枝,按树种、树径和用途的不同,横向截断成规定长度的木材。原木是商品木材供应中最主要的材料,可分为直接使用原木和加工用原木两大类。直接使用原木有坑木、电杆和桩木;加工用原木分为一般加工用材和特殊加工用材。特殊加工用的原木包括造船材、车辆材和胶合板材。各种原木的径级、长度、树种及材质要求,应国家有关标准的规定。

2)原木(带树皮)柱、梁、檩、椽:指用原木做成的柱、梁、檩、椽。

①柱。柱是建筑的主要承重构件之一。作为建筑物的支撑骨架,将整个建筑物的荷载竖向传递到基础和地基上。由原木或方木制成,用以

承受并传递轴向压力的竖向直线构件,称为木柱。按外形和用途分为矩形柱、圆柱、多边形柱和构造柱。

柱类构件有:檐柱、金柱、中柱、山柱、通柱、童柱、擎檐柱等。其中,垂檐金柱构造如图7-1所示。

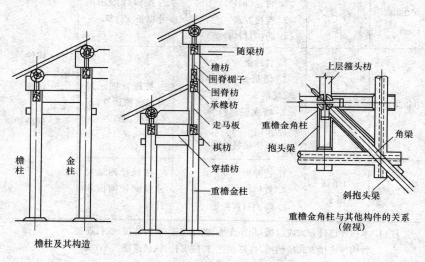

图 7-1　重檐金柱构造

②梁。梁同柱一样,是房屋建筑及园林建筑与小品的承重构件之一,承受建筑结构作用在梁上的荷载,且经常和柱等共同承受建筑物和其他物体的荷载,在结构工程中应用十分广泛。钢筋混凝土梁按照断面形状可以分为矩形梁和异形梁。异形梁如"L"、"T"、"十"、"工"字形等。按结构部件可以划分为基础梁、圈梁、过梁、连续梁等。

梁构件是指横向放置,用于支承柱类构件,且不直接承受椽类构件荷载的木构件。梁类构件的长度最短为界,长的则有四界,甚至六界。

梁类构件有二、三、四、五、六、七、八、九架梁,单步梁,双步梁,三步梁,天花梁,斜梁,递角梁,抱头梁,挑尖梁,接尾梁,抹角梁,踩步金梁,承重梁,踩步梁等各种受弯承重构件。

③檩。檩是指两端搁在花架过梁上的混凝土梁,用以支承花架植物体的简支构件。由方木、原木(圆木或半圆木)制成,架设在屋架上弦、横隔墙或硬山横墙上,用以承受并传递屋盖荷载的构件,称为木檩。檩类构

第七章 园林景观工程工程量计算

件有檐檩、金檩、脊檩等。

④桁。桁在建筑最高处,桁面搁置椽子,以承受屋面荷载,传递荷载至柱、梁类构件。桁类构件有正心桁、挑檐桁、金桁、脊桁、扶脊木等构件。

⑤椽是指房子檩上架着屋面板和瓦的木条或木杆。

3)预制构件:需要预先制作的建筑物或构筑物的部件,预制构件分类,见表 7-9。

表 7-9　　　　　　　　预制构件的分类

分类	内　　容
桩类	方桩、空心桩、桩尖
柱类	矩形柱、异形柱
梁类	矩形梁、异形梁、过梁、拱形梁、鱼腹式吊车梁、风道梁
屋架类	屋架(拱、梯形、组合、薄腹、三角形)、门式刚架、天窗架
板类	F形板、平板、空心板、槽形板、大型屋面板、拱形屋面板、折板、双T板、大楼板、墙板、大型多孔墙面板等20种
其他类	檩条、雨篷、阳台、楼梯段、楼梯踏步、楼梯斜梁等20种

4)构件安装。构件安装是将原木(带树皮)柱、梁、檩、椽构件用人工或机械吊装组合成架。架的安装主要包括构件的翻身、就位、加固、安装、校正、垫实结点、焊接或紧固螺栓等,不包括构件连接处的填缝灌浆。

5)刷防护材料:刷油漆作防腐处理,使构件经久耐用。

2. 原木(带树皮)墙

(1)工作内容:构件制作;构件安装;刷防护材料。

(2)工程量计算规则:以原木(带树皮)墙的面积(不包括柱、梁),按"m^2"计算。

(3)工作内容释义。

1)原木(带树皮)墙,是指主要取伐倒木的树干,也可取适用的粗枝,保留树皮所制成的墙体;用来分隔空间的墙体。

2)防护材料种类。

①木材常用的防腐、防虫材料有水溶性防腐剂(氟化钠、硼铬合剂、硼

酚合剂、铜铬合剂);油类防腐剂(混合防腐油、强化防腐油);油溶性防腐剂(五氯酚、林丹和五氯酚合剂、沥青浆膏)。

②木材常用防火材料有各种金属、水泥砂浆、熟石膏、耐火涂料(硅酸盐涂料、可赛银涂料、氯乙烯涂料等)。

3)防护材料要求。

①在建筑物使用年限内,木材应保持其防腐、防虫、防火的性能,并对人畜无害。

②木材经处理后不得降低强度和腐蚀金属配件。

③对于工业建筑木结构需作耐酸防腐处理时,木结构基面要求较高:木材表面应平整光滑,无油脂、树脂和浮灰;木材含水率不大于15%;木基层有疖疤、树脂时,应用脂胶清漆作封闭处理。

④采用马尾松、木麻黄、桦木、杨木、湿地松、辐射松等易腐朽和虫蛀的树种时,整个构件应用防腐防虫药剂处理。

⑤对于易腐和虫蛀的树种,或虫害严重地区的木结构,或珍贵的细木制品,应选用防腐防虫效果较好的药剂。

⑥木材防火剂的确定应根据规范与设计要求,按建筑耐火等级确定防火剂浸渍的等级。

⑦木材构件中所有钢材的级别应符合设计要求,所有钢构件均应除锈,并进行防锈处理。

3. 树枝吊挂楣子

(1)工作内容:构件制作;构件安装;刷防护材料。

(2)工程量计算规则:以树枝吊挂楣子的框外围面积,按"m^2"计算。

(3)工作内容释义。树枝吊挂楣子是指用树枝编织加工制成的吊挂楣子。

楣子是安装于建筑檐柱间的兼有装饰和实用功能的装修。依位置不同,可分为倒挂楣子和坐凳楣子。

1)倒挂楣子。倒挂楣子安装于檐枋之下,有丰富和装点建筑立面的作用。还有将倒挂楣子用整块木板雕刻成花罩形式的,称为花罩楣子。

倒挂楣子由边框、棂条以及花牙子等组成,楣子高(上下横边外皮尺寸)一尺至一尺半不等,临期酌定。边框断面为4cm×5cm或4.5cm×6cm,小面为看面,大面为进深。棂条断面同一般装修棂条,为六、八分(1.8cm×2.5cm),花牙子是安装在楣子立边与横边交角处的装饰件,通常做双面透雕,常见的花纹图案有草龙、番草、松、竹、梅、牡丹等。

2)坐凳楣子。坐凳楣子安装在檐下柱间,除有丰富立面的功能外,还可供人坐下休息。楣子的棂条花格形式同一般装修。

坐凳楣子由坐凳面、边框、棂条等组成。坐凳面厚度在一寸半至二寸不等,坐凳楣子边框与棂条尺寸可同倒挂楣子,坐凳楣子高一般为50~55cm。

4. 竹柱、梁、檩、椽

(1)工作内容:构件制作;构件安装;刷防护材料。

(2)工程量计算规则:以竹柱、梁、檩、椽的长度,按"m"计算。

(3)工作内容释义。竹柱、梁、檩、椽是指用竹材料加工制作而成的柱、梁、檩、椽,是园林中亭、廊、花架等的构件。

进行竹柱、梁、檩、椽防护时,常用防护材料的种类,见表7-10。

表7-10　　　　　　　　常用防护材料的种类

类型	内容
防水材料	生漆、铝质厚漆、永明漆或熟桐油、克鲁素油、乳化石油沥青、松香和赛璐珞丙酮溶液
防火材料	水玻璃(50份)、碳酸钙(5份)、甘油(5份)、氧化铁(5份)、水(40份)混合剂
防腐材料	1%~2%五氯苯酚酸钠、配制氟硅酸钠(12份)、氨水(19份)、水(500份)混合剂、黏土(100份)、氟化钠(100份)、水(200份)混合剂
防霉、防虫材料	30#石油沥青、煤焦油、生桐油、虫胶漆、清漆、重铬酸钾(5%)、硫酸铜(3%)、氧化砷水溶液(氧化砷1%:水91%)、0.8%~1.25%硫酸铅液、1%~2%醋酸铅液、1%~2%苯酚液
防裂材料	生漆或桐油

5. 竹编墙

(1)工作内容:构件制作;构件安装;刷防护材料。

(2)工程量计算规则:以竹编墙的面积(不包括柱、梁),按"m^2"计算。

(3)工作内容释义。竹编墙是指用竹材料编成的墙体,用来分隔空间和防护用。竹编墙清新典雅,具有较浓郁的民族和民间色彩,适宜与室内和室外装饰、陈设、绿化相结合。

竹的种类:应选用质地坚硬、直径为10~15mm,尺寸均匀的竹子,并要对其进行防腐、防虫处理。

墙龙骨的种类:有木框、竹框、水泥类面层等。

竹编墙构件的安装,从一侧开始,先立竖向竹杆,在竖向竹杆中插入横向竹杆后,再安装下一个竖向竹杆。

6. 竹吊挂楣子

(1)工作内容:构件制作;构件安装;刷防护材料。

(2)工程量计算规则:以竹吊挂楣子的框外围面积,按"m^2"计算。

(3)工作内容释义。竹吊挂楣子是用竹编织加工制成,因其吊挂在檐枋之下,所以称为吊挂楣子。

竹的种类:按其地下茎和地面生长情况,有如下三种类型:单轴散生型,如毛竹、紫竹、斑竹、方竹、刚竹等;合轴丛生型,如凤尾竹、孝顺竹、佛肚竹等;复轴混生型,如茶秆竹、箬竹、菲白竹等。

竹吊挂楣子刷防护漆时应符合如下要求:

1)在竹材表面涂刷生漆、铝质厚漆等可防水。

2)用 30# 石油沥青或煤焦油,加热涂刷竹材表面,可起防虫蛀的功效。

3)配制氟硅酸钠、氨水和水的混合剂,每隔 1h 涂刷竹材一次,共涂刷三次,或将竹材浸渍于此混合剂中,可起防腐功效。

三、亭廊屋面清单工程量计算

(一)清单工程量计算规则

亭廊屋面工程清单项目工程量计算规则,见表 7-11。

表 7-11　　　　　亭廊屋面(编码:050303)

项目编码	项目名称	项目特征	计量单位	工程量计算规则	工作内容
050303001	草屋面	1. 屋面坡度 2. 铺草种类 3. 竹材种类 4. 防护材料种类	m^2	按设计图示尺寸以斜面计算	1. 整理、选料 2. 屋面铺设 3. 刷防护材料
050303002	竹屋面			按设计图示尺寸以实铺面积计算(不包括柱、梁)	
050303003	树皮屋面			按设计图示尺寸以屋面结构外围面积计算	

续一

项目编码	项目名称	项目特征	计量单位	工程量计算规则	工作内容
050303004	油毡瓦屋面	1. 冷底子油品种 2. 冷底子油涂刷遍数 3. 油毡瓦颜色规格	m^2	按设计图示尺寸以斜面计算	1. 清理基层 2. 材料裁接 3. 刷油 4. 铺设
050303005	预制混凝土穹顶	1. 穹顶弧长、直径 2. 肋截面尺寸 3. 板厚 4. 混凝土强度等级 5. 拉杆材质、规格	m^3	按设计图示尺寸以体积计算。混凝土脊和穹顶的肋、基梁并入屋面体积	1. 模板制作、运输、安装、拆除、保养 2. 混凝土制作、运输、浇筑、振捣、养护 3. 构件运输、安装 4. 砂浆制作、运输 5. 接头灌缝、养护
050303006	彩色压型钢板(夹芯板)攒尖亭屋面板	1. 屋面坡度 2. 穹顶弧长、直径 3. 彩色压型钢(夹芯)板品种、规格 4. 拉杆材质、规格 5. 嵌缝材料种类 6. 防护材料种类	m^2	按设计图示尺寸以实铺面积计算	1. 压型板安装 2. 护角、包角、泛水安装 3. 嵌缝 4. 刷防护材料
050303007	彩色压型钢板(夹芯板)穹顶				
050303008	玻璃屋面	1. 屋面坡度 2. 龙骨材质、规格 3. 玻璃材质、规格 4. 防护材料种类			1. 制作 2. 运输 3. 安装

续二

项目编码	项目名称	项目特征	计量单位	工程量计算规则	工作内容
050303009	木(防腐木)屋面	1. 木(防腐木)种类 2. 防护层处理	m²	按设计图示尺寸以实铺面积计算	1. 制作 2. 运输 3. 安装

注:1. 柱顶石(磉蹬石)、钢筋混凝土屋面板、钢筋混凝土亭屋面板、木柱、木屋架、钢柱、钢屋架、屋面木基层和防水层等,应按现行国家标准《房屋建筑与装饰工程工程量计算规范》(GB 50854—2013)中相关项目编码列项。

2. 膜结构的亭、廊,应按现行国家标准《仿古建筑工程工程量计算规范》(GB 50855—2013)及《房屋建筑与装饰工程工程量计算规范》(GB 50854—2013)中相关项目编码列项。

3. 竹构件连接方式应包括:竹钉固定、竹篾绑扎、铁丝连接。

(二)清单项目释义
1. 草屋面
(1)工作内容:整理、选料;屋面铺设;刷防护材料。
(2)工程量计算规则:以草屋面的斜面面积,按"m²"计算。
(3)工作内容释义。
1)草屋面是指用草铺设建筑顶层的构造层。草屋面的屋面坡度应满足下列要求:
①单坡跨度大于9m的屋面宜做结构找坡,坡度不应小于3%。
②当材料找坡时,可用轻质材料或保温层找坡,坡度宜为2%。
③天沟、檐沟纵向坡度不应小于1%,沟底水落差不得超过200mm;天沟、檐沟排水不得流经变形缝和防火墙。
④卷材屋面的坡度不宜超过25%,当坡度超过25%时应采取防止卷材下滑的措施。
⑤刚性防水屋面应采用结构找坡,坡度宜为2%~3%。
2)屋面坡度与斜面长度系数,见表7-12。

表7-12 屋面坡度与斜面长度系数

屋面坡度	高度系数	1.00	0.67	0.50	0.45	0.40	0.33
	坡 度	1/1	1/1.5	1/2	—	1/2.5	1/3
	角 度	45°	33°40′	26°34′	24°14′	21°48′	18°26′
斜面长度系数		1.4142	1.2015	1.1180	1.0966	1.0770	1.0541

续表

屋面坡度	高度系数	0.25	0.20	0.15	0.125	0.10	0.083	0.066
	坡度	1/4	1/5	—	1/8	1/10	1/12	1/15
	角度	14°02′	11°19′	8°32′	7°08′	5°42′	4°45′	3°49′
斜长系数		1.0380	1.0198	1.0112	1.0078	1.0050	1.0035	1.0022

2. 竹屋面

(1)工作内容:整理、选料;屋面铺设;刷防护材料。

(2)工程量计算规则:以竹屋面的实铺面积,按"m^2"计算。

(3)工作内容释义。

1)竹屋面是指建筑顶层的构造层由竹材料铺设成。竹屋面的屋面坡度要求与草屋面基本相同。

2)竹作为建筑材料,在园林中的竹建筑和小品应用广泛。如各种竹亭、竹廊、竹门、竹篱、竹花格等。竹材的力学强度很高,抗拉、抗压强度优于木材,富有弹性,不易折断,但刚性差,易变形,易开裂。因竹材是有机物,作建筑材料时必须进行防腐、防蛀处理。

3)竹材凭其纯天然的色彩和质感,给人们贴近自然、返璞归真的感觉,受到各阶层游人的喜爱。竹材的施工应符合下列要求:

①竹材表面均刮掉竹青,进行砂光,并用桐油或清漆照面两度。

②同类构件选材直径大小尽可能一致,竹材要挺直。

4)屋面铺设:用桁、椽搭接于梁架之上,再在上面铺竹材做脊。

5)竹材防腐、防蛀处理。所有竹小品和竹建筑表面都无需加任何底色,尽量保持竹材本身的色彩、质感,使其保持真正的质朴、自然感。

3. 树皮屋面

(1)工作内容:整理、选料;屋面铺设;刷防护材料。

(2)工程量计算规则:以树皮屋面的结构外围面积,按"m^2"计算。

(3)工作内容释义。

1)树皮屋面指建筑顶层的构造层由树皮铺设而成。树皮屋面的铺设是用桁、椽搭接于梁架之上,再在上面铺树皮做脊。

2)树皮屋面的防护材料应符合下列要求:

①喷甲基硅醇钠憎水剂。

②喷涂聚合物水泥砂浆三遍(颜色自定)。
③喷一道108胶水溶液(配比为108胶：水＝1：4)。
④50厚钢丝网水泥保护层。
⑤刷0.8厚聚氨酯防水涂膜第二道防水层。
⑥刷0.8厚聚氨酯防水涂膜第一道防水层。
⑦基层表面满涂一层聚氨酯。

4. 预制混凝土穹顶

(1)工作内容：模板制作、运输、安装、拆除、保养；混凝土制作、运输、浇筑、振捣、养护；构件运输、安装；砂浆制作、运输；接头灌缝、养护。

(2)工程量计算规则：以预制混凝土穹顶的体积(混凝土脊和穹顶的肋、基梁并入屋面体积内)，按"m^3"计算。

(3)工作内容释义。预制混凝土穹顶指在施工现场安装之前，在预制加工厂预先加工而成的混凝土穹顶。穹顶是指屋顶形状似半球形的拱顶。

房屋前坡屋面相交的屋顶交线为脊线，在此线上用不同砖瓦件做成的压顶叫正脊。在正脊的两个端头，砌有龙形装饰物(此物叫吻兽)的称为带吻正脊。带吻正脊是等级较高的屋顶所用的屋脊，布瓦屋面的带吻正脊一般从下而上，由当沟、瓦条、陡板、混砖和筒瓦眉子顶夹灰砌成。

5. 彩色压型钢板（夹芯板）攒尖亭屋面板

(1)工作内容：压型板安装；护角、包角、泛水安装；嵌缝；刷防护材料。

(2)工程量计算规则：以彩色压型钢板(夹芯板)攒尖亭屋面板的实铺面积，按"m^2"计算。

(3)工作内容释义。压型钢板是以冷轧薄钢板为基板，经镀锌或镀铝后覆以彩色涂层再经辊弯成形的波纹板材，是一种质量轻、强度高、外观美观、抗震性能好的新型建材。其广泛用于建筑屋面及墙面围护材料，也可以与保温防水材料复合使用。

彩色压型钢板(夹芯板)攒尖亭屋面板是由厚度0.8～1.6mm的薄钢板经冲压加工而成的彩色瓦楞状产品加工成的攒尖亭屋面板。

1)压型金属板的类型，见表7-13。

表 7-13　　　　　　　　　　压型金属板的类型

类　型	内　　　容
镀锌压型钢板	镀锌压型钢板,其基板为热镀锌板,镀锌层重应不小于 275g/m²(双面),产品标准应符合《连续热镀锌钢板及钢带》(GB/T 2518—2008)的要求
涂层压型钢板	为在热镀锌基板上增加彩色涂层的薄板压形而成,其产品标准应符合《彩色涂层钢板及钢带》(GB/T 12754—2006)的要求
锌铝复合涂层压型钢板	锌铝复合涂层压型钢板为新一代无紧固件扣压式压型钢板,其使用寿命更长,但要求基板为专用的、强度等级更高的冷轧薄钢板。 压型钢板根据其波型截面可分为: ①高波板:波高大于 75mm,适用于作屋面板。 ②中波板:波高 50～75mm,适用于作楼面板及中小跨度的屋面板。 ③低波板:波高小于 50mm,适用于作墙面板

2)嵌缝。

①嵌缝前,先用钢丝刷、压缩空气把缝槽内残渣尘土等清除干净,并保持干燥(表面含水率小于 6%)。进行油膏嵌缝时,先将板缝满涂冷底子油一遍,要求刷得薄而均匀,并刷过板面 3cm,待其干燥后,立即冷嵌或热灌油膏。嵌缝操作可采用特制的气压式油膏挤压枪,枪嘴要伸入缝内,使挤压出的油膏挤满全缝,并高出板面约 10mm。

②园林建筑轻型屋面板自防水的接缝防水材料有:水泥、砂子、碎石、水乳型丙烯酸密封膏、改性沥青防水嵌缝油膏、氯磺化聚乙烯密封膏、聚氯乙烯胶泥、塑料油膏、橡胶沥青油膏和底涂料等。

③刷防护材料:高层建筑钢结构构件一般只作防锈蚀处理,不刷面漆。构件制造厂在构件加工验收合格后刷两遍防锈油漆,刷防锈油漆前,必须将构件表面的毛刺、铁锈、油污以及附着物清除干净,使钢材表面露出铁灰色,以增加油漆与构件表面的粘结力。只在安装焊缝上下各 200mm 处刷可焊性防锈漆。高强螺栓摩擦面严禁刷油漆。劲性钢筋混凝土部分的钢构件及设计有特殊要求的部位,不刷漆及不做除锈。现场安装验收后对安装焊缝及高强螺栓安装节点及时补刷防锈漆。

6. 彩色压型钢板(夹芯板)穹顶

(1)工作内容:压型板安装;护角、包角、泛水安装;嵌缝;刷防护材料。

(2)工程量计算规则:以彩色压型钢板(夹心板)穹顶的实铺面积,按

"m^2"计算。

(3)工作内容释义。彩色压型钢板(夹芯板)穹顶是由厚度 0.8～1.6mm 的薄钢板经冲压加工而成的彩色瓦楞状产品所加工成的穹顶。

翼角的制作：我国北方的宫式建筑，一般是子角梁贴伏在老角梁背上，前段稍稍昂起，翼角的出椽也是斜出并逐渐向角梁处抬高，以构成平面上及立面上的曲势，与屋面的曲线一起形成了中国建筑独特的造型美。我国江南的屋角反翘式样，通常分为嫩戗发戗与老戗发戗两种。嫩戗的一般长度为三飞椽，嫩戗与老戗以砚瓦槽形式相结合并用千斤销锁定两构件连接点。在以上两构件节点位置，用棱角木补增，扁担木拉结，使两构件结合牢固。戗角用于单檐建筑，老戗梢搁置于步桁与落翼桁之节点背面，用铁件连接；当用于重檐建筑时，其下檐与步柱榫卯连接，上檐节点按单檐做法。

四、花架清单工程量计算

(一)清单工程量计算规则

花架工程清单项目工程量计算规则，见表 7-14。

表 7-14　　　　　　　　花架(编码：050304)

项目编码	项目名称	项目特征	计量单位	工程量计算规则	工作内容
050304001	现浇混凝土花架柱、梁	1. 柱截面、高度、根数 2. 盖梁截面、高度、根数 3. 连系梁截面、高度、根数 4. 混凝土强度等级	m^3	按设计图示尺寸以体积计算	1. 模板制作、运输、安装、拆除、保养 2. 混凝土制作、运输、浇筑、振捣、养护
050304002	预制混凝土花架柱、梁	1. 柱截面、高度、根数 2. 盖梁截面、高度、根数 3. 连系梁截面、高度、根数 4. 混凝土强度等级 5. 砂浆配合比			1. 模板制作、运输、安装、拆除、保养 2. 混凝土制作、运输、浇筑、振捣、养护 3. 构件运输、安装 4. 砂浆制作、运输 5. 接头灌缝、养护

续表

项目编码	项目名称	项目特征	计量单位	工程量计算规则	工作内容
050304003	金属花架柱、梁	1. 钢材品种、规格 2. 柱、梁截面 3. 油漆品种、刷漆遍数	t	按设计图示尺寸以质量计算	1. 制作、运输 2. 安装 3. 油漆
050304004	木花架柱、梁	1. 木材种类 2. 柱、梁截面 3. 连接方式 4. 防护材料种类	m³	按设计图示截面乘长度（包括榫长）以体积计算	1. 构件制作、运输、安装 2. 刷防护材料、油漆
050304005	竹花架柱、梁	1. 竹种类 2. 竹胸径 3. 油漆品种、刷漆遍数	1. m 2. 根	1. 以长度计量，按设计图示花架构件尺寸以延长米计算 2. 以根计量，按设计图示花架柱、梁数量计算	1. 制作 2. 运输 3. 安装 4. 油漆

注：花架基础、玻璃天棚、表面装饰及涂料项目应按现行国家标准《房屋建筑与装饰工程工程量计算规范》(GB 50854—2013)中相关项目编码列项。

(二)清单项目释义

1. 现浇混凝土花架柱、梁

(1)工作内容：模板制作、运输、安装、拆除、保养；混凝土制作、运输、浇筑、振捣、养护。

(2)工程量计算规则：以现浇混凝土花架柱、梁的体积，按"m³"计算。

(3)工作内容释义。现浇混凝土花架柱、梁是指直接在现场支模、绑扎钢筋、浇灌混凝土而成形的花架柱、梁。

连系梁是用以将平面排架、框架、框架与剪力墙或剪力墙与剪力墙连接起来，以形成完整的空间结构体系的梁，也可称"连梁"或系梁。

钢筋混凝土花架负荷一般按 0.2~0.5kN/m² 计,再加上自重,也不为重,所以可按建筑艺术要求先定截面,再按简支或悬臂方式来验算截面高度 h。

简支:$h \geqslant L/20$(L——简支跨径);

悬臂:$h \geqslant L/9$(L——悬臂长)。

1)花架上部小横梁(格子条)。断面选择结果常为 50mm×(120~160)mm、间距@500mm,两端外挑 700~750mm,内跨径多为 2700mm、3000mm、3300mm。

2)花架梁。断面选择结果常为 80mm×(160~180)mm,可分别视施工构造情况,按简支梁或连续梁设计。纵梁收头处外挑尺寸常在 750mm 左右,内跨径则在 3000mm 左右。

3)悬臂挑梁。挑梁截面尺寸形式,不仅要满足前面要求,为求视觉效果,本身还有起拱和上翘要求。一般上翘高度 60~150mm,视悬臂长度而定。

搁置在纵梁上的支点可采用 1~2 个。

4)钢筋混凝土柱。柱的截面控制在 150mm×150mm 或 150mm×180mm 间,若用圆形截面 d 取 160mm 左右,现浇、预制均可。

运石:将选好的石材用人工或机械运至施工现场。

人工运石料:多采用手推车。手推车是工地上普遍使用的水平运输工具。其种类有单轮、双轮、三轮等多种。手推车具有小巧、轻便等特点。不但适用于一般的地面水平运输,还能在脚手架、施工栈道上使用,还可以配合塔式起重机、井架解决垂直运输的需要。

2. 预制混凝土花架柱、梁

(1)工作内容:模板制作、运输、安装、拆除、保养;混凝土制作、运输、浇筑、振捣、养护;构件运输、安装;砂浆制作、运输;接头灌缝、养护。

(2)工程量计算规则:以预制混凝土花架柱、梁的体积,按"m³"计算。

(3)工作内容释义。

1)预制混凝土花架柱、梁是指在施工现场安装之前,按照花架柱、梁各部件的有关尺寸,进行预先下料,加工成组合部件或在预制加工厂定购各种花架柱、梁构件。

2)花架构件是指梁、檩、柱、坐凳等各花架的组成部分的总称。

花架的安装主要包括花架构件的翻身、就位、加固、安装、校正、垫实结点、焊接或紧固螺栓等,但不包括构件连接处填缝灌浆。

花架的组装方法有人工组装和机械吊装两种操作方法,见表7-15。

表 7-15　　　　　　　　　　花架的组装方法

组装方法	内　　　　容
人工组装	人工组装是指人在安装花架的过程中,完全脱离工具或者仅使用一些简单的工具进行施工的一种操作方式
机械吊装	机械吊装是指运用起重机设备将花架构件安装起来。起重机有履带式起重机、轮胎式起重机、塔式起重机、汽车式起重机等

3)砂浆强度等级:砌筑砂浆的强度等级是用边长为 70.7mm 的立方体试块,经 20℃±5℃ 及正常湿度条件下的室内不通风处养护 28 天的平均抗压极限强度(MPa)确定的。砂浆强度等级有 M20、M15、M10、M7.5、M5、M2.5。

混凝土砂浆搅拌运输:将混凝土从搅拌地点运送到浇筑地点的运输过程。砂浆在运输过程中要保证砂浆的和易性。

4)浇捣养护:将拌和好的混凝土拌合物放在模具中经人工或机械振捣,使其密实、均匀。在混凝土浇筑后的初期,在凝结硬化过程中进行湿度和温度控制,以利于混凝土能获得设计要求的物理力学性能。

5)构件运输:将预制的构件用运输工具将其运到预定的地点。具体工具内容按照构件类别的不同分为预制混凝土构件运输和金属结构构件运输。在运输构件过程中,构件类型、品种多样,体形大小及结构形状各不相同,运输难易有一定的差异,所用的装卸机械、运输工具也不一样。

3. 木花架柱、梁

(1)工作内容:构件制作、运输、安装;刷防护材料、油漆。

(2)工程量计算规则:以木花架柱、梁的截面乘长度(包括榫长)的体积,按"m^3"计算。

(3)工作内容释义。

1)木花架柱、梁是指用木材加工制作而成的花架柱、梁。木材种类可分为针叶树材和阔叶树材两大类。杉木及各种松木等是针叶树材;柞木、水曲柳、香樟、檫木及各种桦木、楠木和杨木等是阔叶树材。我国树种非常多,因此,各地区常用于工程的木材树种也各异。

①支柱。柞木、柚木等具有最长的使用年限,使用年限能达到 100 年

或时间更长。

②主梁。用于柱的硬木有柞木、柚木等,可较好地用于主梁。虽然柞木的截面小一些,如不加约束也可两根一起使用。软材,如经浸渍的松木或纵木等,在其构造做法中应避免留有存水的凹槽,其顶部用金属或柞木做压顶的,可延长使用年限。

2)木花架的形式,见表7-16。

表7-16 木花架的形式

形式	内容
廊式花架	廊式花架是最常见的形式,片版支承于左右梁柱上,游人可入内休息
片式花架	片式花架是片版嵌固于单向梁柱上,两边或一面悬挑,形体轻盈活泼
独立式花架	独立式花架是以各种材料作空格,构成墙垣、花瓶、伞亭等形状,用藤本植物缠绕成形,供观赏用

3)木花架的应用:竹木材朴实、自然、价廉、易于加工,因此木花架可应用于各种类型的园林绿地中。常设置在风景优美的地方供休息和点景,也可以和亭、廊、水榭等结合,组成外形美观的园林建筑群;在居住区绿地、儿童游戏场中木花架可供休息、遮阴、纳凉;用木花架代替廊子,可以联系空间;用格子垣攀缘藤本植物,可分隔景物;园林中的茶室、冷饮部、餐厅等,也可以用花架作凉棚,设置座席;还可用木花架作园林的大门,等等。

4. 金属花架柱、梁

(1)工作内容:制作、运输;安装;油漆。

(2)工程量计算:以金属花架柱、梁的质量,按"t"计算。

(3)工作内容释义。金属花架柱、梁是指由金属材料加工制作而成的花架柱、梁。金属花架在现代园林中因材料新颖被广泛应用,并且融合了世界各国的地域风格。

金属花架柱、梁多采用钢材制作,钢材的品种及规格如下:

1)钢结构用钢。目前,钢结构用钢主要有普通碳素结构钢、普通低合金结构钢和优质碳素结构钢三类。

2)钢筋混凝土用钢。钢筋的种类比较多,按照不同的标准可分为不同的类型。

①按化学成分分类,钢筋可分为碳素钢钢筋和普通低合金钢钢筋两

种,见表 7-17。

表 7-17　　　　　　　钢筋按化学成分的分类

分类	内容
碳素钢钢筋	碳素钢钢筋是由碳素钢轧制而成。碳素钢钢筋按含碳量多少又分为低碳钢钢筋(w_c<0.25%)、中碳钢钢筋(w_c=0.25%~0.6%)和高碳钢钢筋(w_c>0.60%)。常用的有 Q235、Q215 等品种。含碳量越高,强度及硬度也越高,但塑性、韧性、冷弯及焊接性等均降低
普通低合金钢钢筋	普通低合金钢筋是在低碳钢和中碳钢的成分中加入少量元素(硅、锰、钛、稀土等)制成的钢筋。普通低合金钢筋的主要优点是强度高,综合性能好,用钢量比碳素钢少 20% 左右。常用的有 24MnSi、25MnSi、40MnSiV 等品种

②按生产工艺可分为热轧钢筋、余热处理钢筋、冷拉钢筋、冷拔钢丝、碳素钢丝、刻痕钢丝、钢绞线、冷轧带肋钢筋、冷轧扭钢筋等,见表 7-18。

表 7-18　　　　　　　钢筋按生产工艺的分类

分类	内容
热轧钢筋	热轧钢筋是用加热钢坯轧成的条形钢筋。由轧钢厂经过热轧成材供应,钢筋直径一般为 5~50mm。分直条和盘条两种
余热处理钢筋	余热处理钢筋又称调质钢筋,是经热轧后立即穿水,进行表面控制冷却,然后利用芯部余热自身完成回火处理所得的成品钢筋。其外形为有肋的月牙肋
冷加工钢筋	冷加工钢筋有冷拉钢筋和冷拔低碳钢丝两种。冷拉钢筋是将热轧钢筋在常温下进行强力拉伸使其强度提高的一种钢筋。钢丝有低碳钢丝和碳素钢丝两种。冷拔低碳钢丝由直径 6~8mm 的普通热轧圆盘条经多次冷拔而成,分甲、乙两个等级
碳素钢丝	碳素钢丝是由优质高碳钢盘条经淬火、酸洗、拔制、回火等工艺而制成的。按生产工艺可分为冷拉及矫直回火两个品种
刻痕钢丝	刻痕钢丝是把热轧大直径高碳钢加热,并经铅浴淬火,然后冷拔多次,钢丝表面再经过刻痕处理而制得的钢丝
钢绞线	钢绞线是把光圆碳素钢丝在绞线机上进行捻合而成的钢绞线

五、园林桌椅清单工程量计算

(一)清单工程量计算规则

园林桌椅工程清单项目工程量计算规则见表 7-19。

表 7-19　　　　园林桌椅(编码:050305)

项目编码	项目名称	项目特征	计量单位	工程量计算规则	工作内容
050305001	预制钢筋混凝土飞来椅	1. 座凳面厚度、宽度 2. 靠背扶手截面 3. 靠背截面 4. 座凳楣子形状、尺寸 5. 混凝土强度等级 6. 砂浆配合比	m	按设计图示尺寸以座凳面中心线长度计算	1. 模板制作、运输、安装、拆除、保养 2. 混凝土制作、运输、浇筑、振捣、养护 3. 构件运输、安装 4. 砂浆制作、运输、抹面、养护 5. 接头灌缝、养护
050305002	水磨石飞来椅	1. 座凳面厚度、宽度 2. 靠背扶手截面 3. 靠背截面 4. 座凳楣子形状、尺寸 5. 砂浆配合比	m	按设计图示尺寸以座凳面中心线长度计算	1. 砂浆制作、运输 2. 制作 3. 运输 4. 安装
050305003	竹制飞来椅	1. 竹材种类 2. 座凳面厚度、宽度 3. 靠背扶手截面 4. 靠背截面 5. 座凳楣子形状 6. 铁件尺寸、厚度 7. 防护材料种类			1. 座凳面、靠背扶手、靠背、楣子制作、安装 2. 铁件安装 3. 刷防护材料

续一

项目编码	项目名称	项目特征	计量单位	工程量计算规则	工作内容
050305004	现浇混凝土桌凳	1. 桌凳形状 2. 基础尺寸、埋设深度 3. 桌面尺寸、支墩高度 4. 凳面尺寸、支墩高度 5. 混凝土强度等级、砂浆配合比	个	按设计图示数量计算	1. 模板制作、运输、安装、拆除、保养 2. 混凝土制作、运输、浇筑、振捣、养护 3. 砂浆制作、运输
050305005	预制混凝土桌凳	1. 桌凳形状 2. 基础形状、尺寸、埋设深度 3. 桌面形状、尺寸、支墩高度 4. 凳面尺寸、支墩高度 5. 混凝土强度等级	个	按设计图示数量计算	1. 模板制作、运输、安装、拆除、保养 2. 混凝土制作、运输、浇筑、振捣、养护 3. 构件运输、安装 4. 砂浆制作、运输 5. 接头灌缝、养护
050305006	石桌石凳	1. 石材种类 2. 基础形状、尺寸、埋设深度 3. 桌面形状、尺寸、支墩高度 4. 凳面尺寸、支墩高度 5. 混凝土强度等级 6. 砂浆配合比			1. 土方挖运 2. 桌凳制作 3. 桌凳运输 4. 桌凳安装 5. 砂浆制作、运输

续二

项目编码	项目名称	项目特征	计量单位	工程量计算规则	工作内容
050305007	水磨石桌凳	1. 基础形状、尺寸、埋设深度 2. 桌面形状、尺寸、支墩高度 3. 凳面尺寸、支墩高度 4. 混凝土强度等级 5. 砂浆配合比	个	按设计图示数量计算	1. 桌凳制作 2. 桌凳运输 3. 桌凳安装 4. 砂浆制作、运输
050305008	塑树根桌凳	1. 桌凳直径 2. 桌凳高度 3. 砖石种类 4. 砂浆强度等级、配合比 5. 颜料品种、颜色	个	按设计图示数量计算	1. 砂浆制作、运输 2. 砖石砌筑 3. 塑树皮 4. 绘制木纹
050305009	塑树节椅				
050305010	塑料、铁艺、金属椅	1. 木座板面截面 2. 座椅规格、颜色 3. 混凝土强度等级 4. 防护材料种类			1. 制作 2. 安装 3. 刷防护材料

注:木制飞来椅按现行国家标准《仿古建筑工程工程量计算规范》(GB 50855—2013)相关项目编码列项。

(二)清单项目释义

1. 预制钢筋混凝土飞来椅

(1)工作内容:模板制作、运输、安装、拆除、保养;混凝土制作、运输、浇筑、振捣、养护;构件运输、安装;砂浆制作、运输、抹面、养护;接头灌缝、养护。

(2)工程量计算规则:以预制钢筋混凝土飞来椅坐凳面中心线的长度,按"m"计算。

(3)工作内容释义。预制钢筋混凝土飞来椅以钢筋为增强材料。混凝土抗压强度高,抗拉强度低,为满足工程结构的要求,可在混凝土中合理地配置抗拉性能优良的钢筋,可避免拉应力破坏,大大地提高了混凝土整体的抗拉、抗弯强度。

坐凳面厚度、宽度:通常,钢筋混凝土飞来椅的坐凳面宽度为310mm,厚度为90mm。

2. 竹制飞来椅

(1)工作内容:座凳面、靠背扶手、靠背、楣子制作、安装;铁件安装;刷防护材料。

(2)工程量计算规则:以竹制飞来椅坐凳面中心线长度,按"m"计算。

(3)工作内容释义。

1)竹制飞来椅:由竹材加工制作而成的座椅。设在园路旁,具有使用和装饰双重功能。

2)坐凳面宽度:凳、椅高的坐面离地30~45cm,坐面高40~55cm。一个人的座位宽60~75cm。

3)椅的靠背高35~65cm,并宜作3°~15°的后倾。

4)防护材料:

①在竹材表面涂刷生漆、铝质厚漆等可防水。

②用30#石油沥青或煤焦油,加热涂刷竹材表面,可起防虫蛀的功效。

③配制氟硅酸钠、氨水和水的混合剂,每隔1h涂刷竹材一次,共涂刷三次,或将竹材浸渍于此混合剂中,可起防腐功效。

3. 现浇混凝土桌凳

(1)工作内容:模板制作、运输、安装、拆除、保养;混凝土制作、运输、浇筑、振捣、养护;砂浆制作、运输。

(2)工程量计算规则:以现浇混凝土桌凳的数量,按"个"计算。

(3)工作内容释义。

1)园林中的园桌和园凳:园桌和园凳是园林中供游人休息、赏景之用的园林小品,一般可把其布置在有景可赏、可安静休息的地方,或游人需要停留休息的地方。

2)现浇混凝土桌凳:指在施工现场直接按桌凳各部件相关尺寸进行支模、绑扎钢筋、浇筑混凝土等工序制作桌凳。

3)园桌、园凳的造型:园桌、园凳常见的形式有直线型、曲线型、组合型和仿生模拟型。直线型的园桌、园凳适合于园林环境中的园路旁、水岸边、规整的草坪和几何形状的休息、集散广场边缘等大多数环境之中;曲线型的园桌、园凳适合于环境自由,如园路的弯曲处、水湾旁、环形或圆形广场等地段;组合型和仿生模拟型园桌、园凳适合于活动内容集中、游人多和儿童游戏场等环境的空间之中,以满足游人休息、观赏、儿童游戏等功能的要求。

4)园桌、园凳的色彩:园桌、园凳的色彩应该与使用功能和所处环境有关。在儿童活动场,为了适应儿童心理,色彩应该鲜艳一些,如红、黄、蓝三原色的配合使用会使环境显得更为活泼;在各种广场上,使用的色彩不应有太大的反差以适合大众对色彩的感觉,如黑色、白色等,在以安静休息为主的绿色空间中,应该以中性色为主,或者就以所使用的材料原色而出现,如低亮度的暗橙色、橘红色、深绿色以及与树干接近的原木色等。

5)钢筋混凝土桌凳的结构:
①方形钢筋混凝土桌结构(图7-2)。
②圆形钢筋混凝土桌结构(图7-3)。
③钢筋混凝土园凳构造(图7-4)。
④钢筋混凝土条凳构造(图7-5)。

4. 预制混凝土桌凳

(1)工作内容:模板制作、运输、安装、拆除、保养;混凝土制作、运输、浇筑、振捣、养护;构件运输、安装;砂浆制作、运输;接头灌缝、养护。

(2)工程量计算规则:以预制混凝土桌凳的数量,按"个"计算。

(3)工作内容释义。预制混凝土桌凳指在施工现场安装之前,按照桌凳各部件相关尺寸,进行预先下料、加工和部件组合或在预制加工厂定购各种桌凳构件。

桌凳形状:可设计成方形、圆形、长方形等形状。

第七章 园林景观工程工程量计算

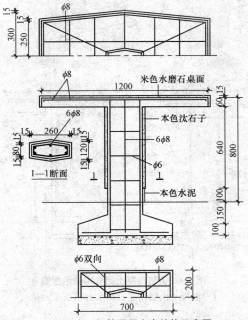

图 7-2 方形钢筋混凝土桌结构示意图

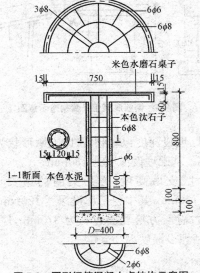

图 7-3 圆形钢筋混凝土桌结构示意图

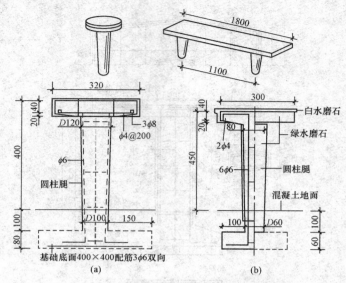

图 7-4 钢筋混凝土园凳构造示意图
(a)混凝土面层园凳;(b)水磨石面层园凳

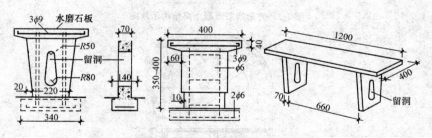

图 7-5 钢筋混凝土条凳构造示意图

基础形状、尺寸、埋设深度:基础形状以支墩形状为准,基础的周边应比支墩延长100mm。基础埋设深度为180mm。

桌面形状、尺寸、支墩高度:方形桌面的边长设计成800mm,厚80mm,支墩高度为740mm,其中包括埋设深度120mm。

凳面尺寸、支墩高度:方形凳面边长为370mm,厚120mm,支墩高度为400mm,其中包括埋设深度120mm。

5. 石桌石凳

(1)工作内容:土方挖运;桌凳制作;桌凳运输;桌凳安装;砂浆制作、运输。

(2)工程量计算规则:以石桌石凳的数量,按"个"计算。

(3)工作内容释义。

1)石桌石凳与其他材料相比,石材质地硬,触感冰凉,且夏热冬凉,不易加工。但耐久性非常好,可美化景观。另外,经过雕凿塑造的石凳也常被当作城市景观中的装点。

2)石材种类:石桌石凳的材料主要以大理石、汉白玉材料为主。石桌石凳基础用 3∶7 灰土材料制成,其四周比支墩放宽 100mm,基础厚 150mm,埋设深度为 450mm。桌面的形状可以设计成方形、圆形或自然形状。桌面面积为 $1m^2$ 左右。支墩埋设深度为 300mm。凳面形状可设计成方形、圆形或自然形状。凳面面积为 $0.18m^2$ 左右。支墩埋设深度为 120mm。

3)石桌石凳的布置应注意以下几个问题:

①整体布置要均匀、局部布置要集中。整体布置要疏密得当,避免有凳无人坐,有人无凳坐的情况出现,而在一些大的活动场所则应成组设置,便于人们活动和交流。

②石桌石凳的布置应与植物栽植结合起来,理想的效果是夏季可遮阴,冬期可晒暖,因此,可考虑与落叶乔木搭配布置。

③石桌石凳要避开楼房设置防止阳台落物伤人。

④石桌石凳要靠近园林甬道及活动场所的边角布置,不可阻碍行人。

⑤条凳布置应使人们坐上后,面向绿地而不是面向大路。

6. 塑树根桌凳

(1)工作内容:砂浆制作、运输;砖石砌筑;塑树皮;绘制木纹。

(2)工程量计算规则:以塑树根桌凳的数量,按"个"计算。

(3)工作内容释义。

1)塑树根桌凳:是指仿树墩及自然石桌凳。塑树根桌凳是在桌凳的主体构筑物外围,用钢筋、钢丝网做成树根的骨架,再仿照树根粉以水泥砂浆或麻刀灰,使桌凳富有野趣,配合园林景点装饰。

2)在公园、游园等的稀树草坪上,设一组仿树墩或自然石桌凳能透出一股自然、清新之气,桌凳应与草地环境很好地融于一体,亲切而不别扭。

3)堆塑:堆塑是指用带色水泥砂浆和金属铁杆等,依照树木花草的外形,制做出树皮、树根、树干、壁画、竹子等装饰品。

4)桌凳直径:塑树根桌凳的桌直径 $R=350\sim400$ mm,凳直径 $R=150\sim200$ mm。

5)颜料的种类:建筑彩画所用的颜料分为有机(植物)颜料和无机(矿物质)颜料两大类,见表 7-20。

表 7-20　　　　　　　　颜料的分类

类型	内容
有机颜料	多用于绘画山水人物花卉等(即白活)部分,常用的有:藤黄(是海藤树内流出的胶质黄液,有剧毒)、胭脂、洋红、曙红、桃红珠、柠檬黄、紫罗兰、玫瑰、花青等。它们的特点是着色力和透明性都很强,但耐光性、耐久性均非常差,也不很稳定
无机颜料	在彩画中常用的矿物质颜料有:洋绿、石绿、沙绿、佛青、银朱、石黄、铬黄、雄黄、铅粉、立德粉、钛白粉、广红、赭石、朱砂、石青、普鲁士蓝、黑烟子和金属颜料等

7. 塑树节椅

(1)工作内容:砂浆制作、运输;砖石砌筑;塑树皮;绘制木纹。

(2)工程量计算规则:以塑树节椅的数量,按"个"计算。

(3)工作内容释义。塑树节椅是指园林中的座椅用水泥砂浆粉饰出树节外形,以配合园林景点装饰的椅子。

8. 塑料、铁艺、金属椅

(1)工作内容:制作;安装;刷防护材料。

(2)工程量计算规则:以塑料、铁艺、金属椅的数量,按"个"计算。

(3)工作内容释义。

1)塑料。塑料为合成的高分子化合物,可以自由改变形体样式。塑料是利用单体原料以合成或缩合反应聚合而成的材料,由合成树脂及填料、增塑剂、稳定剂、润滑剂、色料等添加剂组成的,它的主要成分是合成树脂。塑料的分类如下:

①按使用特性分类。根据各种塑料不同的使用特性,通常将塑料分为通用塑料、工程塑料和特种塑料三种类型。

②按理化特性分类。根据各种塑料不同的理化特性,可以把塑料分为热固性塑料和热塑料性塑料两种类型。

③按加工方法分类。根据各种塑料不同的成型方法,可以分为膜压、层压、注射、挤出、吹塑、浇铸塑料和反应注射塑料等多种类型。

2)铁艺。目前,园林栏杆的材料使用较多的是用生铁浇铸的围栏,由于其造型美观、可塑性大,尺寸可根据需要而定,因而有"铁艺"之称。

传统的铁艺主要运用于建筑、家居、园林的装饰,从园林到庭院,从室内楼梯至室外护栏,形态各异,精美绝伦的装饰比比皆是。从铁艺的线条、形态和色彩几方面比较,具有独特风格和代表性的是英国和法国的铁艺,而两国铁艺又各成风格。英国的铁艺整体形象庄严、肃穆,线条与构图较为简单明朗,而法国的铁艺却充满了浪漫温馨、雍容华贵的气息。

3)金属椅。金属材料的热传导性强,易受四季气温变化影响,近年来,开始使用以散热快、质感好的抗击打金属、铁丝网等材料加工制作的座椅。

六、喷泉安装清单工程量计算

(一)清单工程量计算规则

喷泉安装工程清单项目工程量计算规则,见表7-21。

表7-21　　　　　　喷泉安装(编码:050306)

项目编码	项目名称	项目特征	计量单位	工程量计算规则	工作内容
050306001	喷泉管道	1. 管材、管件、阀门、喷头品种 2. 管道固定方式 3. 防护材料种类	m	按设计图示管道中心线长度以延长米计算,不扣除检查(阀门)井、阀门、管件及附件所占的长度	1. 土(石)方挖运 2. 管材、管件、阀门、喷头安装 3. 刷防护材料 4. 回填
050306002	喷泉电缆	1. 保护管品种、规格 2. 电缆品种、规格	m	按设计图示单根电缆长度以延长米计算	1. 土(石)方挖运 2. 电缆保护管安装 3. 电缆敷设 4. 回填

续表

项目编码	项目名称	项目特征	计量单位	工程量计算规则	工作内容
050306003	水下艺术装饰灯具	1. 灯具品种、规格 2. 灯光颜色	套	按设计图示数量计算	1. 灯具安装 2. 支架制作、运输、安装
050306004	电气控制柜	1. 规格、型号 2. 安装方式			1. 电气控制柜(箱)安装 2. 系统调试
050306005	喷泉设备	1. 设备品种 2. 设备规格、型号 3. 防护网品种、规格	台		1. 设备安装 2. 系统调试 3. 防护网安装

注：1. 喷泉水池应按现行国家标准《房屋建筑与装饰工程工程量计算规范》(GB 50854—2013)中相关项目编码列项。
   2. 管架项目应按现行国家标准《房屋建筑与装饰工程工程量计算规范》(GB 50854—2013)中钢支架项目单独编码列项。

(二)清单项目释义
1. 喷泉管道

(1)工作内容：土(石)方挖运；管道、管件、水泵、阀门、喷头安装；刷防护材料；回填。

(2)工程量计算规则：以喷泉管道的中心线长度，按"m"计算。

(3)工作内容释义。喷泉是一种独立的艺术品，而且能够增加空间的空气湿度，减少尘埃，大大增加空气中负氧离子的浓度，因而也有益于改善环境，增加人们的身心健康。

1)喷泉的形式。喷泉的种类和形式很多，大体上可以分为四类，如表7-22和图7-6所示。

表 7-22　　　　　　　　　　　　喷泉的分类

类型	内容
普通装饰性喷泉	普通装饰性喷泉是由各种普通的水花图案组成的固定喷水型喷泉
与雕塑结合的喷泉	喷泉的各种喷水花型与雕塑、水盘、观赏柱等共同组成景观
水雕塑	水雕塑用人工或机械塑造出各种抽象的或具象的喷水水形,其水形呈某种艺术性"形体"的造型
自控喷泉	自控喷泉是利用各种电子技术,按设计程序来控制水、光、音、色的变化,从而形成变幻多姿的奇异水景

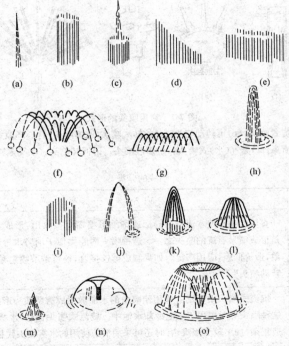

图 7-6　常见水姿形态示例

(a)垂直;(b)圆柱形;(c)垂直+圆柱形;(d)倾斜形;(e)平行复列形;(f)冠形;
(g)膜形;(h)树木形;(i)圆弧形;(j)放射喷水;(k)圆顶形;
(l)球形;(m)蜡烛形;(n)蘑菇圆头形;(o)喇叭花形

2)喷头的分类。喷头是喷泉的一个主要组成部分。其作用是把具有一定压力的水,经过喷嘴的造型,形成各种预想的、绚丽的水花,喷射在水池的上空。因此,喷头的形式、结构、制造的质量和外观等,都对整个喷泉的艺术效果产生重要的影响。

常用喷头的形式,如图 7-7 和表 7-23 所示。

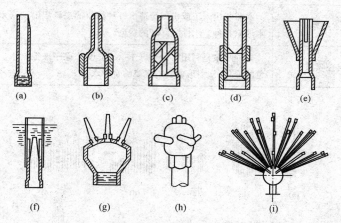

图 7-7 常用喷头的形式

(a)直流式喷头;(b)可转动喷头;(c)旋转式喷头(水雾喷头);(d)环隙式喷头;(e)散射式喷头;(f)吸气(水)式喷头;(g)多股喷头;(h)回转喷头;(i)多层多股球形喷头

表 7-23　　　　　　　　　喷头的分类

类型	内　　容
直流式喷头	直流式喷头使水流沿圆筒形或渐缩形喷嘴直接喷出,形成较长的水柱,是形成喷泉射流的喷头之一。这种喷头内腔类似于消防水枪形式,构造简单,造价低廉,应用广泛。如果制成球铰接合,还可调节喷射角度,称为"可转动喷头"
旋流式喷头	旋流式喷头由于离心作用使喷出的水流散射成蘑菇圆头形或喇叭花形。这种喷头有时也用于工业冷却水池中。旋流式喷头也称"水雾喷头",其构造复杂,加工较为困难,有时还可采用消防使用的水雾喷头代替
环隙式喷头	环隙式喷头的喷水口是环形缝隙,是形成水膜的一种喷头,可使水流喷成空心圆柱,使用较小水量获得较大的观赏效果
散射式喷头	散射式喷头使水流在喷嘴外经散射形成水膜,根据喷头散射体形状的不同可喷成各种形状的水膜,如牵牛花形、马蹄莲形、灯笼形、伞形等

类型	内容
吸气(水)式喷头	吸气(水)式喷头是可喷成冰塔形态的喷头。它利用喷嘴射流形成的负压,吸入大量空气或水,使喷出的水中掺气,增大水的表观流量和反光效果,形成白色粗大水柱,形似冰塔,非常壮观,景观效果很好
组合式喷头	用几种不同形式的喷头或同一形式的多个喷头组成组合式喷头,可以喷射出极其美妙壮观的图案

3)喷泉管道安装。

①喷泉管道布置。

a. 环形管道最好采用十字形供水,组合式配水管宜用分水箱供水,其目的是要获得稳定等高的喷流。

b. 为了保持喷水池正常水位,水池要设溢水口。溢水口面积应是进水口面积的2倍,要在其外侧配备拦污栅,但不得安装阀门。溢水管要有3‰的顺坡,直接与泄水管连接。

c. 补给水管的作用是启动前的注水及弥补池水蒸发和喷射的损耗,以保证水池正常水位。补给水管与城市供水管相连,并安装阀门控制。

d. 泄水口要设于池底最低处,用于检修和定期换水时的排水。管径100mm或150mm,也可按计算确定,安装单向阀门,与公园水体和城市排水管网连接。

e. 喷泉所有的管线都要具有不小于2‰的坡度,便于停止使用时将水排空;所有管道均要进行防腐处理;管道接头要严密,安装必须牢固。

②喷泉管道安装。喷泉管网主要由吸水管、供水管、补给水管、溢水管及供电线路等组成。

a. 喷泉管道要根据实际情况布置。装饰性小型喷泉,其管道可直接埋入土中,或用山石、矮灌木遮盖。大型喷泉,分主管和次管,主管要敷设在可通行人的地沟中,为了便于维修应设检查井;次管直接置于水池内。管网布置应排列有序,整齐美观。管道连接不能有急剧的变化,以确保喷水的设计水姿。补给水管与城市供水管道相连,并安装阀门控制。溢水管要有3‰的顺坡,直接与泄水管相连。

b. 钢管的连接方式有螺纹连接、焊接和法兰连接三种。镀锌管必须用螺纹连接,多用于明装管道;焊接一般用于非镀锌钢管,多用于暗装管道;法兰连接一般用在连接阀门、止回阀、水泵、水表等处,以及需要经常拆卸检修的管段上。就管径而言，$DN<100mm$ 时用螺纹连接；$DN>100mm$ 时用法兰连接。

c. 管道安装完毕后，应认真检查并进行水压试验，保证管道安全，一切正常后再安装喷头。为了便于水型的调整，每个喷头都应安装阀门控制。

③各类阀门的安装要求，见表7-24。

表7-24　　　　　　　各类阀门安装要求

分类	安　装　要　求
减压阀	a. 减压阀应设在便于检修处，并确保有足够空间。 b. 减压阀安装高度一般在1.2m左右并沿墙敷设，设在3m及3m以上时，应设专用平台。 c. 蒸汽系统的减压阀组前，应设排放疏水阀。 d. 系统中介质夹带渣物时，应在阀前设置过滤器。 e. 减压阀组前后均应安装压力表，阀后应装安全阀。 f. 不论何种减压阀均应垂直安装且装在水平管道上。波纹管式减压阀用于蒸汽时，波纹管应向下安装，用于空气时需反向安装
安全阀	a. 应在设备容器的开口短节上安装安全阀；若不可能，也可装在接近设备容器出口的管路上，但管路的公称通径必须大于安全阀的公称通径。 b. 为保证管路系统畅通无阻，安全阀应垂直安装，安全阀应布置在便于检查和维修的地方。 c. 对蒸发量大于0.5t/h的锅炉，至少应装两个安全阀，一个为控制安全阀，一个为工作安全阀，前者开启压力略低于后者。 d. 安装重锤式安全阀时，应使杠杆在一垂直平面内运动，调试后必须用固定螺栓将重锤固定。 e. 安全阀安装完毕后，务必定期检验调试，并打上铅封
疏水阀	a. 除了冷凝水排入大气时疏水阀后可不设置阀门外，疏水阀前后都要设置截断阀。 b. 为了防止水中污物堵塞疏水阀，疏水阀前应设置过滤器；热动力式疏水阀本身带过滤器不需再配置。 c. 疏水阀组应设置放气管排放空气或不凝性气体，疏水阀与后面的截断阀间应设检查管。 d. 为了用于启动和检修，疏水阀一般设旁通管。 e. 为了防用热设备存水，疏水阀应装在用热设备的下部。 f. 疏水阀管道水平安装时，管道应坡向疏水阀。 g. 疏水阀背压较高时，应设置止回阀。 h. 螺纹连接的疏水阀系统，通常设置活接头，以便拆装

④阀门安装。

a. 安装前,应仔细核对所用阀门的型号、规格是否符合设计要求。不合格的阀门不能进行安装。

b. 阀门在搬运时不允许随手抛掷,以免损坏。阀门应安装在易维修、检查的地方,室外埋地敷设的给水管阀门要设阀门井。

c. 在水平管道安装时,阀杆应垂直向上,或者倾斜某一角度。如果阀门安装在难于接近的地方或者较高的地方,为了方便操作,要将阀杆装成水平,同时,再装一个带有传动装置的手轮。阀门的阀杆在任何情况下都不得位于水平线以下。

d. 安装法兰式阀口时,应保证两法兰端面互相平行和同心。拧紧法兰螺栓时,应对称或十字交叉进行。安装螺纹连接的阀门时,应保证螺纹完整无缺,管螺纹上要缠生料带或白厚漆加油麻丝;拧紧时,必须用扳手咬牢拧入管子一端的六角体上,用力要均匀,以保证阀体不致拧变形和损坏。

e. 安装截止阀时,应使水流自阀盘下面流向上面,俗称低进高出,不得装反。安装旋塞和蝶阀时,允许水流从任意一端流入流出;安装止回阀时,止回阀有严格的方向性,安装时除要注意阀体所标水流方向外,安装升降式止回阀时,水平式应水平、正直,以保证阀芯升降灵活和工作可靠;垂直式水流方向应自下而上;旋启式止回阀要保证阀瓣的旋转枢处于水平,宜安装在水平管道上,也可以安装在垂直管道上,但水流应自下向上流动。

⑤水泵安装。

a. 水泵的安装要点:水泵的安装位置应满足允许吸上真空高度的要求,基础必须水平、稳固,保证动力机械的旋转方向与水泵的旋转方向一致。水泵和动力机采用轴连接时,要保证轴心在同一直线上,以防机组运行时产生振动及轴承单面磨损;若采用胶带传动,则应使轴心相互平行,胶带轮对正。若同一机房内有多台机组,机组与机组之间,机组与墙壁之间都应有 800mm 以上的距离。水泵吸水管必须密封良好,且尽量减少弯头和闸阀,加注引水时应排尽空气,运行时管内不应积聚空气,要求吸水管微呈上斜与水泵进水口连接,进水口应有一定的淹没深度。水泵基础上的预留孔,应根据水泵的尺寸浇筑。

b. 不同类型水泵的安装,见表7-25。

表7-25　　　　　　　　　　不同类型水泵的安装

类型	内容
带底座水泵的安装	安装带底座的水泵时,先在基础面和底座面上划出水泵中心线,然后将底座吊装在基础上,套上地脚螺栓和螺母,调整底座位置,使底座上的中心线和基础上的中心线一致。再用水平尺在底座加工面上检查是否水平。底座装好后,把水泵吊放在底座上,并对水泵的轴线、进出水口中心线和水泵的水平度进行检查和调整
无共用底座水泵的安装	安装顺序是先安装水泵,待其位置与进出水管的位置找正后,再安装电动机。吊装水泵可采用三脚架。起吊时一定要注意,钢丝绳不能系在泵体上,也不能系在轴承架上,更不能系在轴上,只能系在吊装环上。水泵就位后应进行找正,水泵找正包括中心线找正、水平线找正和标高找正

4) 防护材料。管道及设备防腐常用材料有防锈漆、面漆、沥青。喷泉管道常用的防护材料有沥青和红丹漆。

2. 喷泉电缆

(1) 工作内容:土(石)方挖运;电缆保护管安装;电缆敷设;回填。

(2) 工程量计算规则:以喷泉电缆的长度,按"m"计算。

(3) 工作内容释义。喷泉电缆是指在喷泉正常使用时,用来传导电流,提供电能的设备。

1) 保护管品种及规格:钢管电缆管的内径应不小于电缆外径的1.5倍,其他材料的保护管内径应不小于1.5倍再加100mm。需敷设保护管的位置:保护钢管的管口应无毛刺和尖锐棱角,管口宜做成喇叭形;外表涂防腐漆或沥青,镀锌钢管锌层剥落处也应涂防腐漆。

电缆遇到铁路、公路、城市街道、有行车要求的公园主要道路,应穿钢管或水泥管保护;直埋电缆进入电缆沟、隧、人井等时,应穿在管中;电缆需从直埋电缆沟引出地面;直埋电缆保护管引进电缆沟、隧道、人井及建筑物时,管口应加以封堵,以防渗水;保护管的埋置深度不小于0.7m,在人行道下面敷设时,应不小于0.5m。

2) 电缆的分类:常用的有电力电缆和控制电缆两类,见表7-26。

表 7-26　　　　　　　　　　　　电缆的分类

类型	内容
电力电缆	①135℃辐照交联低烟无卤阻燃聚乙烯绝缘电缆。该电缆导体允许长期最高工作温度不大于135℃，当电源发生短路，电缆温度升至280℃时，可持续时间达5min。电缆敷设时环境温度最低不能低于－40℃，施工时应注意电缆弯曲半径，一般不应小于电缆直径的15倍。 ②辐照交联低烟无卤阻燃聚乙烯电力电缆。该电缆导体允许长期最高工作温度不大于135℃，当电源发生短路，电缆温度升至280℃时，可持续时间达5min。电缆敷设时环境温度最低不能低于－40℃。施工时要注意单芯电缆弯曲应大于等于20倍电缆外径，多芯电缆应大于等于15倍电缆外径
控制电缆	辐照交联低烟无卤阻燃聚乙烯控制电缆，该电缆导体允许长期工作温度不大于135℃，当电源发生短路，电缆温度升至280℃时，可持续时间达5min。电缆敷设时，环境温度最低不能低于－40℃。其弯曲最小半径为电缆直径10倍

3)电缆的敷设。

①敷设电缆时应把电缆按其实际长短相互配合，通盘计划，避免浪费。

②施放电缆应有专人检查、专人领线，在一些重要的转弯处，应有敷设经验的电缆工监控，以免影响敷设质量。一根电缆敷设完毕后，应立即沿路进行整理、挂牌，这样做可保证电缆敷设得整齐美观，挂牌正确，避免差错。切忌等大批电缆敷设完后，再一次性整理。

③在电缆敷设中应特别注意转弯处，尤其在十字交叉处，最容易造成严重的交叉重叠，因此，要力求把分向一边的电缆一次敷设，分向另一边的电缆再作一次敷设，转弯时所有电缆应一致，以求美观。

④配电盘(柜)下的电缆，在敷设完后，应马上进行整理并加以固定，待制作电缆头时再将电缆卡子松开，以便进行施工。

⑤电缆全部敷设完毕后，施工人员应填写现场敷设技术记录，并画出竣工草图，以满足将来维护时使用。

3. 水下艺术装饰灯具

(1)工作内容：灯具安装；支架制作、运输、安装。

(2)工程量计算规则：以水下艺术装饰灯具的数量，按"套"计算。

(3)工作内容释义。水下艺术装饰灯具指设在水池、喷泉、溪、湖等水面以下,对水景起照明及艺术装饰作用的灯具。

水池灯具有十分好的水密性,灯具中的光源一般选用卤钨灯,这是因为钨灯的光谱呈连续性,光照效果很好。当灯具放光时,光经过水的折射,会产生色彩艳丽的光线,特别是照射在喷水池中水柱时,更会产生出五彩缤纷的光色。

1)灯具的选择。灯具选择与放置条件(是在水中还是在水上)、水景的类型、范围,与音乐、环境、灯具的色调(不同的颜色表现不同的气氛)等有关。

2)灯具的分类。

①按灯具的安装方式进行分类,可分为台灯、地灯、吊灯等;

②按灯具的照明性能进行分类,可分为直接照明、间接照明等;

③按灯具的使用功能进行分类,可分为路灯、投光灯、信号灯等。

④按灯具外观和构造进行分类,可分为简易型灯具和密闭型灯具两类,见表 7-27。

表 7-27　　　　　　　　灯具按外观和构造的分类

类型	内容
简易型灯具	简易型灯具的特点是小型灯具,容易安装。灯的颈部电线进口部分备有防水结构,使用的灯泡限定为反射型灯泡,而且设置地点也只限于人们不能进入的场所
密闭型灯具	有多种光源的类型,而且每种灯具限定了所使用的灯。如有防护式柱形灯、反射型灯、汞灯、金属卤化物灯等光源的照明灯具等

3)色彩灯具。

①灯光颜色:光源的显色性取决于受其影响的物体的色表能力,同样色表的光源可能由完全不同的光谱组成,因此,在颜色显现方面可能呈现出极大的差异。

②固定式调光型照明器是将滤色片固定在前面的玻璃处;变换式调光型照明器的滤色片可以旋转,由一盏灯使光色自动依次变化。水景照明中一般使用固定式滤色片的方式。

③国产的封闭式灯具用无色的灯泡装入金属外壳,外罩采用不同颜色的耐热玻璃,而耐热玻璃与灯具间用密封橡胶圈密封,调换滤色玻璃

片,可以得到红、黄、绿、蓝、无色透明五种色彩效果。

4)灯具安装。水上环境照明,灯具多安装于附近的建筑上。其特点是水面照度分布均匀,色彩均衡、饱满,但往往使人们眼睛直接或通过水面反射间接地看到光源,眼睛会产生眩光。水体照明,灯具置于水中,多隐蔽,多安装于水面以下5cm处,特点是可以欣赏水面波纹,并能随水花的散落映出闪烁的光。

灯具内可以安装不同光束宽度的封闭式水下灯泡,得到几种不同光强。

4. 电气控制柜

(1)工作内容:电气控制柜(箱)安装;系统调试。

(2)工程量计算规则:以电气控制柜的数量,按"台"计算。

(3)工作内容释义。配电箱有照明用配电箱和动力配电箱之分。进户线至室内后先经总闸刀开关,然后分支分路负荷。总刀开关、分支刀开关和熔断器等装在一起就称为配电箱。

1)电力配电箱。电力配电箱型号很多,XL-3型、XL-4型、XL-10型、XL-11型、XL-12型、XL-14型和XL-15型均属于老产品,但目前仍在继续生产和使用,其型号含义如下:

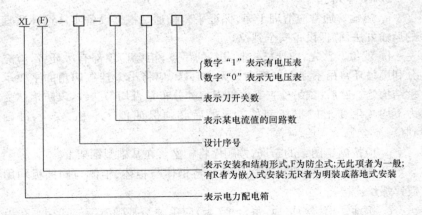

XL(R)-20型、XL-21型是新型电力配电箱。

XL(R)-20型电力配电箱,有嵌入式和挂墙式两种。箱体用薄钢板弯制焊接成封闭型,配电箱的主要部分有箱、面板、自动开关、母线及台架等。面板可自由拆下,面板上开有小门。自动开关装在台架上,进出线在箱的上下部。配电箱对所控制的线路有过载及短路保护作用。

XL-21型电力配电箱用钢板弯制焊接而成。配电箱为单扇左手门，刀开关操作手柄装在箱前右柱上部，门上装有测量仪表，操作和信号电器。门打开后，全部电器敞露，便于检修维护。

2)电气控制柜安装流程，如图7-8所示。

| 测量定位 | → | 基础型钢架安装 | → | 柜(盘)就位 | → | 母带安装 | → | 二次回路线敷设 | → | 调试 |

图7-8 电气控制柜安装流程

①测量定位。按设计施工图纸所标定位置及坐标方位、尺寸进行测量放线，确定设备安装的底盘线和中心线。

②基础型钢架安装。按测量放线确定的位置，将已预制好的基础型钢架稳放在预埋铁件上，用水准仪或水平尺找平、找正。找平过程中，需用垫铁垫平，但每组垫铁不得超过三块。然后，将基础型钢架、预埋件、垫铁用电焊焊牢。将引进室内的地线扁钢，与型钢结构基架的两端焊牢，焊接面为扁钢宽度的2倍。然后，将基础型钢架涂刷二道灰色油性涂料。

③柜(盘)就位。

a. 运输。通常应清理干净，保证平整畅通。根据设备实体选择适宜的运输方法，确保设备安全到位。

b. 就位。首先，应严格控制设备的吊点，柜(盘)顶部有吊环者，应充分利用吊环将吊索穿入吊环内。无吊环者，应将吊索挂在四角的主要承重结构处。然后，试吊检查受力吊索力的分布是否均匀一致，以防柜体受力不均产生变形或损坏部件。起吊后必须保证柜体平稳、安全、准确到位。

c. 应按施工图纸的布局，按顺序将柜坐落在基础型钢架上。

d. 柜(盘)就位，找正、找平后，应将柜体与柜体、柜体与侧挡板均用镀锌螺丝连接。

e. 接地。柜(盘)接地，每台柜(盘)应单独与基础型钢架连接。在柜后面的型钢架侧面焊上鼻子，用$6mm^2$铜线与柜(盘)上的接地端子连接牢固。

④母带安装。柜(盘)骨架上方母带安装，必须符合设计要求；端子安装应牢固，端子排列有序，间隔布局合理，端子规格应与母带截面相匹配；

母带与配电柜(盘)骨架上方端子和进户电源线端子连接牢固,应采用镀锌螺栓紧固,并应有防松措施;用防护罩护住母带,以防止高空坠落金属物造成母带短路的事故发生。

⑤二次回路线敷设,控制线校线后,将每根芯线煨成圆,用镀锌螺丝、垫圈、弹簧垫连接在每个端子板上,并应严格控制端子板上的接线数量,每侧一般一端子压一根线,最多不得超过两根,必须在两根线间加垫圈。多股线应涮锡,严禁产生断股缺陷。

⑥调试,包括控制柜和二次控制线调试。

七、杂项清单工程量计算

(一)清单工程量计算规则

杂项工程清单项目工程量计算规则,见表 7-28。

表 7-28　　　　　　　　杂项(编码:050307)

项目编码	项目名称	项目特征	计量单位	工程量计算规则	工作内容
050307001	石灯	1. 石料种类 2. 石灯最大截面 3. 石灯高度 4. 砂浆配合比	个	按设计图示数量计算	1. 制作 2. 安装
050307002	石球	1. 石料种类 2. 球体直径 3. 砂浆配合比			
050307003	塑仿石音箱	1. 音箱石内空尺寸 2. 铁丝型号 3. 砂浆配合比 4. 水泥漆颜色			1. 胎模制作、安装 2. 铁丝网制作、安装 3. 砂浆制作、运输 4. 喷水泥漆 5. 埋置仿石音箱

续一

项目编码	项目名称	项目特征	计量单位	工程量计算规则	工作内容
050307004	塑树皮梁、柱	1. 塑树种类 2. 塑竹种类 3. 砂浆配合比 4. 喷字规格、颜色 5. 油漆品种、颜色	1. m² 2. m	1. 以平方米计量，按设计图示尺寸以梁柱外表面积计算 2. 以米计量，按设计图示尺寸以构件长度计算	1. 灰塑 2. 刷涂颜料
050307005	塑竹梁、柱				
050307006	铁艺栏杆	1. 铁艺栏杆高度 2. 铁艺栏杆单位长度质量 3. 防护材料种类	m	按设计图示尺寸以长度计算	1. 铁艺栏杆安装 2. 刷防护材料
050307007	塑料栏杆	1. 栏杆高度 2. 塑料种类			1. 下料 2. 安装 3. 校正
050307008	钢筋混凝土艺术围栏	1. 围栏高度 2. 混凝土强度等级 3. 表面涂敷材料种类	1. m² 2. m	1. 以平方米计量，按设计图示尺寸以面积计算 2. 以米计量，按设计图示尺寸以延长米计算	1. 制作 2. 运输 3. 安装 4. 砂浆制作、运输 5. 接头灌缝、养护
050307009	标志牌	1. 材料种类、规格 2. 镌字规格、种类 3. 喷字规格、颜色 4. 油漆品种、颜色	个	按设计图示数量计算	1. 选料 2. 标志牌制作 3. 雕凿 4. 镌字、喷字 5. 运输、安装 6. 刷油漆

第七章 园林景观工程工程量计算

续二

项目编码	项目名称	项目特征	计量单位	工程量计算规则	工作内容
050307010	景墙	1. 土质类别 2. 垫层材料种类 3. 基础材料种类、规格 4. 墙体材料种类、规格 5. 墙体厚度 6. 混凝土、砂浆强度等级、配合比 7. 饰面材料种类	1. m³ 2. 段	1. 以立方米计量,按设计图示尺寸以体积计算 2. 以段计量,按设计图示尺寸以数量计算	1. 土(石)方挖运 2. 垫层、基础铺设 3. 墙体砌筑 4. 面层铺贴
050307011	景窗	1. 景窗材料品种、规格 2. 混凝土强度等级 3. 砂浆强度等级、配合比 4. 涂刷材料品种	m²	按设计图示尺寸以面积计算	1. 制作 2. 运输 3. 砌筑安放 4. 勾缝 5. 表面涂刷
050307012	花饰	1. 花饰材料品种、规格 2. 砂浆配合比 3. 涂刷材料品种			
050307013	博古架	1. 博古架材料品种、规格 2. 混凝土强度等级 3. 砂浆配合比 4. 涂刷材料品种	1. m² 2. m 3. 个	1. 以平方米计量,按设计图示尺寸以面积计算 2. 以米计量,按设计图示尺寸以延长米计算 3. 以个计量,按设计图示数量计算	1. 制作 2. 运输 3. 砌筑安放 4. 勾缝 5. 表面涂刷

续三

项目编码	项目名称	项目特征	计量单位	工程量计算规则	工作内容
050307014	花盆（坛、箱）	1. 花盆（坛）的材质及类型 2. 规格尺寸 3. 混凝土强度等级 4. 砂浆配合比	个	按设计图示尺寸以数量计算	1. 制作 2. 运输 3. 安放
050307015	摆花	1. 花盆（钵）的材质及类型 2. 花卉品种与规格	1. m² 2. 个	1. 以平方米计量，按设计图示尺寸以水平投影面积计算 2. 以个计量，按设计图示数量计算	1. 搬运 2. 安放 3. 养护 4. 撤收
050307016	花池	1. 土质类别 2. 池壁材料种类、规格 3. 混凝土、砂浆强度等级、配合比 4. 饰面材料种类	1. m³ 2. m 3. 个	1. 以立方米计量，按设计图示尺寸以体积计算 2. 以米计量，按设计图示尺寸以池壁中心线处延长米计算 3. 以个计量，按设计图示数量计算	1. 垫层铺设 2. 基础砌(浇)筑 3. 墙体砌(浇)筑 4. 面层铺贴
050307017	垃圾箱	1. 垃圾箱材质 2. 规格尺寸 3. 混凝土强度等级 4. 砂浆配合比	个	按设计图示尺寸以数量计算	1. 制作 2. 运输 3. 安放

第七章 园林景观工程工程量计算

续四

项目编码	项目名称	项目特征	计量单位	工程量计算规则	工作内容
050307018	砖石砌小摆设	1. 砖种类、规格 2. 石种类、规格 3. 砂浆强度等级、配合比 4. 石表面加工要求 5. 勾缝要求	1. m³ 2. 个	1. 以立方米计量,按设计图示尺寸以体积计算 2. 以个计量,按设计图示尺寸以数量计算	1. 砂浆制作、运输 2. 砌砖、石 3. 抹面、养护 4. 勾缝 5. 石表面加工
050307019	其他景观小摆设	1. 名称及材质 2. 规格尺寸	个	按设计图示尺寸以数量计算	1. 制作 2. 运输 3. 安装
050307020	柔性水池	1. 水池深度 2. 防水(漏)材料品种	m²	按设计图示尺寸以水平投影面积计算	1. 清理基层 2. 材料裁接 3. 铺设

注:砌筑果皮箱,放置盆景的须弥座等,应按砖石砌小摆设项目编码列项。

(二)清单项目释义

1. 石灯

(1)工作内容:制作;安装。

(2)工程量计算规则:以石灯的数量,按"个"计算。

(3)工作内容释义。园灯一般可分为三类。第一类纯属照明用灯。第二类是在较大面积的庭园、花坛、广场和水池间设置庭院灯来勾画庭园的轮廓。第三类属于观赏性灯,此类庭院灯用于创造某种特定的气氛。

1)园灯形式多样,有路灯、草坪灯、地灯、庭院灯、广场灯等以及其他园灯,其表面形式分类,见表 7-29。同一园林空间中各种灯的格调应大致协调。

表 7-29　　　　　　　　　园灯表现形式分类

类型	内容
路灯	路灯主要由光源、灯具、灯柱、基座、基础五部分组成。 路灯是城市环境中反映道路特征的照明装置。路灯排列于城市广场、街道、高速公路、住宅区以及园林绿地中的主干园路旁,为夜晚交通提供照明之便。路灯在园林照明中设置最广、数量最多,在园林环境空间中作为重要的分划和引导因素,是景观设计中应该特别关注的内容
草坪灯	草坪灯是专门为草坪、花丛、小径旁而设计的灯具,造型不拘一格、独特新颖、丰富多彩,是理想的草坪点缀装饰精品
地灯	在现代园林中经常采用地灯,一般很隐蔽,只能看到所照之景物。此类灯多设在蹬道石阶旁或盛开的鲜花旁或草地中,也可设在公园小径、居民区散步小路、梯级照明、矮树下、喷泉内等地方,安排十分巧妙。地灯属加压水密型灯具,具有良好的引导性及照明特性,可安装于车辆通道、步行街。灯具以密封式设计,除了有防水、防尘功能外,也能避免水分凝结于内部,确保产品可靠和耐用
庭院灯	庭院灯灯具外形优美,气质典雅,加之维修简便,容易更换光源,既实用又美观。特别适合于庭院、休息走廊、公园等地方使用
广场灯	广场往往是人们聚集的地方,也是人们休息、游赏城市风景的地方,为使广场有效利用,最好采用高杆灯照明,灯的位置躲避开中央,以免影响集会。为了视觉效果清晰,除了保证良好的照明度和照明分布外,最好选用显色性良好的光源。以休息为主的广场,用暖色调的灯具为宜,另外,为方便维修和节能,可选用荧光灯或汞灯

2)园灯的布置。园灯的布置,在公园入口、开阔的广场,应选择发光效果较高的直射光源,灯杆的高度应根据广场的大小而定,一般为 5~10m。灯的间距为 35~40m。在园路两旁的灯光要求照度均匀。由于树木的遮挡,灯不宜悬挂过高,一般为 4~6m。灯杆的间距为 30~60m,如为单杆顶灯,则悬挂高度为 2.5~3m,灯距为 20~25m。在道路交叉口或空间的转折处应设指示园灯。在某些环境如踏步、草坪、小溪边可设置地灯,特殊处还可采用壁灯。在雕塑等处,可使用探照灯光、聚光灯、霓虹灯等。景区、景点的主要出入口、广场、林荫道、水面等处,可结合花坛、雕塑、水池、步行道等设置庭院灯。适宜的形式不仅起照明作用,而且起着美化装饰作用,并且还有指示作用,便于夜间识别。

3)园灯的安装。

①灯架、灯具安装。按设计要求测出灯具(灯架)安装高度,在电杆上画出标记。

将灯架、灯具吊上电杆(较重的灯架、灯具可使用滑轮、大绳吊上电杆),穿好抱箍或螺栓,按设计要求找好照射角度,调好平整度后,将灯架紧固好。

成排安装的灯具的仰角应保持一致,排列整齐。

②配接引下线。将针式绝缘子固定在灯架上,将导线的一端在绝缘子上绑好回头,并分别与灯头线、熔断器进行连接。将接头用橡胶布和黑胶布半幅重叠各包扎一层。然后将导线的另一端拉紧,并与路灯干线背扣后进行缠绕连接。

③试灯。全部安装工作完毕后,送电、试灯,并进一步调整灯具的照射角度。

2. 塑仿石音箱

(1)工作内容:胎模制作、安装;铁丝网制作、安装;砂浆制作、运输;喷水泥漆;埋置仿石音箱。

(2)工程量计算规则:以塑仿石音箱的数量,按"个"计算。

(3)工作内容释义。塑仿石音箱是指用带色水泥砂浆和金属铁件等,仿照石料外形,制做出音箱。既具有使用功能,又具有装饰作用。

胎模制作现场预制构件支撑中用土、砖或混凝土筑成构件外形的底模。在有黏土、粉质黏土的地方,可使用土胎模。用砖干铺或泥浆砌筑的胎模,比土模进度快,清理方便,砖可重复利用。用混凝土浇筑成型的胎模叫作混凝土胎模。胎模与边模组成预制构件的尺寸形状,因其刚度好,多被用在大型屋面板、槽型板等现场重复生产次数较多的定型构件。

3. 塑树皮梁、柱

(1)工作内容:灰塑;刷涂颜料。

(2)工程量计算规则:以塑树皮梁、柱的外表面积或长度,按"m^2"或"m"计算。

(3)工作内容释义。塑树皮梁、柱是指梁、柱用水泥砂浆粉饰出树皮外形,以配合园林景点的装饰工艺。

塑树的种类:园林中,一般梁、柱的塑树种类通常是松树类和杉树类。

颜料的种类：建筑彩画所用的颜料分为有机（植物）颜料和无机（矿质）颜料两大类。详细内容见表7-20。

4. 塑竹梁、柱

(1)工作内容：灰塑；刷涂颜料。

(2)工程量计算规则：以塑竹梁、柱的外表面积或长度，按"m^2"或"m"计算。

(3)工作内容释义。塑竹是围墙、竹篱上常用的装饰物，用角铁做心，水泥砂浆塑面，做出竹节，然后与主体构筑物固定。塑竹梁、柱即为梁、柱的主体构筑物以塑竹装饰的构件。

塑竹种类：有毛竹、黄金间碧竹等。

5. 铁艺栏杆

(1)工作内容：铁艺栏杆安装；刷防护材料。

(2)工程量计算规则：以花坛铁艺栏杆的长度，按"m"计算。

(3)工作内容释义。

1)栏杆的高度。栏杆不能简单地以高度来适应管理上的要求，要因地制宜，考虑功能的要求。

①悬崖峭壁、洞口、陡坡、险滩等处的防护栏杆高度一般为1.1～1.2m，栏杆格栅的间距要小于12cm，其构造应粗壮、坚实。

②花坛、小水池、草坪边以及道路绿化带边缘的装饰性镶边栏杆的高度为15～30cm，其造型应纤细、轻巧、简洁、大方。

③台阶、坡地的一般防护栏杆、扶手栏杆的高度常在90cm左右。

④坐凳式栏杆、靠背式栏杆，常与建筑物相结合设于墙柱之间或桥边、池畔等处。既可起围护作用，又可供游人休息使用。

⑤用于分隔空间的栏杆要求轻巧空透、装饰性强，其高度视不同环境的需要而定。

2)铁艺栏杆的安装。首先立好预埋件，把水平线吊在要安装栏杆的两端，要拉紧，两端的高度要一样，并且固定好，安装时最好有三个人，两个人拿着焊接好的栏杆按着水平线对齐，另一个人先用焊机把栏杆点在预埋件上，记住，是"点"上，等到全都点好后，用眼睛看是否平直，固定连接方式一般采用焊接。浇筑基础时预埋铁件，安装时金属栏杆焊在预埋铁件上。也可在基础内预留孔洞，将金属栏杆插入洞内，再浇筑细石混凝土。

3)防护材料的种类。

①调和漆。调和漆是建设工程中使用最广泛的一种油漆。以干性油为主要成膜物质,加入着色颜料、体质颜料、溶剂、催干剂等加工而成为磁性调和漆。没有加树脂或松香脂的为"油性调和漆"。油性调和漆干性较差,漆膜较软,光泽及平滑性比磁性调和漆差,但其附着力强,耐候性好,不易粉化和龟裂,因此,比磁性调和漆耐久。

②防锈漆。防锈漆是防止金属件锈蚀的一种油漆,主要有油漆和树脂防锈漆两大类。

6. 标志牌

(1)工作内容:选料;标志牌制作;雕凿;镌字、喷字;运输、安装;刷油漆。

(2)工程量计算规则:以标志牌的数量,按"个"计算。

(3)工作内容释义。

1)标志牌具有接近群众、占地少、变化多、造价低等特点。除其本身的功能外,还以其优美的造型、灵活的布局装点美化着园林环境。

2)标志的制作材料。标志主件的制作材料,为耐久常选用花岗岩类天然石、不锈钢、铝、红杉类坚固耐用木材、瓷砖、丙烯板等。构件的制作材料一般采用混凝土、钢材、砖材等。

3)标志牌的制作与安装。标志牌的位置要适宜,尺寸要合理,大小高低应与环境相协调,要以使用或引起游客注意为主。在造型上应注意处理好其观赏价值和内容的关系,为方便游人夜间使用,还要考虑夜间的照明要求。并且还要有防雨措施或耐风吹雨淋的特点,以免损坏。

4)标志的色彩及造型设计。标志的色彩、造型设计应充分考虑其所在地区、建筑和环境景观的需要。同时,选择符合其功能并醒目的尺寸、形式、色彩。而色彩的选择,只要确定了主题色调和图形,将背景颜色统一,通过主题颜色和背景颜色的变化搭配,突出其功能即可。

5)碑镌字的种类及规格。碑镌字分阴文(凹字)和阳文(凸字)两种,阴文(凹字)按字体大小分为 50cm×50cm、30cm×30cm、15cm×15cm、10cm×10cm、5cm×5cm 五个规格。阳文(凸字)按字体大小分为:50cm×50cm、30cm×30cm、15cm×15cm、10cm×10cm 四个规格。

6)雕刻。要根据不同的部位选择不同的工具。雕刻前,首先应把需用的工具准备好,并放在手边专用箱内。再检查砖的干燥程度,使用的砖必须干燥充分,如果比较潮湿则不易雕刻,而且雕刻时易松酥掉块。刻字及浮雕比较简单容易。浅雕及深雕必须认真细致,应先凿后刻,先直后斜,再铲、刷、刮平,用刀之手要放低,并以无名指接触砖面掌握力度。锤子下敲时要轻,用力要均匀,先画线凿出一条刀路后,刀子方可放斜再边凿边铲。雕凿工作是细致的工作,切忌操之过急,应一层层一片片地由浅入深进行,不能急于求成。

7. 砖石砌小摆设

(1)工作内容:砂浆制作、运输;砌砖、石;抹面、养护;勾缝;石表面加工。

(2)工程量计算规则:以砖石砌小摆设的体积或数量,按"m^3"或"个"计算。

(3)工作内容释义。砖石砌小摆设是指用砖石材料砌筑各种仿匾额、花瓶、花盆、石鼓、坐凳及小型水盆、花坛池、花架的制作。

制作砖石砌小摆设的石材一般包括砖、石、石料等,其种类如下:

1)按原料来源不同分为黏土砖和非黏土砖。
2)按烧成与否可分为烧结砖和非烧结砖。
3)按制坯方法不同可分为机制砖和手工砖。
4)按砖型不同可分为普通砖、空心砖、异型砖等若干类。
5)按外观色彩不同可分为红砖、青砖、白砖等若干类。

第三节 园林景观工程工程量计算示例

一、园林砌筑工程工程量计算示例

【例7-1】 设一砖墙基础,长120m,厚365mm$\left(1\dfrac{1}{2}砖\right)$,每隔10m设有附墙砖垛,墙垛断面尺寸为:突出墙面250mm,宽490mm,砖基础高度1.85m,墙基础等高放脚5层,最底层放脚高度为二皮砖,试计算砖墙基础工程量。

【解】 (1)条形墙基工程量

按公式及查表,大放脚增加断面面积为0.2363m^2,则

$$墙基体积=120\times(0.365\times 1.85+0.2363)=109.386m^3$$

(2)垛基工程量

按题意,垛数$n=13$个,$d=0.25$,则

$$垛基体积=(0.49\times 1.85+0.2363)\times 0.25\times 13$$
$$=3.714m^3$$

或查表计算垛基工程量$=(0.1225\times 1.85+0.059)\times 13=3.713m^3$

(3)砖墙基础工程量
$V = 109.386 + 3.714$
$= 113.1 m^3$

【例 7-2】 如图 7-9 所示,某挡土墙工程用 M2.5 混合砂浆砌筑毛石,用原浆勾缝,长度 200m,求其工程量。

【解】 (1)石挡土墙的工程量计算公式:
$V=$按设计图示尺寸以体积计算
则 M2.5 混合砂浆砌筑毛石,原浆勾缝毛石挡土墙工程量计算如下:

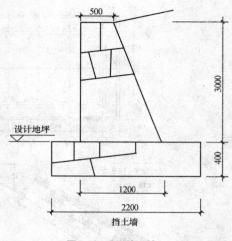

图 7-9 毛石挡土墙

$V = (0.5+1.2) \times 3/2 \times 200$
$= 510.00 m^3$

(2)挡土墙毛石基础工程量按设计图示尺寸以体积计算。
则 M2.5 混合砂浆砌筑毛石挡土墙基础工程量计算如下:
$$V = 0.4 \times 2.2 \times 200 = 176.00 m^3$$

注:挡土墙与基础的划分,以较低一侧的设计地坪为界,以下为基础,以上为墙身。

二、园林木结构工程工程量计算示例

【例 7-3】 求图 7-10 圆木简支檩(不刨光)工程量。

【解】 工程量=圆木简支檩的竣工材积

每一开间的檩条根数$=[(7+0.5 \times 2) \times 1.118(坡度系数)] \times \dfrac{1}{0.56} + 1$
$= 17$ 个

每根檩条按规定增加长度计算:
$\phi 10$,长 $4.1m = 17 \times 2 \times 0.045 = 1.53 m^3$
$\phi 10$,长 $3.7m = 17 \times 4 \times 0.040 = 2.72 m^3$
0.045、0.040 均为每根杉圆木的材积。
工程量$= 1.53 + 2.72 = 4.25 m^3$

【例 7-4】 求图 7-11 和图 7-12 所示木屋架工程量。

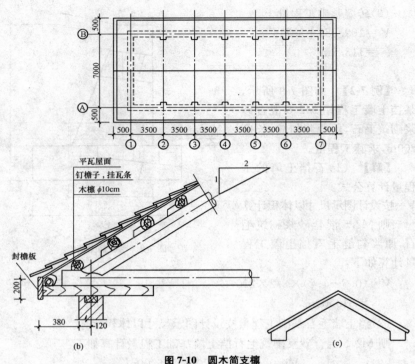

图 7-10 圆木简支檩
(a)屋顶平面；(b)檐口节点大样；(c)博风板

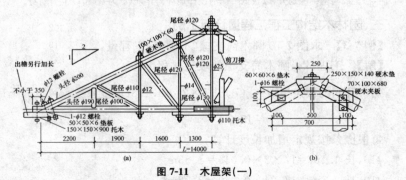

图 7-11 木屋架(一)
(a)屋架详图；(b)顶节点详图

计算屋架的工程量比较复杂，应按设计图纸将各杆件的长度计算出来，然后按照屋架的大小和长度逐一计算出每一杆件的材积，并折算成原

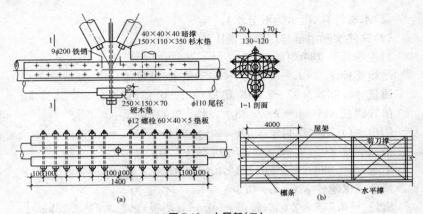

图 7-12 木屋架(二)
(a)下弦接头详图;(b)平面图

木材积。铁件按照图示尺寸逐一计算,如与定额用量相比,差距较大,就要调增或调减。

【解】 木屋架工程量=竣工木材用量(材积)=1.31m³。详细计算见表 7-30。

表 7-30　　　　　　　　木材计算表

杆件名称	屋径 (cm)	长度 (m)	单根材积 (m³)	杆件根数	材积 (m³)	备注
下弦	φ13	7+0.35=7.35	0.184	2	0.368	
上弦	φ12	7×1.118=7.826	0.151	2	0.302	
竖杆	φ10	7×0.13=0.91	0.008	2	0.016	按最低长度计算
斜杆1	φ12	7×0.45=3.15	0.043	2	0.086	
斜杆2	φ12	7×0.36=2.52	0.035	2	0.070	
斜杆3	φ11	7×0.28=1.96	0.027	2	0.054	
水平撑	φ11	4.2	0.065	2	0.130	
剪刀撑	φ11	$\sqrt{4^2+3.5^2}=5.315$	0.086	2	0.172	
托木	φ11	3.0	0.043	1	0.043	
方托木		0.9×0.15×0.15×2×1.7			0.069	
合计					1.31	

注:杉原木材积按国家标准《原木材积表》(GB/T 4814—2013)计算。如有新的材积规定,按新材积标准调整,下同。

(1) 木材计算(出水为五分水)。
(2) 铁件实际用量与定额用量比较。
1) 按图计算实际用量:
吊线螺栓 $\phi25$　$L=7\times0.5+0.45$(垫木、螺母等)$=3.95m$
质量$=3.95\times3.85+2.846$(垫板)$\times2+0.12$(螺母)$\times2=21.36kg$
吊线螺栓 $\phi14$　$L=7\times0.38+0.45=3.11m$
质量$=(1.21\times3.11+0.298\times2+0.044\times2)\times2=8.89kg$
吊线螺栓 $\phi12$　$L=7\times0.25+0.35=2.1m$
质量$=(0.888\times2.1+0.191\times2+0.031\times2)\times2=4.62kg$
顶节点保险栓 $\phi16$　$L=0.4m$
质量$=[0.756+0.058$(螺母)$+0.163$(垫板)$\times2]\times2=2.28kg$
下弦节点保险栓 $\phi12$　$L=0.4m$
质量$=(0.421+0.031+0.095\times2)\times24=15.41kg$
剪刀撑螺栓 $\phi12$　$L=0.15m$
质量$=2\times(0.888\times0.15+0.191\times2+0.031\times2)=1.14kg$
剪刀撑螺栓 $\phi12$　$L=0.25m$
质量$=0.5\times(0.888\times0.25+0.191\times2+0.031\times2)=0.33kg$
水平撑螺栓 $\phi12$　$L=0.3m$
质量$=2\times(0.888\times0.3+0.191\times2+0.031\times2)=1.42kg$
端节点保险栓 $\phi12$　$L=0.5m$
质量$=(0.509+0.031+0.114\times2)\times2=1.54kg$
端节点保险栓 $\phi12$　$L=0.65m$
质量$=(0.643+0.031+0.191\times2)\times4=4.22kg$
蚂蟥钉36个　质量$=0.32\times36=11.52kg$
铁件实际用量(加损耗1%)$=74.15\times1.01=74.89kg$
2) 按定额计算铁件含量$=1.31\times144.43$(每$1m^3$竣工木料定额中铁件含量,见定额7-328)$=189.2kg$。
3) $189.2-74.89=114.31kg$(即每榀屋架少于定额用量的数值)。

在定额中每$1m^3$竣工木料的铁件含量为144.43kg。而实际铁件用量只有57.17kg,因此每$1m^3$的木屋架竣工木料应调减铁件87.26kg,乘以相应的单价,即得应调减的工程费用。

三、园林屋面及防水工程工程量计算示例

【例7-5】 某工程如图7-13所示,屋面板上铺水泥大瓦,计算其工程量。

第七章 园林景观工程工程量计算

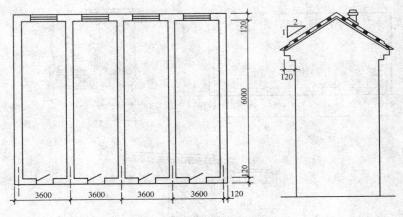

图 7-13 某房屋建筑尺寸

【解】 瓦屋面工程量计算公式如下：

两坡屋面工程量＝(房屋总宽度＋外檐宽度×2)×外檐总长度×延尺系数

瓦屋面工程量＝(0.60＋0.24＋0.12×2)×(3.6×4＋0.24)×1.118
　　　　　　＝106.06m²

【例 7-6】 有一两坡水二毡三油卷材屋面，尺寸如图 7-14 所示。屋面防水层构造层次为：预制混凝土空心板、1∶2 水泥砂浆找平层、冷底子油一道、二毡三油一砂防水层。试计算：(1)当有女儿墙，屋面坡度为 1∶4 时的工程量；(2)当有女儿墙，坡度为 3％时的工程量；(3)无女儿墙有挑檐，坡度为 3％时的工程量。

【解】 (1)屋面坡度为 1∶4 时，相应的角度为 14°02′，延尺系数 C＝1.0308m²，则：

屋面工程量＝(72.75－0.24)×(12－0.24)×1.0308＋0.25
　　　　　　×(72.75－0.24＋12.0－0.24)×2
　　　　　＝921.12m²

(2)有女儿墙，3％的坡度，因坡度很小，按平屋面计算，则：

屋面工程量＝(72.75－0.24)×(12－0.24)
　　　　　　＋(72.75＋12－0.48)×2×0.25
　　　　　＝894.85m²

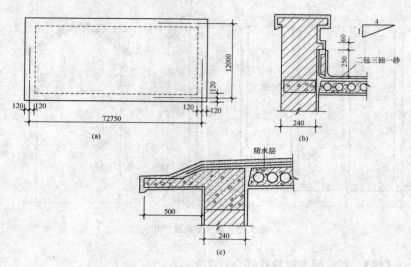

图 7-14 某卷材防水屋面
(a)平面;(b)女儿墙;(c)挑檐

或 $(72.75+0.24)\times(12+0.24)-(72.75+12)\times 2\times 0.24+(72.75+12-0.48)\times 2\times 0.25=894.85m^2$

(3)无女儿墙有挑檐平屋面(坡度3‰),按图7-14(a)、(c)及下式计算屋面工程量:

屋面工程量 = 外墙外围水平面积 + $(L_{外}+4\times$檐宽$)\times$檐宽

屋面工程量 = $(72.75+0.24)\times(12+0.24)+[(72.75+12+0.48)\times 2+4\times 0.5]\times 0.5$

$=979.63m^2$

第八章 措施项目工程量计算

第一节 脚手架工程

脚手架工程清单项目工程量计算规则,见表8-1。

表 8-1　　　　脚手架工程(编码:050401)

项目编码	项目名称	项目特征	计量单位	工程量计算规则	工作内容
050401001	砌筑脚手架	1. 搭设方式 2. 墙体高度	m²	按墙的长度乘墙的高度以面积计算(硬山建筑山墙高算至山尖)。独立砖石柱高度在3.6m以内时,以柱结构周长乘以柱高计算,独立砖石柱高度在3.6m以上时,以柱结构周长加3.6m乘以柱高计算 凡砌筑高度在1.5m及以上的砌体,应计算脚手架	1. 场内、场外材料搬运 2. 搭、拆脚手架、斜道、上料平台 3. 铺设安全网 4. 拆除脚手架后材料分类堆放
050401002	抹灰脚手架			按抹灰墙面的长度乘高度以面积计算(硬山建筑山墙高算至山尖)。独立砖石柱高度在3.6m以内时,以柱结构周长乘以柱高计算,独立砖石柱高度在3.6m以上时,以柱结构周长加3.6m乘以柱高计算	

续表

项目编码	项目名称	项目特征	计量单位	工程量计算规则	工作内容
050401003	亭脚手架	1. 搭设方式 2. 檐口高度	1. 座 2. m²	1. 以座计量,按设计图示数量计算 2. 以平方米计量,按建筑面积计算	1. 场内、场外材料搬运 2. 搭、拆脚手架、斜道、上料平台 3. 铺设安全网 4. 拆除脚手架后材料分类堆放
050401004	满堂脚手架	1. 搭设方式 2. 施工面高度	m²	按搭设的地面主墙间尺寸以面积计算	
050401005	堆砌(塑)假山脚手架	1. 搭设方式 2. 假山高度		按外围水平投影最大矩形面积计算	
050401006	桥身脚手架	1. 搭设方式 2. 桥身高度		按桥基础底面至桥面平均高度乘以河道两侧宽度以面积计算	
050401007	斜道	斜道高度	座	按搭设数量计算	

第二节 模板工程

模板工程清单项目工程量计算规则,见表 8-2。

表 8-2　　　　　　　　模板工程(编码:050402)

项目编码	项目名称	项目特征	计量单位	工程量计算规则	工作内容
050402001	现浇混凝土垫层	厚度	m²	按混凝土与模板的接触面积计算	1. 制作 2. 安装 3. 拆除 4. 清理 5. 刷隔离剂 6. 材料运输
050402002	现浇混凝土路面				

续表

项目编码	项目名称	项目特征	计量单位	工程量计算规则	工作内容
050402003	现浇混凝土路牙、树池围牙	高度	m²	按混凝土与模板的接触面积计算	1. 制作 2. 安装 3. 拆除 4. 清理 5. 刷隔离剂 6. 材料运输
050402004	现浇混凝土花架柱	断面尺寸	m²	按混凝土与模板的接触面积计算	
050402005	现浇混凝土花架梁	1. 断面尺寸 2. 梁底高度	m²		
050402006	现浇混凝土花池	池壁断面尺寸	m²		
050402007	现浇混凝土桌凳	1. 桌凳形状 2. 基础尺寸、埋设深度 3. 桌面尺寸、支墩高度 4. 凳面尺寸、支墩高度	1. m³ 2. 个	1. 以立方米计量，按设计图示混凝土体积计算 2. 以个计量，按设计图示数量计算	
050402008	石桥拱券石、石券脸胎架	1. 胎架面高度 2. 矢高、弦长	m²	按拱券石、石券脸弧形底面展开尺寸以面积计算	

第三节 树木支撑架、草绳绕树干、搭设遮阴(防寒)棚工程

树木支撑架、草绳绕树干、搭设遮阴(防寒)棚工程清单项目工程量计算规则，见表 8-3。

表 8-3　　树木支撑架、草绳绕树干、搭设遮阴(防寒)棚工程(编码:050403)

项目编码	项目名称	项目特征	计量单位	工程量计算规则	工作内容
050403001	树木支撑架	1. 支撑类型、材质 2. 支撑材料规格 3. 单株支撑材料数量	株	按设计图示数量计算	1. 制作 2. 运输 3. 安装 4. 维护
050403002	草绳绕树干	1. 胸径(干径) 2. 草绳所绕树干高度	株	按设计图示数量计算	1. 搬运 2. 绕杆 3. 余料清理 4. 养护期后清除
050403003	搭设遮阴(防寒)棚	1. 搭设高度 2. 搭设材料种类、规格	1. m² 2. 株	1. 以平方米计量,按遮阴(防寒)棚外围覆盖层的展开尺寸以面积计算 2. 以株计量,按设计图示数量计算	1. 制作 2. 运输 3. 搭设、维护 4. 养护期后清除

第四节　围堰、排水工程

围堰、排水工程清单项目工程量计算规则,见表 8-4。

表 8-4　　围堰、排水工程(编码:050404)

项目编码	项目名称	项目特征	计量单位	工程量计算规则	工作内容
050404001	围堰	1. 围堰断面尺寸 2. 围堰长度 3. 围堰材料及灌装袋材料品种、规格	1. m³ 2. m	1. 以立方米计量,按围堰断面面积乘以堤顶中心线长度以体积计算 2. 以米计量,按围堰堤顶中心线长度以延长米计算	1. 取土、装土 2. 堆筑围堰 3. 拆除、清理围堰 4. 材料运输

续表

项目编码	项目名称	项目特征	计量单位	工程量计算规则	工作内容
050404002	排水	1. 种类及管径 2. 数量 3. 排水长度	1. m³ 2. 天 3. 台班	1. 以立方米计量,按需要排水量以体积计算,围堰排水按堰内水面面积乘以平均水深计算 2. 以天计量,按需要排水日历天计算 3. 以台班计算,按水泵排水工作台班计算	1. 安装 2. 使用、维护 3. 拆除水泵 4. 清理

第五节 安全文明施工及其他措施项目

安全文明施工及其他措施项目工程清单项目工程量计算规则,见表 8-5。

表 8-5　　安全文明施工及其他措施项目(编码:050405)

项目编码	项目名称	工作内容及包含范围
050405001	安全文明施工	1. 环境保护:现场施工机械设备降低噪声、防扰民措施;水泥、种植土和其他易飞扬细颗粒建筑材料密闭存放或采取覆盖措施等;工程防扬尘洒水;土石方、杂草、种植遗弃物及建渣外运车辆防护措施等;现场污染源的控制、生活垃圾清理外运、场地排水排污措施;其他环境保护措施 2. 文明施工:"五牌一图";现场围挡的墙面美化(包括内外粉刷、刷白、标语等)、压顶装饰;现场厕所便槽刷白、贴面砖,水泥砂浆地面或地砖,建筑物内临时便溺设施;其他施工现场临时设施的装饰装修、美化措施;现场生活卫生设施;符合卫生要求的饮水设备、淋浴、消毒等设施;生活用洁净燃料;防煤气中毒、防蚊虫叮咬等措施;施工现场操作场地的硬化;现场绿化、治安综合治理;现场配备医药保健器材、物品和急救人员培训;用于现场工人的防暑降温、电风扇、空调等设备及用电;其他文明施工措施

续一

项目编码	项目名称	工作内容及包含范围
050405001	安全文明施工	3. 安全施工:安全资料、特殊作业专项方案的编制,安全施工标志的购置及安全宣传;"三宝"(安全帽、安全带、安全网)、"四口"(楼梯口、管井口、通道口、预留洞口)、"五临边"(园桥围边、驳岸围边、跌水围边、槽坑围边、卸料平台两侧),水平防护架、垂直防护架、外架封闭等防护;施工安全用电,包括配电箱三级配电、两级保护装置要求,外电防护措施;起重设备(含起重机、井架、门架)的安全防护措施(含警示标志)及卸料平台的临边防护、层间安全门、防护棚等设施;园林工地起重机械的检验检测;施工机具防护棚及其围栏的安全保护设施;施工安全防护通道;工人的安全防护用品、用具购置;消防设施与消防器材的配置;电气保护、安全照明设施;其他安全防护措施 4. 临时设施:施工现场采用彩色、定型钢板,砖、混凝土砌块等围挡的安砌、维修、拆除;施工现场临时建筑物、构筑物的搭设、维修、拆除,如临时宿舍、办公室、食堂、厨房、厕所、诊疗所、临时文化福利用房、临时仓库、加工场、搅拌台、临时简易水塔、水池等;施工现场临时设施的搭设、维修、拆除,如临时供水管道、临时供电管线、小型临时设施等;施工现场规定范围内临时简易道路铺设,临时排水沟、排水设施安砌、维修、拆除;其他临时设施搭设、维修、拆除
050405002	夜间施工	1. 夜间固定照明灯具和临时可移动照明灯具的设置、拆除 2. 夜间施工时施工现场交通标志、安全标牌、警示灯等的设置、移动、拆除 3. 夜间照明设备及照明用电、施工人员夜班补助、夜间施工劳动效率降低等
050405003	非夜间施工照明	为保证工程施工正常进行,在如假山石洞等特殊施工部位施工时所采用的照明设备的安拆、维护及照明用电等
050405004	二次搬运	由于施工场地条件限制而发生的材料、植物、成品、半成品等一次运输不能到达堆放地点,必须进行的二次或多次搬运

续二

项目编码	项目名称	工作内容及包含范围
050405005	冬雨期施工	1. 冬雨(风)季施工时增加的临时设施(防寒保温、防雨、防风设施)的搭设、拆除 2. 冬雨(风)季施工时对植物、砌体、混凝土等采用的特殊加温、保温和养护措施 3. 冬雨(风)季施工时施工现场的防滑处理,对影响施工的雨雪的清除 4. 冬雨(风)季施工时增加的临时设施、施工人员的劳动保护用品、冬雨(风)季施工劳动效率降低等
050405006	反季节栽植影响措施	因反季节栽植在增加材料、人工、防护、养护、管理等方面采取的种植措施及保证成活率措施
050405007	地上、地下设施的临时保护设施	在工程施工过程中,对已建成的地上、地下设施和植物进行的遮盖、封闭、隔离等必要保护措施
050405008	已完工程及设备保护	对已完工程及设备采取的覆盖、包裹、封闭、隔离等必要的保护措施

注:本表所列项目应根据工程实际情况计算措施项目费用,需分摊的应合理计算摊销费用。

第九章　园林绿化工程招标投标

第一节　园林绿化工程招标

一、园林绿化工程招标的条件

工程项目招标必须符合主管部门规定的条件,这些条件分为招标人即建设单位应具备的条件和招标的工程项目应具备的条件。

1. 招标的工程项目应具备的条件

(1)初步设计及概算应当履行审批手续的已经批准。

(2)建设项目已经正式列入国家、部门或地方的年度固定资产投资计划。

(3)建设用地的征用工作已经完成。

(4)有招标所需的设计图及技术资料。

(5)相应资金或资金来源已经落实。

(6)已经建设项目所在地规划部门批准,施工现场"三通一平"已经完成或一并列入施工招标范围。

在建设实践中,对建设工程招标条件不宜规定太多,有时也难以做到。但最基本、最关键的是要把握住两条:一是建设项目已合法成立,办理了报建登记。招标项目按照国家有关规定需要履行项目审批手续的,应当先履行审批手续,取得批准。二是建设资金已基本落实,工程任务承接者确定后能实际开展动作。

2. 建设单位招标条件

建设工程招标人必须具备相应的招标资格和招标能力,否则,必须委托具有相应资质的咨询、监理等单位代理招标。招标人应具备的条件如下:

(1)招标单位是法人或依法成立的其他组织。

(2)有与招标工程相适应的经济、技术、管理人员。

(3)有组织招标文件的能力。

(4)有审查投标单位资质的能力。

(5)有组织开标、评标、定标的能力。

上述五条中,(1)、(2)两条是对招标单位资格的要求,(3)、(4)、(5)条则是对招标人能力的要求。

二、园林绿化工程招标的方式

根据《中华人民共和国招标投标法》第十条规定:"招标分为公开招标和邀请招标"。

1. 公开招标

公开招标是指招标人在指定的报刊、电子网络或其他媒体上发布招标公告,吸引众多的投标人参加投标竞争,招标人从中择优选择中标单位的招标方式。

公开招标是一种无限制的竞争方式,按竞争程度又可以分为国际竞争性招标和国内竞争性招标。这种招标方式可为所有的承包商提供一个平等竞争的机会,业主有较大的选择余地,有利于降低工程造价、提高工程质量和缩短工期。但由于参与竞争的承包商可能很多,增加了资格预审和评标的工作量,也有可能出现故意压低投标报价的投机承包商以低价挤掉对报价严肃认真而报价较高的承包商。因此采用此种招标方式时,业主要加强资格预审,认真评标。

2. 邀请招标

邀请招标也称选择性招标或有限竞争投标,是指招标人以投标邀请书的方式邀请特定的法人或者其他组织投标,选择一定数目(不少于三家)的法人或其他组织。

邀请招标的优点在于:经过选择的投标单位在施工经验、技术力量、经济和信誉上都比较可靠,因而一般能保证进度和质量要求;此外,参加投标的承包商数量少,因而招标时间相对缩短,招标费用也较少。

由于邀请招标在价格、竞争的公平方面仍存在一些不足之处,因此,《中华人民共和国招标投标法》规定,国家重点项目和省、自治区、直辖市的地方重点项目不宜进行公开招标的,经过批准后可以进行邀请招标。

有下列情况之一者,经批准可以进行邀请招标:

(1)受自然环境条件限制的。

(2)项目技术复杂,只有少数几家潜在投标能力的企业。

(3)涉及国家安全、国家秘密或者抢险救灾,适宜招标但不宜公开招标的。
(4)拟公开招标的费用与项目的经济价值相比,不值得的。
(5)法律、法规规定不宜公开招标的。

有下列情况之一者,经批准可以不进行施工招标:
(1)涉及国家安全、国家秘密或者抢险救灾不适宜招标的。
(2)属于利用扶贫资金实行以工代赈的。
(3)施工主要技术采用特定的专利或者专有技术的。
(4)施工企业自建自用的工程,且该施工企业资质等级符合工程要求的。
(5)在建工程追加的附属小型工程或者主体加层工程,原中标人仍具备承包能力的。

三、园林绿化工程招标的程序

(一)招标公告发布与投标邀请书发送

1. 招标公告发布

公开招标的投标机会必须通过公开广告的途径予以通告,使所有合格的投标者都有同等的机会了解投标要求,以形成尽可能广泛的竞争局面。

我国规定,依法应当公开招标的工程,必须在主管部门指定的媒介上发布招标公告。招标公告的发布应当充分公开,任何单位和个人不得非法限制招标公告的发布地点和发布范围。指定媒介发布依法必须发布的招标公告,不得收取费用。

招标公告的内容主要包括:
(1)招标人名称、地址、联系人姓名、电话,委托代理机构进行招标的,还应注明该机构的名称和地址。
(2)工程情况简介,包括项目名称、建筑规模、工程地点、结构类型、装修标准、质量要求、工期要求。
(3)承包方式,材料、设备供应方式。
(4)对投标人资质的要求及应提供的有关文件。
(5)招标日程安排。
(6)招标文件的获取办法,包括发售招标文件的地点、文件的售价及开始和截止出售的时间。

(7)其他要说明的问题。

世界银行贷款项目采用国际竞争性招标,要求招标广告送交世界银行,免费安排在联合国出版的《发展商务报》上刊登,送交世界银行的时间,最迟不应晚于招标文件将向投标人公开发售前60天。

2. 投标邀请书发送

依法实行邀请招标的工程项目,应由招标人或其委托的招标代理机构向拟邀请的投标人发送投标邀请书。邀请书的内容与招标公告大同小异。

(二)投标人资格预审

资格预审是指招标代理机构在招标开始前或者开始初期,对申请参加投标人进行资格审查。认定合格后的潜在投标人,得以参加投标。一般来说,对于大中型建设项目、"交钥匙"项目和技术复杂的项目,资格预审程序是必不可少的。

1. 资格预审的意义

(1)通过资格预审程序,招标代理机构可以了解潜在投标人的资信情况。

(2)通过资格预审可以降低招标代理机构的采购成本,提高招标工作的效率。

(3)通过资格预审,招标代理机构可以了解到潜在投标人对项目的招标有多大兴趣。如果潜在投标人兴趣大大低于招标代理机构的预料,招标代理机构可以修改招标条款,以吸引更多的投标人参加投标。

(4)通过资格预审程序,可吸引实力雄厚的承包商或者供应商进行投标,也可将不合格的承包商或者供应商筛选掉。这样,真正有实力的承包商和供应商也愿意参加合格的投标人之间的竞争。

2. 资格预审的程序

资格预审主要包括以下几个程序:资格预审公告;编制、发出资格预审文件;对投标人资格的审查和确定合格者名单。

(1)资格预审公告。资格预审公告,指招标人向潜在投标人发出的参加资格预审的广泛邀请。该公告可以在购买资格预审文件前一周内至少刊登两次,也可以考虑通过规定的其他媒介发出资格预审公告。

(2)发出资格预审文件。

1)资格预审公告后,招标人向申请参加资格预审的申请人发放或者出售资格预审文件。

2)资格预审文件通常由资格预审须知和资格预审表两部分组成。

①资格预审须知内容一般有:比招标广告更详细的工程概况说明;资格预审的强制性条件;发包的工作范围;申请人应提供的有关证明和材料;当为国际工程招标时,对通过资格预审的国内投标者的优惠以及指导申请人正确填写资格预审表的有关说明等。

②资格预审表是招标单位根据发包工作内容特点,需要对投标单位资质条件、实施能力、技术水平、商业信誉等方面的情况加以全面了解,以应答式表格形式给出的调查文件。资格预审表中开列的内容应能反映投标单位的综合素质。

3)资格预审文件中的审查内容要完整、全面,避免不具备条件的投标人承担项目的建设任务。

4)投标申请人通过了资格预审,就说明其具备承担发包工作的资质和能力,凡资格预审中评定过的条件,在评标的过程中就不再重新加以评定。

(3)资格预审文件评审。对各申请投标人填报的资格预审文件评定,大多采用加权打分法。

1)依据工程项目特点和发包工作的性质,划分出评审的几大方面,如资质条件、人员能力、设备和技术能力、财务状况、工程经验、企业信誉等,并分别给予不同的权重。

2)对各方面再细划分评定内容和分项打分标准。

3)按照规定的原则和方法逐个对资格预审文件进行评定和打分,确定各投标人的综合素质得分。为了避免出现投标人在资格预审表中出现言过其实的情况,在必要时还可辅以对其已实施过的工程现场调查。

4)确定投标人短名单。依据投标申请人的得分排序,以及预定的邀请投标人数目,从高分向低分录取。

此时还需注意,若某一投标人的总分排在前几名之内,但某一方面的得分偏低较多,招标单位应适当考虑若其一旦中标后,实施过程中会有哪些风险,最终再确定其是否有资格进入短名单之内。

5)对短名单之内的投标单位,招标单位分别发出投标邀请书,并请其确认投标意向。如果某一通过资格预审单位又决定不再参加投标,招标单位应以得分排序的下一名投标单位递补。

6)对没有通过资格预审的单位,招标单位也应发出相应通知,其就无权再参加投标竞争。

3. 资格复审

资格复审,是招标代理机构对投标人在资格预审时提交的资料的复核与审查,其目的是确定投标人提交的资格材料是否仍然有效和准确。如果发现承包商和供应商有不轨行为,比如做假账、违约或者作弊,采购人可以中止或取消承包商或者供应商的资格。

4. 资格预审的评审办法

(1)评审方法。资格预审的评审方法一般采用评分法,即在预审时,将应该考虑的各种因素进行分类,然后确定它们在评审中应占的比分,如下:

机构及组织	10 分
人　　员	15 分
设备、车辆	15 分
经　　验	30 分
财 务 状 况	30 分
总　　分	100 分

一般申请人所得总分在 70 分以下,或其中有一类得分不足最高分的 50%者,应视为不合格。各类因素的权重应根据项目性质以及它们在项目实施中的重要性而定。

(2)评分参数。评审时,在每一因素下面还可以进一步细分若干参数,常用的参数如下:

1)组织及计划。主要包括:总的项目实施方案;分包给分包商的计划;以往未能履约导致诉讼、损失赔偿及延长合同的情况;管理机构情况以及总部对现场实施指挥的情况。

2)人员。主要包括:主要人员的经验和胜任的程度;专业人员胜任的程度。

3)主要施工设施及设备。包括:施工设施和设备的适用性(型号、工作能力、数量);已使用年份及状况;来源及获得该设施的可能性。

4) 经验 (过去 3 年)。如：技术方面的介绍；所完成相似工程的合同额；在相似条件下完成的合同额；每年工作量中作为承包商完成的百分比平均数。

5) 财务状况。包括：银行介绍的函件；保险公司介绍的函件；平均年营业额；流动资金；流动资产与目前负债的比值；过去 5 年中完成的合同总额。

(3) 注意事项。资格预审的评审标准必须考虑到评标的标准，一般凡属评标时考虑的因素，资格预审评审时可不必考虑。反过来，也不应该把资格预审中已包括的标准再列入评标的标准 (对合同实施至关重要的技术性服务，工作人员的技术能力除外)。

(三) 招标文件的编制与发售

1. 招标文件的编制

招标代理机构应根据相关规定和工程特点编制招标文件，具体编制方法可参见本节相关内容。

《中华人民共和国招标投标法》第十九条规定："招标人应当根据招标项目的特点和需要编制招标文件。招标文件应当包括招标项目的技术要求、对投标人资格审查的标准、投标报价要求和评标标准等所有实质性要求和条件以及拟签订合同的主要条款。""国家对招标项目的技术、标准有规定的，招标人应当按照其规定在招标文件中提出相应要求。""招标项目需要划分标段、确定工期的，招标人应当合理划分标段、确定工期，并在招标文件中载明。"

2. 招标文件的发售

(1) 在招标通告上要清楚地规定发售招标文件的地点、起止时间以及发售招标文件的费用。

(2) 对发售招标文件的时间，要相应规定得长一些，以使投标者有足够的时间获得招标文件。根据世界银行的要求，发售招标文件的时间可延长到投标截止时间。

(3) 在需要资格预审的招标中，招标文件只发售给资格合格的厂商。在不拟进行资格预审的招标中，招标文件可发给对招标通告做出反应并有兴趣参加投标的所有承包商。

(4) 在招标文件收费的情况下，招标文件的价格应定得合理，一般只收成本费，以免投标者因价格过高失去购买招标文件的兴趣。

(四)勘察现场

招标代理机构组织投标单位勘察现场的目的在于使投标单位了解工程场地和周围环境情况,以获取其认为有必要的信息。勘察现场一般安排在投标预备会的前1~2天。

投标单位在勘察现场中如有疑问,应在投标预备会前以书面形式向招标代理机构提出,但应给招标代理机构留有解答时间。

勘察现场主要涉及如下内容:
(1)施工现场是否达到招标文件规定的条件。
(2)施工现场的地理位置、地形和地貌。
(3)施工现场的地质、土质、地下水位、水文等情况。
(4)施工现场气候条件,如:气温、湿度、风力、年雨雪量等。
(5)现场环境,如:交通、饮水、污水排放、生活用电、通信等。
(6)工程在施工现场的位置与布置。
(7)临时用地、临时设施搭建等。

(五)标前会议

标前会议又称交底会,是指在投标截止日期以前,按招标文件中规定的时间和地点,召开的解答投标人质疑的会议。

在标前会议上,招标代理机构除了应向投标人介绍工程概况外,还可对招标文件中的某些内容加以修改(但须报请招标投标管理机构核准)或予以补充说明,并口头解答投标人书面提出的各种问题,以及会议上即席提出的有关问题。

标前会议主要议程如下:
(1)介绍参加会议单位和主要人员。
(2)介绍问题解答人。
(3)解答投标单位提出的问题。
(4)通知有关事项。

会议结束后,招标代理机构应将其口头解答的会议记录加以整理,用书面补充通知(又称"补遗")的形式发给每一位投标人。补充文件作为招标文件的组成部分,具有同等的法律效力。补充文件应在投标截止日期前一段时间发出,以便让投标者有充足时间做出反应。

在有的招标中,对于既不参加现场勘查,又不前往参加标前会议的投标人,可以视为其已中途退出,从而取消其人投标的资格。

四、园林绿化工程招标文件的编制

1. 招标文件的组成

(1)关于编写和提交投标文件的规定。载入这些内容的目的是尽量减少承包商或供应商由于不明确如何编写投标文件而处于不利地位或其投标遭到拒绝的可能。

(2)关于对投标人资格审查的标准及投标文件的评审标准和方法,是为了提高招标过程的透明度和公平性,也是不可缺少的。

(3)关于合同的主要条款,其中主要是商务性条款,有利于投标人了解中标后签订合同的主要内容,明确双方的权利和义务。其中,技术要求、投标报价要求和主要合同条款等内容是招标文件的关键内容,统称实质性要求。

2. 招标文件的编制原则

(1)建设单位和建设项目必须具备招标条件。
(2)必须遵守国家的法律、法规及有关贷款组织的要求。
(3)正确、详尽地反映项目的客观、真实情况。
(4)公正、合理地处理业主和承包商的关系,保护双方的利益。
(5)招标文件各部分的内容要力求统一,避免各份文件之间有矛盾。

3. 招标文件的编制内容

(1)投标人须知。
(2)技术规格。
(3)招标项目的性质、数量。
(4)投标价格的要求及其计算方式。
(5)评标的标准和方法。
(6)交货、竣工或提供服务的时间。
(7)投标文件的编制要求。
(8)投标保证金的数额或其他有关形式的担保。
(9)投标人应当提供的有关资格和资信证明。
(10)提供投标文件的方式、地点和截止时间。
(11)开标、评标、定标的日程安排。
(12)主要合同条款。

4. 招标文件的作用

招标文件是整个招标过程所遵循的基础性文件,是投标和评标的基础,也是合同的重要组成部分。编制的招标文件必须做到系统、完整、准确、明了,提出要求的目标要明确,使投标者一目了然。

一般来说,招标代理机构与投标人之间不进行或进行有限的面对面交流,投标人只能根据招标文件的要求编写投标文件。

招标文件不仅是招标代理机构与投标人联系和沟通的桥梁,还是投标人准备投标文件和参加投标的依据,也是招标代理机构组织招标人和投标人签订合同的基础。此外,招标文件还是招投标活动当事人的行为准则和评标委员会评标的重要依据。

第二节 园林绿化工程投标

一、园林绿化工程投标的组织机构

为了在投标竞争中获胜,园林施工企业应设置投标工作机构,平时掌握市场动态信息,积累有关资料,遇有招标工程项目,则办理参加投标手续,研究投标报价策略,编制和递送投标文件,以及参加定标前后的谈判等,直至定标后签订合同协议。

参加投标就是参加竞争,不仅比报价的高低,而且比技术、经验、实力和信誉。特别是当前国际承包市场上,工程越来越多的是技术密集型项目,对技术和管理水平的要求越来越高。为了在投标竞争中获胜,承包商应组建投标工作机构。在该机构中,至少应包括以下三种类型的人才:

(1)专业技术类人才,是指建筑师、结构工程师、设备工程师等各类专业技术人员,他们应具备熟练的专业技能,丰富的专业知识,能从本公司的实际技术水平出发,制订投标用的专业实施方案。

(2)经营管理类人才,是指制订和贯彻经营方针与规划,负责工作的全面筹划和安排,具有决策能力的人,包括经理、副经理和总工程师、总经济师等具有决策权的人,以及其他经营管理人才。

(3)商务金融类人才,是指概预算、财务、合同、金融、保函、保险等方面的人才,在国际工程投标竞争中这类人才的作用尤其重要。

在参加投标的活动中,以上各类人才相互补充,形成人才整体优势。另外,由于项目经理是未来项目施工的执行者,为使其更深入地了解该项目的内在规律,把握工作要点,提高项目管理的水平,在可能的情况下,应吸收项目经理人选进入投标班子。在国际工程(含境内涉外工程)投标时,还应配备懂得专业和合同管理的翻译人员。

投标工作机构不但要做到个体素质良好,更重要的是做到共同参与,协同作战,发挥群体力量。一般说来,承包商的投标工作机构应保持相对稳定,这样有利于不断提高工作班子中各成员及整体的素质和水平,提高投标的竞争力。

二、园林绿化工程投标的程序

1. 投标工作内容

投标过程是指从填写资格预审调查表开始,到将正式投标文件送交业主为止所进行的全部工作。这一阶段工作量很大,时间紧迫,一般需要完成下列各项工作。

(1)填写资格预审调查表,申报资格预审。
(2)购买招标文件(当资格预审通过后)。
(3)组织投标班子。
(4)进行投标前调查与现场考察。
(5)选择咨询单位及雇用代理人。
(6)分析招标文件,校核工程量,编制施工规划。
(7)工程估价,确定利润方针,计算和确定报价。
(8)编制投标文件。
(9)办理投标保函。
(10)递送投标文件。

2. 投标人资格预审

资格预审能否通过,是承包商投标过程中的第一关。有关资格预审文件的要求、内容以及资格预审评定,在前面章节中已有详细介绍。这里仅就承包商申报资格预审时注意的事项作以下介绍:

(1)应注意资格预审有关资料的积累工作,相关资料应随时存入计算机内,并予整理,以备填写资格预审表格之用。

(2)填表时,宜重点突出,除满足资格预审要求外,还应能适当地反映出本企业的技术管理水平、财务能力和施工经验。

(3)在本企业拟发展经营业务的地区,平时注意收集信息,发现可投标的项目,并做好资格预审的预备。当认为本公司某些方面难以满足投标要求,则应考虑与其他适当的施工企业,组成联营公司来参加资格预审。

(4)资格预审表格呈交后,应注意信息跟踪工作,发现不足之处,及时补送资料。

(5)只要参加一个工程招标的资格预审,就要全力以赴,力争通过预审,成为可以投标的合格投标人。

3. 研究招标文件

资格预审合格后,取得了招标文件,即进入投标实战的准备阶段。首要应仔细认真地研究招标文件,充分了解其内容和要求,以便安排投标工作的部署,并发现应提请招标单位予以澄清的疑点。研究招标文件的着重点,通常考虑以下几个方面:

(1)研究工程综合说明,借以获得对工程全貌的轮廓性了解。

(2)熟悉并详细研究设计图纸和规范(技术说明),目的在于弄清工程的技术细节和具体要求,使制订施工方案和报价有确切的依据。

(3)研究合同主要条款,明确中标后应承担的义务和责任及应享有的权利,重点是承包方式,开竣工时间及工期奖罚,材料供应及价款结算办法,预付款的支付和工程款结算办法,工程变更及停工、窝工损失处理办法等。对于国际招标的工程项目,还应研究支付工程款所用的货币种类、不同货币所占比例及汇率。

(4)熟悉投标须知,明确了解在投标过程中,投标单位应在什么时间做什么事和不允许做什么事,目的在于提高效率,避免造成废标,徒劳无功。

全面研究了招标文件,对工程本身和招标单位的要求有了基本的了解之后,投标单位才便于制订自己的投标工作计划,以争取中标为目标,有秩序地开展工作。

4. 现场考察

现场考察主要指的是去工地现场进行考察,招标单位一般在招标文件中要注明现场考察的时间和地点,在文件发出后就应安排投标者进行现场考察的准备工作。

现场考察既是投标者的权利又是投标者的职责。因此,投标者在报价以前必须认真地进行施工现场考察,全面、仔细地调查了解工地及其周围的政治、经济、地理等情况。

进行现场考察应从下述几个方面调查了解:

(1)自然地理条件。主要指施工现场的地理位置、地形、地貌、用地范围;气象、水文情况;地质情况;地震及设防烈度,洪水、台风及其他自然灾害情况等。

(2)施工条件。主要包括施工场地四周情况,临时设施、生活营地如何安排;供排水、供电、道路条件、通信设施现状;引接或新修供排水线路、电源、通信线路和道路的可能性和最近的线路与距离;附近现有建筑工程情况;环境对施工的限制等。

(3)市场情况。主要是指建筑材料、施工机械设备、燃料、动力和生活用品的供应状况、价格水平与变动趋势;劳务市场状况;银行利率和外汇汇率等情况。

(4)业主情况。主要是指业主的资信情况,包括资金来源与支付能力;履约情况、业主信誉等。

(5)竞争对手情况。主要是指竞争对手的数量、资质等级、社会信誉、类似工程的施工经验及各竞争对手在承揽该项目竞争中的优势与劣势等。

(6)其他条件。主要是指交通运输条件,如运输方式、运输工具与运费;编制报价的有关规定;工地现场附近的治安情况等。

5. 复核工程量

(1)复核要求。为确保复核工程量准确,在计算中应注意以下几个方面:

1)正确划分分部分项工程项目,与当地现价定额项目一致;

2)按一定顺序进行,避免漏算或重算;

3)结合已定的施工方案或施工方法;

4)以工程设计图纸为依据;

5)进行认真复核与检查。

(2)工程量复核。

1)招标文件中通常都附有工程量表,投标者应根据图纸仔细核算工程量,检查是否有漏项或工程量是否正确。如果发现错误,则应通知招标者要求更正。招标者一般是在标前会议上或以招标补充文件的形式予以答复。

2)有时招标文件中没有工程量清单,而仅有招标图纸,需要投标者根据设计图纸自行计算工程量,投标者则可根据自己的习惯或招标文件中给定的工程量编制方法,分项目列出工程量表。

3)当工程量清单有错误,尤其是对投标者不利的情况,而投标者在标书递交之前又未获通知予以更正时,则投标者可在投标书中附上声明函件,指出工程量中的漏项或其中的工程量错误,施工结算时按实际完成量计算。如在施工合同签订后才发现工程量清单有错误,招标者一般不允许中标者与业主协商变更合同(包括补充合同)。

4)在核算完全部工程量表中的细目后,投标者应按大项分类汇总主要工程总量,以便获得对这个工程项目施工规模的全面和清楚的概念,并用以研究采用合适的施工方法,选择适用和经济的施工机具设备。

5)作为投标者,未经招标者的同意,招标文件不得任意修改或补充,因为这样会使业主在评标时失去统一性和可比性。

6. 编制施工规划

(1)编制依据与原则。制订施工规划的依据是设计图纸,规范,经复核的工程量,招标文件要求的开工、竣工日期以及对市场材料、机械设备、劳力价格的调查。编制的原则是在保证工期和工程质量的前提下,如何使成本最低,利润最大。

(2)编制目的。

1)招标单位通过规划可以具体了解投标人的施工技术和管理水平以及机械装备、材料、人才的情况,使其对所投的标有信心,认为可靠。

当前某些大城市和大型工程的招标文件中规定:投标文件全部由计算机打印,施工进度计划要用网络计划电算绘图,否则不予接受。这也是考验投标人水平的一个手段。

2)投标人通过施工规划可以改进施工方案、施工方法与施工机械的选用,甚至出奇制胜,降低报价、缩短工期而中标。

(3)施工规划的内容。施工规划的内容,一般包括施工方案和施工方法、施工进度计划、施工机械、材料、设备和劳动力计划,以及临时生产、生活设施等。

1)选择和确定施工方法。根据工程类型,研究可以采用的施工方法。对于一般的土方工程、混凝土工程、房建工程、灌溉工程等比较简单的工程,可结合已有施工机械及工人技术水平来选定施工方法,努力做到节省开支,加快进度。

2)选择施工设备和施工设施,一般与研究施工方法同时进行。在工程估价过程中还要不断进行施工设备和施工设施的比较,利用旧设备还是采购新设备,在国内采购还是在国外采购,须对设备的型号、配套、数量(包括使用数量和备用数量)进行比较,还应研究哪些类型的机械可以采用租赁办法,对于特殊的、专用的设备折旧率须进行单独考虑,订货设备清单中还应考虑辅助和修配用机械以及备用零件,尤其是订购外国机械时应特别注意这一点。

3)编制施工进度计划。编制施工进度计划应紧密结合施工方法和施工设备。施工进度计划中,应提出各时段应完成的工程量及限定日期。施工进度计划是采用网络进度计划还是线条进度计划,应根据招标文件要求而定,目前,国内大型工程招标大多要求用电算方法绘制网络计划。

7. 投标文件的投送

投标文件的投送也称递标,是指投标商在规定的投标截止日期之前,将准备好的所有投标文件密封递送到招标单位的行为。

所有的投标文件必须经反复校核,审查并签字盖章,特别是投标授权书要由具有法人地位的公司总经理或董事长签署、盖章;投标保函在保证银行行长签字盖章后,还要由投标人签字确认。然后按投标须知要求,认真细致地分装密封包装起来,由投标人亲自在截标之前送交招标的收标单位;或者通过邮寄递交。邮寄递交要考虑路途的时间,并且注意投标文件的完整性,一次递交,不能因迟交或文件不完整而作废。

有许多工程项目的截止收标时间和开标时间几乎一致,交标后立即组织当场开标。迟交的标书即宣布为无效。因此,不论采用什么方法送交标书,一定要保证准时送达。对于已送出的标书若发现有错误要修改,可致函、发紧急电报或电传通知招标单位修改或撤销投标书的通知不得迟于招标文件规定的截标时间。

招标者在收到投标商的投标文件后,应签收或通知投标商已收到其投标文件,并记录收到日期和时间;同时,在收到投标文件到开标之前,所有投标文件均不得启封,并应采取措施确保投标文件的安全。

投标文件就是对业主发出的要约的承诺。投标人一旦提交了投标文件,就必须在招标文件规定的期限内信守其承诺,不得随意退出投标竞争。因为投标是一种法律行为,投标人必须承担中途反悔撤出的经济和法律责任。

8. 准备备忘录提要

招标文件中一般都明确规定,不允许投标者对招标文件的各项要求进行随意取舍、修改或提出保留。但是在投标过程中,投标者对招标文件反复深入地进行研究后,往往会发现很多问题,这些问题大体可分为以下三类:

(1)发现的错误明显对投标者不利的,如总价包干合同工程项目漏项或是工程量偏少,这类问题投标者应及时向业主提出质疑,要求业主更正。

(2)对投标者有利的,可以在投标时加以利用或在以后提出索赔要求的,这类问题投标者一般在投标时是不提的。

(3)投标者企图通过修改某些招标文件的条款或是希望补充某些规定,以使自己在合同实施时能处于主动地位的问题。

上述问题在准备投标文件时应单独写成一份备忘录提要。但这份备忘录提要不能附在投标文件中提交,只能自己保存。第三类问题留待合同谈判时使用,也就是说,当该投标使业主感兴趣,业主邀请投标者谈判时,再把这些问题根据当时情况,一个一个地拿出来谈判,并将谈判结果写入合同协议书的备忘录中。

总之,在投标阶段除第一类问题外,一般少提问题,以免影响中标。

三、园林绿化工程投标的技巧

投标技巧研究的实质,就是在保证工程质量与工期条件下,寻求一个好的报价的技巧问题。

投标人为了中标和取得期望的效益,必须在保证满足招标文件各项要求的条件下,研究和运用投标技巧。这种研究与运用贯穿在整个投标程序过程中,一般以开标作为分界,将投标技巧研究分为开标前和开标后两个阶段。

1. 开标前投标技巧

(1)不平衡报价。不平衡报价是指在总价基本确定的前提下,如何调整内部各个子项的报价,以期既不影响总报价,又可使投标人在中标后尽早收回垫支于工程中的资金和获取较好的经济效益。

采用这种方法时,要避免出现不正常的调高或压低现象,以免失去中标机会。通常,不平衡报价有以下几种情况:

1)对能早期结账收回工程款的项目(如土方、基础等)的单价可报以较高价,以利于资金周转;对后期项目(如装饰、电气设备安装等)单价可适当降低。

2)估计今后工程量可能增加的项目,其单价可提高;而工程量可能减少的项目,其单价可降低。

上述两点要统筹考虑。对于工程量数量有错误的早期工程,如不可能完成工程量表中的数量,则不能盲目抬高单价,需要具体分析后再确定。

3)图纸内容不明确或有错误,估计修改后工程量要增加的,其单价可提高;而工程内容不明确的,其单价可降低。

4)单价包干混合制合同中,发包人要求有些项目采用包干报价时,宜报高价。一则这类项目多半有风险,二则这类项目在完成后可全部按报价结账,即可以全部结算回帐。而其余单价项目则可适当降低。

5)暂定项目又叫任意项目或选择项目。对这类项目要作具体分析,因这类项目要开工后由发包人研究决定是否实施,由哪一家承包人实施。如果工程不分标,只由一家承包人施工,则其中肯定要做的单价可高些,不一定要做的则应低些。如果工程分标,该暂定项目也可能由其他承包人施工时,则不宜报高价,以免抬高总报价。

6)有的招标文件要求投标者对工程量大的项目报"单价分析表",投标时可将单价分析表中的人工费及机械设备费报得较高,而材料费算得较低。这主要是为了在今后补充项目报价时可以参考选用"单价分析表"中的较高的人工费和机械设备费,而材料则往往采用市场价,因而可获得较高的收益。

7)在议标时,承包人一般都要压低标价。这时应该首先压低那些工程量小的单价,这样即使压低了很多个单价,总的标价也不会降低很多,而给发包人的感觉却是工程量清单上的单价大幅度下降,承包人很有让利的诚意。

8)如果是单纯报计日工或计台班机械单价,可以高些,以便在日后发包人用工或使用机械时可多盈利。但如果计日工表中有一个假定的"名义工程量"时,则需要具体分析是否报高价,以免抬高总报价。总之,要分析发包人在开工后可能使用的计日工数量,然后确定报价技巧。

不平衡报价一定要建立在对工程量表中工程量风险仔细核对的基础上,特别是对于报低单价的项目,如工程量一旦增多,将造成承包人的重大损失,同时一定要控制在合理幅度内(一般可在 10% 左右),以免引起发包人反对,甚至导致废标。如果不注意这一点,有时发包人会挑选出报价过高的项目,要求投标者进行单价分析,而围绕单价分析中过高的内容压价,以致承包人得不偿失。

(2)计日工的报价。分析业主在开工后可能使用的计日工数量确定报价方针,较多时,可适当提高;可能很少时,则下降。另外,如果是单纯报计日工的报价,可适当报高,如果关系到总价水平则不宜提高。

(3)多方案报价法。有时招标文件中规定,可以提一个建议方案,或对于一些招标文件,如果发现工程范围不很明确,条款不清楚或很不公正,或技术规范要求过于苛刻时,则要在充分估计风险的基础上,按多方案报价法处理。即是按原招标文件报一个价,然后再提出如果某条款作某些变动,报价可降低的额度。这样可以降低总价,吸引发包人。

投标者应组织一批有经验的设计和施工工程师,对原招标文件的设计和施工方案仔细研究,提出更理想的方案以吸引发包人,促成自己的方案中标。这种新的建议可以降低总造价,或提前竣工,或使工程运用更合理。但要注意的是对原招标方案一定也要报价,以供发包人比较。

增加建议方案时,不要将方案写得太具体,保留方案的技术关键,防止发包人将此方案交给其他承包人。同时,要强调的是,建议方案一定要比较成熟,或过去有这方面的实践经验。因为投标时间往往较短,如果仅为中标而匆忙提出一些没有把握的建议方案,可能引起很多后患。

(4)先亏后盈法。对大型分期建设工程,在第一期工程投标时,可以将部分间接费分摊到第二期工程中去,少计算利润以争取中标。这样在第二期工程投标时,凭借第一期工程的经验、临时设施以及创立的信誉,比较容易拿到第二期工程。但第二期工程遥遥无期时,则不宜这样考虑,以免承担过高的风险。

(5)低投标价夺标法。此种方法是非常情况下采用的非常手段。比如企业大量窝工,为减少亏损;或为打入某一建筑市场;或为挤走竞争对手保住自己的地盘,于是制订了严重亏损标,力争夺标。若企业无经济实力,信誉不佳,此法也不一定会奏效。

(6)突然袭击法。由于投标竞争激烈,为迷惑对方,有意泄露一些假情报,如不打算参加投标,或准备投高标,表现出无利可图不干等假象,到投标截止之前几个小时,突然前往投标,并压低投标价,从而使对手措手不及。

(7)开口升级法。把报价视为协商过程,把工程中某项造价高的特殊工作内容从报价中减掉,使报价成为竞争对手无法相比的"低价"。利用这种"低价"来吸引发包人,从而取得了与发包人进一步商谈的机会,在商谈过程中逐步提高价格。当发包人明白过来当初的"低价"实际上是个钓饵时,往往已经在时间上处于谈判弱势,丧失了与其他承包人谈判的机会。

利用这种方法时,要特别注意在最初的报价中说明某项工作的缺项,否则可能会弄巧成拙,真的以"低价"中标。

(8)联合保标法。在竞争对手众多的情况下,可以采取几家实力雄厚的承包商联合起来的方法来控制标价,一家出面争取中标,再将其中部分项目转让给其他承包商二包,或轮流相互保标。但此种报价方法实行起来难度较大,不仅要注意到联合保标几家公司间的利益均衡,又要保密;否则一旦被业主发现,有取消投标资格的可能。

2. 开标后投标技巧

投标人通过公开开标这一程序可以得知众多投标人的报价,但低报价并不一定中标。开标只是选定中标候选人,而非已确定中标者。投标人可以利用议标谈判施展竞争手段,以增加中标的机会。

从招标的原则来看,投标人在标书有效期内,是不能修改其报价的。但是,某些议标谈判可以例外。在议标谈判中的投标技巧主要有以下几种:

(1)降低投标价格。投标价格不是中标的唯一因素,但却是中标的关键性因素。在议标中,投标者适时提出降价要求是议标的主要手段。需要注意的是:其一,要摸清招标人的意图,在得到其希望降低标价的暗示后,再提出降低的要求,因为,有些国家的政府关于招标的法规中规定,已投出的投标书不得改动任何文字,若有改动,投标即告无效;其二,降低投标价要适当,不得损害投标人自己的利益。

(2)补充投标优惠条件。除中标的关键因素——价格外,在议标谈判的技巧中,还可以考虑其他许多重要因素,如缩短工期,提高工程质量,降低支付条件要求,提出新技术和新设计方案,以及提供补充物资和设备等,以此优惠条件争取得到招标人的赞许,而争取中标。

在确定投标技巧后,投标工作机构应根据实际情况正确合理地编制投标报价。投标报价是指投标人计算、确定和报送招标工程投标总价的工作。

四、园林绿化工程投标文件的编制

1. 编制准备

(1)组织投标班子,确定人员的分工。

(2)仔细阅读招标文件中的投标须知,投标书及附表,工程量清单,技术规范等部分。发现需业主解释澄清的问题,应组织讨论,需要提到业主组织的标前会的问题,应书面寄交业主,标前会后发现的问题应随时函告业主,切勿口头商讨。来往信函应编号存档备查。

(3)投标人应根据图纸审核工程量清单中分项、分部工程的内容和数量。发现有错误时,应在招标文件规定的期限内向业主提出。

(4)收集现行定额和综合单价、取费标准、市场价格信息和各类有关标准图集,并熟悉政策性调价文件。

(5)准备好有关计算机软件系统,力争全部投标文件用计算机打印,包括网络进度计划。

2. 投标文件的内容

投标文件的内容,大致有以下几项:

(1)投标书。招标文件中通常有规定格式的投标书,投标者只需按规定的格式填写必要的数据和签字即可,以表明投标者对各项基本保证的确认。

1)确认投标者完全愿意按招标文件中的规定承担工程施工、建成、移交和维修等任务,并写明自己的总报价金额。

2)确认投标者接受的开工日期和整个施工期限。

3)确认在本投标被接受后,愿意提供履约保证金(或银行保函),其金额符合招标文件规定等。

(2)有报价的工程量表。一般要求在招标文件所附的工程量表原件上填写单价和总价,每页均有小计,并有最后的汇总价。工程量表的每一数字均需认真校核,并签字确认。

(3)业主可能要求递交的文件,如施工方案,特殊材料的样本和技术说明等。

(4)银行出具的投标保函。须按招标文件中所附的格式由业主同意的银行开出。

(5)原招标文件的合同条件、技术规范和图纸。如果招标文件有要求,则应按要求在某些招标文件的每页上签字并交回业主。这些签字表明投标商已阅读过,并承认了这些文件。

3. 编制注意事项

(1)投标文件中必须采用招标文件规定的文件表格格式。填写表格时应根据招标文件的要求,否则在评标时就认为放弃此项要求。重要的项目或数字,如质量等级、价格、工期等如未填写,将作为无效或作废的投标文件处理。

(2)所编制的投标文件正本只有一份,副本则按招标文件前附表要求的份数提供。正本与副本不一致,以正本为准。

(3)全套投标文件应当没有涂改和行间插字。如投标人造成涂改或行间插字,则所有这些地方均应由投标文件签字人签字并加盖印章。

(4)如招标文件规定投标保证金为合同总价的某一百分比时,投标人不宜过早开具投标保函,以防泄漏自己一方的报价。

(5)投标文件应打印清楚、整洁、美观。所有投标文件均应由投标人的法定代表人签署,并加盖印章及法人单位公章。

(6)对报价数据应核对,消除计算错误。对各分项、分部工程的报价及报价的单方造价、全员劳动生产率,单位工程一般用料和用工指标,人工费和材料费等的比例是否正常等应根据现有指标和企业内部数据进行宏观审核,防止出现大的错误和漏项。

(7)编制投标文件过程中,必须考虑开标后如果进入评标对象时,在评标过程中应采取的对策。

第三节　园林绿化工程开标、评标与中标

一、园林绿化工程开标

1. 投标有效期

投标有效期是指从投标截止之日起到公布中标之日为止的一段时间。有效期的长短根据工程的大小而定,我国在施工招标管理办法中规定为10~30天,投标有效期是要保证招标单位有足够的时间对全部投标进行比较和评价。

投标有效期一般不应该延长,但在某些特殊情况下,招标代理机构要求延长投标有效期是可以的,但必须征得投标者的同意。投标者有权拒绝延长投标有效期,业主不能因此而没收其投标保证金。同意延长投标

第九章　园林绿化工程招标投标

有效期的投标者不得要求在此期间修改其投标书,而且投标者必须同时相应延长其投标保证金的有效期,对于投标保证金的各有关规定在延长期内同样有效。

2. 开标

开标是指招标人将所有投标人的投标文件启封揭晓。《中华人民共和国招标投标法》规定,开标应当在招标通告中约定的地点,并在招标文件确定的提交投标文件截止时间的同一时间公开进行。

(1)开标程序。开标由招标人主持,邀请所有投标人参加。开标时,要当众宣读投标人名称、投标价格、有无撤标情况以及招标单位认为其他合适的内容。

开标一般应按照下列程序进行:

1)主持人宣布开标会议开始,介绍参加开标会议的单位、人员名单及工程项目的有关情况;

2)请投标单位代表确认投标文件的密封性;

3)宣布公证、唱标、记录人员名单和招标文件规定的评标原则、定标办法;

4)宣读投标单位的名称、投标报价、工期、质量目标、主要材料用量、投标担保或保函以及投标文件的修改、撤回等情况,并作当场记录;

5)与会的投标单位法定代表人或者其代理人在记录上签字,确认开标结果;

6)宣布开标会议结束,进入评标阶段。

(2)无效标。投标单位法定代表人或授权代表未参加开标会议的视为自动弃权。投标文件有下列情形之一的将视为无效:

1)投标文件未按照招标文件的要求予以密封的。

2)投标文件中的投标函未加盖投标人的企业及企业法定代表人印章的,或者企业法定代表人委托代理人没有合法、有效的委托书(原件)及委托代理人印章的。

3)投标文件的关键内容字迹模糊、无法辨认的。

4)投标人未按照招标文件的要求提供投标保函或者投标保证金的。

5)组成联合体投标的,投标文件未附联合体各方共同投标协议的。

6)逾期送达。对未按规定期限送达的投标书,应视为废标,原封退回。但对于因非投标者的过失(因邮政、战争、罢工等原因),而在开标之前未送达的,投标单位可考虑接受该迟到的投标书。

二、园林绿化工程评标

开标后进入评标阶段,即采用统一的标准和方法,对符合要求的投标进行评比,来确定每项投标对招标人的价值,最后达到选定最佳中标人的目的。

(1)评标机构。《中华人民共和国招标投标法》规定,评标由招标人依法组建的评标委员会负责。依法必须招标的项目,评标委员会由招标人的代表和有关技术、经济等方面的专家组成,成员人数为 5 人以上的单数,其中技术、经济等方面的专家不得少于成员总数的 2/3。

技术、经济等专家应当从事相关领域的工作满 8 年且具有高级职称或具有同等专业水平,由招标人从国务院有关部门或省、自治区、直辖市人民政府有关部门提供的专家名册或者招标代理机构的专家库内的相关专业的专家名单中确定;一般招标项目可以采取随机抽取方式,特殊招标项目可以由招标人直接确定。与投标人有利害关系的人不得进入相关项目的评标委员会,已经进入的应当更换。评标委员会成员的名单在中标结果确定前应当保密。

(2)评标原则。评标委员会只应对有效投标进行评审。在评审过程中应遵循以下原则:

1)平等竞争,机会均等原则。制定评标定标办法时,对各投标人应一视同仁,不得存在对某一方有利或不利的条款。在定标结果正式出来之前,中标的机会是均等的,不允许针对某一特定的投标人在某一方面的优势或弱势而在评标定标具体条款中带有倾向性。

2)客观公正,科学合理原则。对投标文件的评价、比较和分析,要客观公正,不以主观好恶为标准。对评审指标的设置和评分标准的具体划分,都要在充分考虑招标项目的具体特点和招标人的合理意愿的基础上,尽量避免和减少人为因素,做到科学合理。

3)实事求是,择优定标原则。对投标文件的评审,要从实际出发,实事求是。评标定标活动既要全面,也要有重点,不能泛泛进行。

(3)投标文件的澄清和说明。

1)评标时,评标委员会可以要求投标人对投标文件中含义不明确的内容作必要的澄清或者说明,比如投标文件有关内容前后不一致、明显的打字(书写)错误或纯属计算上的错误等。

2)评标委员会应通知投标人做出澄清或说明,以确认其正确的内容。澄清的要求和投标人的答复均应采用书面形式,且投标人的答复必须经法定代表人或授权代表人签字,作为投标文件的组成部分。

3)投标人的澄清或说明应是对上述情形的解释和补正,但不得有下列行为。

①超出投标文件的范围。比如,投标文件中没有规定的内容,澄清时候加以补充;投标文件提出的某些承诺条件与解释不一致等。

②改变或谋求提议改变投标文件中的实质性内容。所谓实质性内容,是指改变投标文件中的报价、技术规格或参数、主要合同条款等内容。其目的就是为了使不符合要求的或竞争力较差的投标变成竞争力较强的投标。

4)在实际操作中,部分地区采取"询标"的方式来要求投标单位进行澄清和解释。询标一般由受委托的中介机构来完成,通常包括审标、提出书面询标报告、质询与解答、提交书面询标经济分析报告等环节。提交的书面询标经济分析报告将作为评标委员会进行评标的参考,有利于评标委员会在较短的时间内完成对投标文件的审查、评审和比较。

(4)评标程序。评标程序一般分为初步评审和详细评审两个阶段。

1)初步评审,包括对投标文件的符合性评审、技术性评审和商务性评审。

①符合性评审,包括商务符合性评审和技术符合性鉴定。

②技术性评审,主要包括对投标人所报的方案或组织设计,关键工序,进度计划,人员和机械设备的配备,技术能力,质量控制措施,临时设施的布置和临时用地情况,施工现场周围环境污染的保护措施等进行评估。

③商务性评审,是指对确定为实质上响应招标文件要求的投标文件进行投标报价评估,包括对投标报价进行校核,审查全部报价数据是否有计算上或累计上的算术错误,分析报价构成的合理性。

2)初步评审中,评标委员应当根据招标文件,审查并逐项列出投标文件的全部投资偏差。

3)详细评审。经过初步评审合格的投标文件,评标委员会应当根据招标文件确定的评标标准和方法,对其技术部分和商务部分作进一步评审、比较。

(5)评标方法。评标涉及的因素很多,应在分门别类、有主有次的基础上,结合工程的特点确定科学的评标方法。

目前,国内外采用评标的方法较多的是专家评议法、低标价法和打分法。

1)评标要求。对于通过资格预审的投标者,对其财务状况、技术能力和经验及信誉在评标时可不必再评审。评标时主要考虑报价、工期、施工方案、施工组织、质量保证措施、主要材料用量等方面的条件。

2)专家评议法。评标委员会根据预先确定的评审内容,如报价、工期、施工方案、企业的信誉和经验以及投标者所建议的优惠条件等,对各标书进行认真的分析比较,评标过程比较简单,一般仅适用于小型工程项目。

3)低标价法。低标价法,也就是以标价最低者为中标者的评标方法,世界银行贷款项目多采用这种方法。但该标价是指评估标价,也就是考虑了各评审要素以后的投标报价,而非投标者投标书中的投标报价。

这种评标办法有两种方式,一种方式是将所有投标者的报价依次排队,取其3~4个,对其低报价的投标者进行其他方面的综合比较,择优定标;另一种方式是"$A+B$值评标法",即以低于标底一定百分数以内的报价的算术平均值为A,以标底或评标小组确定的更合理的标价为B,然后以"$A+B$"的均值为评标标准价,选出低于或高于这个标准价的某个百分数的报价的投标者进行综合分析比较,择优选定。

采用这种方法时,一定要采用严谨的招标程序,严格的资格预审,所编制招标文件一定要严密,详评时对标书的技术评审等工作要扎实全面。

4)打分法。即评标委员会事先将评标的内容进行分类,并确定其评分标准,然后由每位委员无记名打分,最后统计投标者的得分,以得分超过及格标准分最高者为中标单位。

(6)注意事项。评标委员会在评标过程中应注意以下几个问题:

1)注意尊重业主的自主权。业主不仅是工程项目的建设者,是投资的使用者,而且也是资金的偿还者。评标组织要对业主负责,业主要根据评标组织的评标建议做出决策。政府行政部门和招投标管理部门应尊重业主的自主权,不应参加评标决标的具体工作,主要从宏观上监督和保证评标决标工作公正、科学、合理、合法,为招投标市场的公平竞争创造一个良好的环境。

2) 标价合理。当前一般是以标底价格为中准价,采用接近标底的价格的报价为合理标价。对于采用低报价中标者,应弄清下列情况:一是是否采用了先进技术确实可以降低造价,或有自己的廉价建材采购基地,能保证得到低于市场价的建筑材料,或是在管理上有什么独到的方法;二是了解企业是否出于竞争的长远考虑,在一些非主要工程上让利承包,以便提高企业知名度和占领市场,为今后在竞争中获利打下基础。

3) 工期适当。国家规定的建设工程工期定额是建设工期参考标准,对于盲目追求缩短工期的现象要认真分析,是否经济合理。要求提前工期,必须要有可靠的技术措施和经济保证。要注意分析投标企业是否是为了中标而迎合业主无原则要求缩短工期的情况。

4) 注意研究科学的评标方法。评标组织要依据本工程特点,研究科学的评标方法,保证评标不"走过场",防止假评暗定等不正之风。

5) 注意保持评标标准的一致性。为保证评标的公正与公平,评标必须按照招标文件确定的评标标准、步骤和方法,不得采用招标文件中未列明的任何评标标准和方法,也不得改变招标确定的评标标准和方法。设有标底的,应当参考标底。

三、园林绿化工程中标

评标结束后,评标小组应写出评标报告,提出中标单位的建议,交业主或其主管部门审核。评标报告一般由下列内容组成:

(1) 招标情况。主要包括工程说明,招标过程等。

(2) 开标情况。主要包括开标时间、地点、参加开标会议人员、唱标情况等。

(3) 评标情况。主要包括评标委员会的组成及评标委员会人员名单、评标工作的依据及评标内容等。

(4) 推荐意见。

(5) 附件。主要包括评标委员会人员名单;投标单位资格审查情况表;投标文件符合情况鉴定表;投标报价评比报价表;投标文件质询澄清的问题等。

评标报告批准后,应即向中标单位发出中标函。国家标准施工招标文件中的中标通知书的格式如下:

中标通知书

_____（中标人名称）：

你方于_____（投标日期）所递交的_____（项目名称）_____标段施工投标文件已被我方接受，被确定为中标人。

中标价：_____元。

工期：_____日历天。

工程质量：符合_____标准。

项目经理：_____（姓名）。

请你方在接到本通知书后的_____日内到_____（指定地点）与我方签订施工承包合同，在此之前按招标文件第二章"投标人须知"第7.3款规定向我方提交履约担保。

特此通知。

        招标人：_____（盖单位章）

        法定代表人：_____（签字）

            ____年____月____日

评标委员会向招标人提交书面评标报告，并推荐合格的中标候选人。招标人根据评标委员会提出的书面评标报告和推荐的中标候选人确定中标人，也可以授权评标委员会直接确定中标人。

四、园林绿化工程合同签订

中标单位接受中标通知后，一般应在15～30天内签订合同，并提供履约保证。签订合同后，建设单位一般应在7天内通知未中标者，并退回投标保函，未中标者在收到投标保函后，应迅速退回招标文件。

若对第一中标者未达成签订合同的协议，可考虑与第二中标者谈判签订合同。若缺乏有效的竞争和其他正当理由，建设单位有权拒绝所有的投标，并对投标者造成的影响不负任何责任，也无义务向投标者说明原因。拒标的原因一般是所有投标的主要项目均未达到招标文件的要求，经建设主管部门批准后方能拒绝所有的投标。一旦拒绝所有的投标，建设单位应立即研究废标的原因，考虑是否对技术规程（规范）和项目本身要进行修改，然后考虑重新招标。

第十章 园林绿化工程工程量清单与计价编制实例

第一节 某园区园林绿化工程工程量清单编制实例

招标工程量清单封面

__某园区园林绿化__ 工程

招标工程量清单

招 标 人：_____××开发区管委会_____
（单位盖章）

造价咨询人：_____××工程造价咨询企业_____
（单位盖章）

××××年××月×日

封—1

招标工程量扉页

某园区园林绿化 工程

招标工程量清单

招标人：××开发区管委会　　　造价咨询人：××工程造价咨询企业
　　　　（单位公章）　　　　　　　　　　　（单位公章）

法定代表人　　　　　　　　　　法定代表人
或其授权人：　×××　　　　　或其授权人：　×××
　　　（签字或盖章）　　　　　　　　（签字或盖章）

编制人：　×××　　　　　　　复核人：　×××
　（造价人员签字盖专用章）　　　（造价工程师签字盖专用章）

编制时间：××××年××月×日　复核时间：××××年××月×日

扉—1

第十章　园林绿化工程工程量清单与计价编制实例

总　说　明

工程名称：某园区园林绿化工程　　　　　　　　　　　第　页共　页

1. 工程概况：本园区位于××区，交通便利，园区中建筑与市政建设均已完成。园林绿化面积约为 850m²，整个工程由圆形花坛、伞亭、连座花坛、花架、八角花坛以及绿地等组成。栽种的植物主要有桧柏、垂柳、龙爪槐、大叶黄杨、金银木、珍珠梅、月季等。
2. 招标范围：绿化工程、庭院工程。
3. 工程质量要求：优良工程。
4. 工程量清单编制依据：本工程依据《建设工程工程量清单计价规范》编制工程量清单，依据××单位设计的本工程施工设计图纸计算实物工程量。
5. 投标人在投标文件中应按《建设工程工程量清单计价规范》规定的统一格式，提供"综合单价分析表"、"总价措施项目清单与计价表"。

其他：略

分部分项工程和单价措施项目清单与计价表

工程名称：某园区园林绿化工程　　　　　标段：　　　第　页共　页

序号	项目编码	项目名称	项目特征描述	计量单位	工程量	金额（元）		
						综合单价	合价	其中 暂估价
			绿化工程					
1	050101010001	整理绿化用地	普坚土	m²	834.32			
2	050102001001	栽植乔木	桧柏，高 1.2～1.5m，土球苗木	株	3			
3	050102001002	栽植乔木	垂柳，胸径 10.0～12.0cm，露根乔木	株	6			
4	050102001003	栽植乔木	龙爪槐，胸径 8.0～10.0cm，露根乔木	株	5			
5	050102001004	栽植乔木	大叶黄杨，胸径 15.0～18.0cm，露根乔木	株	5			
6	050102002001	栽植灌木	金银木，高 1.5～1.8m，露根灌木	株	90			

续一

序号	项目编码	项目名称	项目特征描述	计量单位	工程量	金额(元)		
						综合单价	合价	其中暂估价
			绿化工程					
7	050102001005	栽植乔木	珍珠梅,高1~1.2m,露根乔木	株	60			
8	050102008001	栽植花卉	月季,各色月季,二年生,露地花卉	株	120			
9	050102012001	铺种草皮	野牛草,草皮	m^2	466.00			
10	050103001001	喷灌管线安装	主管75UPVC管长21m,直径40UPVC管长35m;支管直径32UPVC管长98.6m	m	154.60			
			分部小计					
			园路、园桥工程					
11	050201001001	园路	200mm厚砂垫层,150mm厚3:7灰土垫层,水泥方格砖路面	m^2	180.25			
12	040101001001	挖一般土方	普坚土,挖土平均深度350mm,弃土运距100m	m^3	61.79			
13	050201003001	路牙铺设	3:7灰土垫层150mm厚,花岗石	m	96.23			
			(其他略)					
			分部小计					
			本页小计					
			合　计					

表-08

分部分项工程和单价措施项目清单与计价表

工程名称:某园区园林绿化工程　　　　标段:　　　　　　　　　第　页共　页

序号	项目编码	项目名称	项目特征描述	计量单位	工程量	金额(元)		
						综合单价	合价	其中暂估价
			园林景观工程					
14	050304001001	现浇混凝土花架柱、梁	柱6根,高2.2m	m³	2.22			
15	050305005001	预制混凝土桌凳	C20预制混凝土桌凳,水磨石面	个	7.00			
16	011203003001	零星项目一般抹灰	檩架抹水泥砂浆	m²	60.04			
17	010101003001	挖沟槽土方	挖八角花坛土方,人工挖地槽,土方运距100m	m³	10.64			
18	010507007001	其他构件	八角花坛混凝土池壁,C10混凝土现浇	m³	7.30			
19	011204001001	石材墙面	圆形花坛混凝土池壁贴大理石	m²	11.02			
20	010101003002	挖沟槽土方	连座花坛土方,平均挖土深度870mm,普坚土,弃土运距100m	m³	9.22			
21	010501003001	现浇混凝土独立基础	3:7灰土垫层,100mm厚	m³	1.06			
22	011202001001	柱面一般抹灰	混凝土柱水泥砂浆抹面	m²	10.13			
23	010401003001	实心砖墙	M5混合砂浆砌筑,普通砖	m³	4.87			
24	010507007002	其他构件	连座花坛混凝土花池,C25混凝土现浇	m³	2.68			

续一

序号	项目编码	项目名称	项目特征描述	计量单位	工程量	金额(元)		
						综合单价	合价	其中暂估价
			园林景观工程					
25	010101003003	挖沟槽土方	挖坐凳土方,平均挖土深度80mm,普坚土,弃土运距100mm	m³	0.03			
26	010101003004	挖沟槽土方	挖花台土方,平均挖土深度640mm,普坚土,弃土运距100mm	m³	6.65			
27	010501003002	现浇混凝土独立基础	3:7灰土垫层,300mm厚	m³	1.02			
28	010401003002	实心砖墙	砖砌花台,M5混合砂浆,普通砖	m³	2.37			
29	010507007003	其他构件	花台混凝土花池,C25混凝土现浇	m³	2.72			
30	011204001002	石材墙面	花台混凝土花池池面贴花岗石	m²	4.56			
31	010101003005	挖沟槽土方	挖花墙花台土方,平均深度940mm,普坚土,弃土运距100m	m³	11.73			
32	010501002001	带形基础	花墙花台混凝土基础,C25混凝土现浇	m³	1.25			
33	010401003003	实心砖墙	砖砌花台,M5混合砂浆,普通砖	m³	8.19			
34	011204001003	石材墙面	花墙花台墙面贴青石板	m²	27.73			
			本页小计					
			合　计					

表-08

分部分项工程和单价措施项目清单与计价表

工程名称：某园区园林绿化工程　　　标段：　　　　　　第　页共　页

序号	项目编码	项目名称	项目特征描述	计量单位	工程量	金额(元) 综合单价	合价	其中 暂估价
35	010606013001	零星钢构件	花墙花台铁花式，60×6，2.83kg/m	t	0.11			
36	010101003006	挖沟槽土方	挖圆形花坛土方，平均深度800mm，普坚土，弃土运距100m	m^3	3.82			
37	010507007004	其他构件	圆形花坛混凝土池壁，C25混凝土现浇	m^3	2.63			
38	011204001004	石材墙面	圆形花坛混凝土池壁贴大理石	m^2	10.05			
39	010502001001	矩形柱	钢筋混凝土柱，C25混凝土现浇	m^3	1.80			
40	011202001002	柱面一般抹灰	混凝土柱水泥砂浆抹面	m^2	10.20			
41	011407001001	墙面喷刷涂料	混凝土柱面刷白色涂料	m^2	10.20			
		(其他略)						
		分部小计						
		措施项目						
42	050401002001	抹灰脚手架	柱面一般抹灰	m^2	11.00			
			(其他略)					
			分部小计					
			本页小计					
			合　计					

表-08

总价措施项目清单与计价表

工程名称:某园区园林绿化工程　　　　标段:　　　　　　　　　　第　页共　页

序号	项目编码	项目名称	计算基础	费率（%）	金额（元）	调整费率（%）	调整后金额（元）	备注
1	050405001001	安全文明施工费						
2	050405002001	夜间施工增加费						
3	050405004001	二次搬运费						
4	050405005001	冬雨期施工增加费						
5	050405007001	地上、地下设施的临时保护设施增加费						
6	050405008001	已完工程及设备保护费						
		合　计						

编制人(造价人员):×××　　　　　　　　　　　　复核人(造价工程师):×××

表—11

其他项目清单与计价汇总表

工程名称:某园区园林绿化工程　　　　标段:　　　　　　　　　　第　页共　页

序号	项目名称	金额（元）	结算金额（元）	备注
1	暂列金额	50000.00		明细详见表—12—1
2	暂估价	100000.00		
2.1	材料(工程设备)暂估价			明细详见表—12—2
2.2	专业工程暂估价	100000.00		明细详见表—12—3
3	计日工			明细详见表—12—4
4	总承包服务费			明细详见表—12—5
5	索赔与现场签证	—		明细详见表—12—6
	合　计	150000.00		

注:材料(工程设备)暂估单价进入清单项目综合单价,此处不汇总。

表—12

第十章 园林绿化工程工程量清单与计价编制实例

暂列金额明细表

工程名称：某园区园林绿化工程　　　　标段：　　　　　　　第　页 共　页

序号	项目名称	计量单位	暂列金额(元)	备注
1	工程量清单中工程量变更和设计变更	项	15000.00	
2	政策性调整和材料价格风险	项	25000.00	
3	其他	项	10000.00	
	合计		50000.00	—

表－12－1

材料(工程设备)暂估价及调整表

工程名称：某园区园林绿化工程　　　　标段：　　　　　　　第　页 共　页

序号	材料(工程设备)名称、规格、型号	计量单位	数量 暂估	数量 确认	暂估(元) 单价	暂估(元) 合价	确认(元) 单价	确认(元) 合价	差额±(元) 单价	差额±(元) 合价	备注
1	桧柏	株	3		600.00	1800.00					用于栽植桧柏项目
2	龙爪槐	株	5		750.00	3750.00					用于栽植龙爪槐项目
	合计					5550.00					

表－12－2

专业工程暂估价及结算价表

工程名称:某园区园林绿化工程　　　标段:　　　　　　　　第　页共　页

序号	工程名称	工程内容	暂估金额(元)	结算金额(元)	差额±(元)	备注
1	园林广播系统	合同图纸中标明及技术说明中规定的系统中的设备、线缆等的供应、安装和调试工作	100000.00			
	其他(略)					
		合　计	100000.00			

表—12—3

计日工表

工程名称:某园区园林绿化工程　　　标段:　　　　　　　　第　页共　页

编号	项目名称	单位	暂定数量	实际数量	综合单价(元)	合价(元) 暂定	合价(元) 实际
一	人工						
1	技工	工日	40				
2							
		人工小计					
二	材料						
1	42.5级普通水泥	t	15.00				
2							
		材料小计					
三	施工机械						
1	汽车起重机20t	台班	5				
2							
		施工机械小计					
四、企业管理费和利润							
		总　计					

表—12—4

第十章 园林绿化工程工程量清单与计价编制实例

总承包服务费计价表

工程名称：某园区园林绿化工程　　　　标段：　　　　　　第　页共　页

序号	项目名称	项目价值（元）	服务内容	计算基础	费率（%）	金额（元）
1	发包人发包专业工程	100000.00	1. 按专业工程承包人的要求提供施工工作面并对施工现场统一管理，对竣工资料统一管理汇总。 2. 为专业工程承包人提供焊接电源接入点并承担电费			
2	发包人提供材料	5550.00				
	合　计	—		—		—

表-12-5

规费、税金项目计价表

工程名称：某园区园林绿化工程　　　　标段：　　　　　　　　第　页　共　页

序号	项目名称	计算基础	计算基数	计算费率(%)	金额(元)
1	规费	定额人工费			
1.1	社会保险费	定额人工费			
(1)	养老保险费	定额人工费			
(2)	失业保险费	定额人工费			
(3)	医疗保险费	定额人工费			
(4)	工伤保险费	定额人工费			
(5)	生育保险费	定额人工费			
1.2	住房公积金	定额人工费			
1.3	工程排污费	按工程所在地环境保护部门收取标准，按实计入			
2	税金	分部分项工程费＋措施项目费＋其他项目费＋规费－按规定不计税的工程设备金额			
	合　计				

编制人(造价人员)：　　　　　　　　　　　　　复核人(造价工程师)：

表－13

第二节　某园区园林绿化工程投标报价编制实例

投标总价封面

　　　　　某园区园林绿化　工程

投　标　总　价

投　标　人：　　××园林公司　　
　　　　　　　　（单位盖章）

××××年××月×日

封－3

投标总价扉页

某园区园林绿化 工程

投 标 总 价

招 标 人：××开发区管委会

工 程 名 称：某园区园林绿化工程

投标总价(小写)：473110.14
　　　　(大写)：肆拾柒万叁仟壹佰壹拾元壹角肆分

投 标 人：××园林公司
　　　　　　（单位盖章）

法定代表人
或其授权人：×××
　　　　　（签字或盖章）

编 制 人：×××
　　　　（造价人员签字盖专用章）

时　间：××××年××月×日

扉—3

第十章 园林绿化工程工程量清单与计价编制实例

工程名称：某园区园林绿化工程　　　　　　　　　　　　　第　页共　页

1. 工程概况：本园区位于××区，交通便利，园区中建筑与市政建设均已完成。园林绿化面积约为 850m^2，整个工程由圆形花坛、伞亭、连座花坛、花架、八角花坛以及绿地等组成。栽种的植物主要有桧柏、垂柳、龙爪槐、大叶黄杨、金银木、珍珠梅、月季等。
2. 招标范围：绿化工程、庭院工程。
3. 招标质量要求：优良工程。
4. 工程量清单编制依据：本工程依据《建设工程工程量清单计价规范》编制工程量清单，依据××单位设计的本工程施工设计图纸计算实物工程量。
5. 投标人在投标文件中应按《建设工程工程量清单计价规范》规定的统一格式，提供"综合单价分析表"、"总价措施项目清单与计价表"。
其他：略

表—01

建设项目投标报价汇总表

工程名称：某园区园林绿化工程　　　　　　　　　　　　　第　页共　页

序号	单项工程名称	金额(元)	其中：(元)		
			暂估价	安全文明施工费	规费
1	某园区园林绿化工程	473110.14	5550.00	15018.05	17120.57
	合　　计	473110.14	5550.00	15018.05	17120.57

表—02

单项工程投标报价汇总表

工程名称：　　　　　　　　　　　　　　　　　　　　　　　　　　第　页共　页

序号	单项工程名称	金额(元)	其中:(元)		
			暂估价	安全文明施工费	规费
1	某园区园林绿化工程	473110.14	5550.00	15018.05	17120.57
	合　计	473110.14	5550.00	15018.05	17120.57

表—03

第十章 园林绿化工程工程量清单与计价编制实例

单位工程投标报价汇总表

工程名称：　　　　　　　　标段：　　　　　　　　第　页共　页

序号	汇总内容	金额(元)	其中:暂估价(元)
1	分部分项工程	227827.85	5550.00
1.1	绿化工程	106894.14	5550.00
1.2	园路、园桥工程	96857.65	
1.3	园林景观工程	24076.06	
1.4			
1.5			
2	措施项目	32841.16	—
2.1	安全文明施工费	15018.05	
3	其他项目	179719.50	—
3.1	暂列金额	50000.00	—
3.2	计日工	22664.00	—
3.3	总承包服务费	7055.50	
4	规费	17120.57	—
5	税金	15601.06	
	招标控制价合计＝1＋2＋3＋4＋5	473110.14	5550.00

表－04

分部分项工程和单价措施项目清单与计价表

工程名称：某园区园林绿化工程　　　　标段：　　　　　　　　　　　第 页共 页

序号	项目编码	项目名称	项目特征描述	计量单位	工程量	金额(元)		其中 暂估价
						综合单价	合价	
			绿化工程					
1	050101010001	整理绿化用地	普坚土	m²	834.32	1.21	1009.53	
2	050102001001	栽植乔木	桧柏,高1.2～1.5m,土球苗木	株	3	920.15	2760.45	1800.00
3	050102001002	栽植乔木	垂柳,胸径10.0～12.0cm,露根乔木	株	6	1048.26	6289.56	
4	050102001003	栽植乔木	龙爪槐,胸径8.0～10.0cm,露根乔木	株	5	1286.16	6430.80	3750.00
5	050102001004	栽植乔木	大叶黄杨,胸径15.0～18.0cm,露根乔木	株	5	964.32	4821.60	
6	050102002001	栽植灌木	金银木,高1.5～1.8m,露根灌木	株	90	124.68	11221.20	
7	050102001005	栽植乔木	珍珠梅,高1～1.2m,露根乔木	株	60	843.26	50595.60	
8	050102008001	栽植花卉	月季,各色月季,二年生,露地花卉	株	120	69.26	8311.20	
9	050102012001	铺种草皮	野牛草,草皮	m²	466.00	19.15	8923.90	
10	050103001001	喷灌管线安装	主管75UPVC管长21m,直径40UPVC管长35m;支管直径32UPVC管长98.6m	m	154.60	42.24	6530.30	
			分部小计				106894.14	5550.00
			本页小计				106894.14	5550.00
			合 计				106894.14	

注:为计取规费等的使用,可在表中增设"其中:定额人工费"。

表—08

第十章 园林绿化工程工程量清单与计价编制实例

分部分项工程和单价措施项目清单与计价表

工程名称:某园区园林绿化工程　　　　标段:　　　　　　　　　　　第 页共 页

序号	项目编码	项目名称	项目特征描述	计量单位	工程量	金额(元)		
						综合单价	合价	其中暂估价
		园路、园桥工程						
11	050201001001	园路	200mm厚砂垫层,150mm厚3:7灰土垫层,水泥方格砖路面	m²	180.25	42.24	7613.76	
12	040101001001	挖一般土方	普坚土,挖土平均深度350mm,弃土运距100m	m³	61.79	26.18	1617.66	
13	050201003001	路牙铺设	3:7灰土垫层150mm厚,花岗石	m	96.23	85.21	8199.76	
		(其他略)						
		分部小计					96857.65	5550.00
		园林景观工程						
14	050304001001	现浇混凝土花架柱、梁	柱6根,高2.2m	m³	2.22	375.36	833.30	
15	050305005001	预制混凝土桌凳	C20预制混凝土桌凳,水磨石面	个	7.00	34.05	238.35	
16	011203003001	零星项目一般抹灰	檩架抹水泥砂浆	m²	60.04	15.88	953.44	
17	010101003001	挖沟槽土方	挖八角花坛土方,人工挖地槽,土方运距100m	m³	10.64	29.55	314.41	
18	010507007001	其他构件	八角花坛混凝土池壁,C10混凝土现浇	m³	7.30	350.24	2556.75	
19	011204001001	石材墙面	圆形花坛混凝土池壁贴大理石	m²	11.02	284.80	3138.50	
		本页小计					104892.40	
		合　计					211786.54	5550.00

注:为计取规费等的使用,可在表中增设其中:"定额人工费"。

表—08

分部分项工程和单价措施项目清单与计价表

工程名称：某园区园林绿化工程　　　　标段：　　　　　　　　　　第　页共　页

序号	项目编码	项目名称	项目特征描述	计量单位	工程量	金额(元) 综合单价	金额(元) 合价	其中 暂估价
			园林景观工程					
20	010101003002	挖沟槽土方	连座花坛土方，平均挖土深度870mm，普坚土，弃土运距100m	m³	9.22	29.22	269.41	
21	010501003001	现浇混凝土独立基础	3：7灰土垫层，100mm厚	m³	1.06	452.32	479.46	
22	011202001001	柱面一般抹灰	混凝土柱水泥砂浆抹面	m²	10.13	13.03	131.99	
23	010401003001	实心砖墙	M5混合砂浆砌筑，普通砖	m³	4.87	195.06	949.94	
24	010507007002	其他构件	连座花坛混凝土花池，C25混凝土现浇	m³	2.68	318.25	852.91	
25	010101003003	挖沟槽土方	挖坐凳土方，平均挖土深度80mm，普坚土，弃土运距100mm	m³	0.03	24.10	0.72	
26	010101003004	挖沟槽土方	挖花台土方，平均挖土深度640mm，普坚土，弃土运距100mm	m³	6.65	24.00	159.60	
27	010501003002	现浇混凝土独立基础	3：7灰土垫层，300mm厚	m³	1.02	10.00	10.20	
28	010401003002	实心砖墙	砖砌花台，M5混合砂浆，普通砖	m³	2.37	195.48	463.29	
29	010507007003	其他构件	花台混凝土花池，C25混凝土现浇	m³	2.72	324.21	881.85	
30	011204001002	石材墙面	花台混凝土花池池面贴花岗石	m²	4.56	286.23	1305.21	
31	010101003005	挖沟槽土方	挖花墙花台土方，平均深度940mm，普坚土，弃土运距100m	m³	11.73	28.25	331.37	
本页小计							5835.95	
合计							217622.49	5550.00

注：为计取规费等的使用，可在表中增设其中："定额人工费"。

表—08

第十章 园林绿化工程工程量清单与计价编制实例

分部分项工程和单价措施项目清单与计价表

工程名称:某园区园林绿化工程　　　标段:　　　　　　第 页共 页

序号	项目编码	项目名称	项目特征描述	计量单位	工程量	金额(元)		
						综合单价	合价	其中 暂估价
		园林景观工程						
32	010501002001	带形基础	花墙花台混凝土基础,C25混凝土现浇	m^3	1.25	234.25	292.81	
33	010401003003	实心砖墙	砖砌花台,M5混合砂浆,普通砖	m^3	8.19	194.54	1593.28	
34	011204001003	石材墙面	花墙花台墙面贴青石板	m^2	27.73	100.88	2797.40	
35	010606013001	零星钢构件	花墙花台铁花式,60×6,2.83kg/m	t	0.11	4525.23	497.78	
36	010101003006	挖沟槽土方	挖圆形花坛土方,平均深度800mm,普坚土,弃土运距100m	m^3	3.82	26.99	103.10	
37	010507007004	其他构件	圆形花坛混凝土池壁,C25混凝土现浇	m^3	2.63	364.58	958.85	
38	011204001004	石材墙面	圆形花坛混凝土池壁贴大理石	m^2	10.05	286.45	2878.82	
39	010502001001	矩形柱	钢筋混凝土柱,C25混凝土现浇	m^3	1.80	309.56	557.21	
40	011202001002	柱面一般抹灰	混凝土柱水泥砂浆抹面	m^2	10.20	13.02	132.80	
41	011407001001	墙面喷刷涂料	混凝土柱面刷白色涂料	m^2	10.20	38.56	393.31	
			分部小计				24076.06	
			措施项目					
42	050401002001	抹灰脚手架	柱面一般抹灰	m^2	11.00	6.53	71.83	
			(其他略)					
			分部小计				12460.88	
			本页小计				22666.24	
			合　计				240288.73	5550.00

表—08

综合单价分析表

工程名称:某园区园林绿化工程　　　　标段:　　　　　　　　第　页共　页

项目编码	050102001002	项目名称		栽植乔木,垂柳		计量单位		株	工程量	6
清单综合单价组成明细											

定额编号	定额项目名称	定额单位	数量	单价				合价			
				人工费	材料费	机械费	管理费和利润	人工费	材料费	机械费	管理费和利润
EA0921	普坚土种植垂柳	株	1	115.83	800.00	60.83	41.70	115.83	800.00	60.83	41.70
EA0961	垂柳后期管理费	株	1	11.50	12.13	2.13	4.14	11.50	12.13	2.13	4.14
人工单价				小　　计					127.33	812.13	62.96	45.84
22.47元/工日				未计价材料费					—			
清单项目综合单价										1048.26		

材料费明细	主要材料名称、规格、型号	单位	数量	单价(元)	合价(元)	暂估单价(元)	暂估合价(元)
	垂柳	株	1	796.75	796.75	—	—
	毛竹竿	根	1.000	12.54	12.54	—	—
	水	t	0.680	3.20	2.18	—	—
	其他材料费				—	0.66		
	材料费小计				—	812.13		

表—09

第十章 园林绿化工程工程量清单与计价编制实例

总价措施项目清单与计价表

工程名称:某园区园林绿化工程　　　　标段:　　　　　　　　　　第 页共 页

序号	项目编码	项目名称	计算基础	费率(%)	金额(元)	调整费率(%)	调整后金额(元)	备注
1	050405001001	安全文明施工费	定额人工费	25	15018.05			
2	050405002001	夜间施工增加费	定额人工费	1.5	901.08			
3	050405004001	二次搬运费	定额人工费	1	600.72			
4	050405005001	冬雨期施工增加费	定额人工费	0.6	360.43			
5	050405007001	地上、地下设施的临时保护设施增加费			1500.00			
6	050405008001	已完工程及设备保护费			2000.00			
		合　计			20380.28			

编制人(造价人员):×××　　　　　　　　　　　　复核人(造价工程师):×××

表—11

其他项目清单与计价汇总表

工程名称：某园区园林绿化工程　　　　标段：　　　　　　　　　　第　页共　页

序号	项目名称	金额(元)	结算金额(元)	备注
1	暂列金额	50000.00		明细详见表—12—1
2	暂估价	100000.00		
2.1	材料(工程设备)暂估价	—		明细详见表—12—2
2.2	专业工程暂估价	100000.00		明细详见表—12—3
3	计日工	22664.00		明细详见表—12—4
4	总承包服务费	7055.50		明细详见表—12—5
5	索赔与现场签证			明细详见表—12—6
	合　计	179719.50		

表—12

暂列金额明细表

工程名称：某园区园林绿化工程　　　　标段：　　　　　　　　　　第　页共　页

序号	项目名称	计量单位	暂列金额(元)	备注
1	工程量清单中工程量变更和设计变更	项	15000.00	
2	政策性调整和材料价格风险	项	25000.00	
3	其他	项	10000.00	
	合计		50000.00	—

表—12—1

第十章 园林绿化工程工程量清单与计价编制实例

材料(工程设备)暂估价及调整表

工程名称:某园区园林绿化工程　　　　标段:　　　　　　　第 页 共 页

序号	材料(工程设备)名称、规格、型号	计量单位	数量 暂估	数量 确认	暂估(元) 单价	暂估(元) 合价	确认(元) 单价	确认(元) 合价	差额±(元) 单价	差额±(元) 合价	备注
1	桧柏	株	3		600.00	1800.00					用于栽植桧柏项目
2	龙爪槐	株	5		750.00	3750.00					用于栽植龙爪槐项目
合计						5550.00					

表—12—2

专业工程暂估价及结算价表

工程名称:某园区园林绿化工程　　　　标段:　　　　　　　第 页 共 页

序号	工程名称	工程内容	暂估金额(元)	结算金额(元)	差额±(元)	备注
1	园林广播系统	合同图纸中标明及技术说明中规定的系统中的设备、线缆等的供应、安装和调试工作	100000.00			
	合计		100000.00			

表—12—3

计日工表

工程名称：某园区园林绿化工程　　　标段：　　　　　　第　页共　页

编号	项目名称	单位	暂定数量	实际数量	综合单价（元）	合价(元)	
						暂定	实际
一	人工						
1	技工	工日	40		120.00	4800.00	
2							
	人工小计					4800.00	
二	材料						
1	42.5级普通水泥	t	15.000		300.00	4500.00	
2							
	材料小计					4500.00	
三	施工机械						
1	汽车起重机20t	台班	5		2500.00	12500.00	
2							
	施工机械小计					12500.00	
四、企业管理费和利润	按人工费18%计					864.00	
	总　计					22664.00	

表－12－4

第十章 园林绿化工程工程量清单与计价编制实例

总承包服务费计价表

工程名称：某园区园林绿化工程　　　　标段：　　　　　　　　第　页 共　页

序号	项目名称	项目价值(元)	服务内容	计算基础	费率(%)	金额(元)
1	发包人发包专业工程	100000.00	1. 按专业工程承包人的要求提供施工工作面并对施工现场统一管理，对竣工资料统一管理汇总。 2. 为专业工程承包人提供焊接电源接入点并承担电费	项目价值	7	7000.00
2	发包人提供材料	5550.00		项目价值	1	55.50
	合　计	—		—		7055.50

表—12—5

规费、税金项目计价表

工程名称:某园区园林绿化工程　　　　标段:　　　　　　　第　页共　页

序号	项目名称	计算基础	计算基数	计算费率(%)	金额(元)
1	规费	定额人工费			17120.57
1.1	社会保险费	定额人工费	(1)+(2)+(3)+(4)+(5)		13516.24
(1)	养老保险费	定额人工费		14	8410.11
(2)	失业保险费	定额人工费		2	1201.44
(3)	医疗保险费	定额人工费		6	3604.33
(4)	工伤保险费	定额人工费		0.25	150.18
(5)	生育保险费	定额人工费		0.25	150.18
1.2	住房公积金	定额人工费		6	3604.33
1.3	工程排污费	按工程所在地环境保护部门收取标准,按实计入			
2	税金	分部分项工程费+措施项目费+其他项目费+规费-按规定不计税的工程设备金额		3.41	15601.06
	合　计				32721.63

编制人(造价人员):×××　　　　　　　　　　　　　复核人(造价工程师):×××

参 考 文 献

[1] 中华人民共和国住房和城乡建设部. GB 50500—2013 建设工程工程量清单计价规范[S]. 北京:中国计划出版社,2013.
[2] 中华人民共和国住房和城乡建设部. GB 50858—2013 园林绿化工程工程量计算规范[S]. 北京:中国计划出版社,2013.
[3] 规范编制组. 2013 建设工程计价计量规范辅导[M]. 北京:中国计划出版社,2013.
[4] 许焕兴. 新编市政与园林工程预算[M]. 北京:中国建材工业出版社,2005.
[5] 吴立威. 园林工程招投标与预决算[M]. 北京:高等教育出版社,2005.
[6] 梁思成. 清式营造则例[M]. 北京:清华大学出版社,2006.
[7] 朱维益. 市政与园林工程量清单计价[M]. 北京:机械工业出版社,2004.
[8] 田永复. 中国园林建筑工程预算[M]. 北京:中国建筑工业出版社,2003.
[9] 荣先林. 园林绿化工程[M]. 北京:机械工业出版社,2004.
[10] 陈建国. 工程计量与造价管理[M]. 上海:同济大学出版社,2001.

中国建材工业出版社
China Building Materials Press

我们提供

图书出版、图书广告宣传、企业/个人定向出版、设计业务、企业内刊等外包、代选代购图书、团体用书、会议、培训，其他深度合作等优质高效服务。

编辑部	图书广告	出版咨询	图书销售	设计业务
010-68343948	010-68361706	010-68343948	010-88386906	010-88376510转1008

邮箱：jccbs-zbs@163.com　　网址：www.jccbs.com.cn

发展出版传媒　　服务经济建设
传播科技进步　　满足社会需求

（版权专有，盗版必究。未经出版者预先书面许可，不得以任何方式复制或抄袭本书的任何部分。举报电话：010-68343948）